涪陵海相页岩气富集及高产机理

郭洪金 著

科 学 出 版 社

北 京

内 容 简 介

本书以我国首个成功开发的涪陵页岩气田为研究对象，开展页岩气富集和高产机理研究。建立了"生物-洋流-陆源输入"优质储层成因模式，揭示了页岩气微观赋存机制，重建了吸附气-游离气动态转换过程，阐明了联合供气保证气源、生烃成孔贡献赋存空间、弱构造变形有利保存，明确了高游离气量是高产基础、高效体积改造是高产关键、高品质完井是高产保障，揭示了涪陵页岩气"生烃-成储-保存最佳匹配"富集机理和"含气-改造-完井"高产机理。

本书可供从事页岩气地质研究的科研人员和石油院校师生参考。

图书在版编目(CIP)数据

涪陵海相页岩气富集及高产机理 / 郭洪金著. —北京：科学出版社，2020.12

ISBN 978-7-03-067050-2

Ⅰ. ①涪⋯　Ⅱ. ①郭⋯　Ⅲ. ①海相-油页岩-矿山开采-研究-涪陵区　Ⅳ. ①TD83

中国版本图书馆 CIP 数据核字 (2020) 第 237946 号

责任编辑：吴凡洁 / 责任校对：王　瑞
责任印制：师艳茹 / 封面设计：蓝正设计

科 学 出 版 社 出版
北京东黄城根北街 16 号
邮政编码：100717
http://www.sciencep.com

北京九天鸿程印刷有限责任公司 印刷
科学出版社发行　各地新华书店经销

*

2020 年 12 月第 一 版　开本：787×1092　1/16
2020 年 12 月第一次印刷　印张：15 1/4
字数：342 000

定价：238.00 元
(如有印装质量问题，我社负责调换)

编 委 会

主　编：郭洪金

副主编：胡德高　王必金　舒志国

成　员：张柏桥　刘尧文　李继庆　陆亚秋　包汉勇　王　超
　　　　王　进　陈学辉　李　争　郁　飞　郑爱维　万云强
　　　　王小军　胡方明　罗　兵　曹卫生　刘　超　陈　忠
　　　　王　强　杨文新　陈亚琳　张梦吟　李志祥　刘　莉
　　　　李　凯　孟志勇　甘玉青　张远毅　柳　筠　李之帆
　　　　邹　威　张　远　夏雪飞　邹贤军　刘启凤　王竹林
　　　　朱志勇　舒志恒　王海鹏　丁红伟　彭国红　曹梦茜

　　能源是人类社会赖以生存和发展的物质基础，在国民经济中具有重要的战略地位。进入 21 世纪以来，北美页岩气革命的成功推动美国实现了能源独立，从根本上改变了世界能源供应格局，在全球范围掀起了一股页岩气开发的热潮。页岩气是分布广泛的非常规天然气，主要以吸附或游离状态存在于地下数千米的页岩层中，具有明显区别于常规天然气的地质特征，也是我国第 172 种独立矿种。页岩气地质调查结果显示，我国埋深 4500m 以浅的页岩气地质资源量为 $122 \times 10^{12} m^3$，可采资源量为 $22 \times 10^{12} m^3$，具备规模开发的物质基础。但是，我国页岩气的地质特征、工程改造条件、矿权模式及市场环境等与北美差异显著，页岩气商业化、规模化开发任重而道远。与北美成熟的页岩气田相比，我国南方海相页岩地质年代老、埋藏深度大、构造演化复杂、热演化程度高、地表山地丘陵地貌发育，决定了我国页岩气的勘探开发不能简单照搬北美经验，必须探索一套适合我国自身特色的页岩气勘探开发技术系列，走中国特色的页岩气发展之路。

　　以我国第一个商业化开发的涪陵页岩气田为例，江汉油田近年来不断扩大勘探开发成果，在焦石坝区块外围的江东区块和平桥区块获得了新突破，为气田持续上产奠定了坚实的资源基础。2020 年 5 月，涪陵页岩气田累计生产页岩气突破 $300 \times 10^8 m^3$，为推动我国能源结构调整、保障中东部天然气供应、建设美丽中国做出了积极贡献。

　　在涪陵气田的开发建设中，取得了一系列新发现，积累了丰富的基础地质资料，为系统总结深化涪陵页岩气富集高产地质理论提供了新的契机。站在新的历史节点，急需归纳总结涪陵页岩气田富集和高产地质理论，为今后相关研究提供借鉴，尤其期望以这样抛砖引玉的方式对页岩气储层地质理论的发展做出力所能及的贡献。

　　涪陵页岩气富集高产地质理论是在不断发现新问题、解决新问题的过程中产生的，通过解决开发中的实际问题，理论认识进一步成熟，以《涪陵海相页岩气富集及高产机理》一书奉献读者。全书在内容上共分 6 章：第 1 章介绍涪陵页岩气田开发历程和基本地质特征；第 2 章在明确优质页岩储层分布的基础上，阐述了优质储层发育机理；第 3 章通过创新分子动力模拟技术，深入揭示页岩气赋存微观机理；第 4 章以构造变形差异性为基础，阐述涪陵页岩气田保存机理；第 5 章从生气物质基础、成储和保存三方面，综合阐述涪陵页岩气富集机理；第 6 章在高产井分析的基础上，明确页岩气高产井地质控制因素，揭示页岩气高产机理。本书是长期从事涪陵页岩气勘探开发工作的科研人员集体智慧的结晶，对于中国南方海相页岩气田的勘探开发具有一定的指导意义，也可供科研院所、高校、石油企业等从事页岩气地质研究的相关机构的科研人员借鉴和参考。

全书撰写工作具体分工是：第 1 章由郭洪金、胡德高、王必金执笔，第 2 章由舒志国、王超、包汉勇、陈亚琳等执笔，第 3 章由郭洪金、舒志国、王进、陈学辉等执笔，第 4 章由陆亚秋、罗兵、李争、刘超等执笔，第 5 章由舒志国、郑爱维、郁飞、刘莉等执笔，第 6 章由张柏桥、刘尧文、李继庆、万云强等执笔，全书由郭洪金统稿并审核。

涪陵页岩气田的开发始终得到中石化总部领导的关心和指导，得到中石化勘探分公司、中石化华东油气分公司、中石化西南油气分公司等兄弟单位的鼎力支持，作者在此表示衷心的感谢！

我国页岩气开发已进入黄金时期，希望本书的出版可以提升涪陵页岩气富集和高产地质理论，系统总结涪陵页岩气田开发的有益经验，并与国内外同行专家开展更深入的交流，以期进一步发展、完善我国复杂地质条件下页岩气富集理论。

本书的出版得到了国家科技重大专项"涪陵页岩气开发示范工程"（编号：2016ZX05060）的资助。此外，书中引用了部分国内外页岩气勘探开发方面的研究成果，在此一并表示衷心的感谢！

我国页岩气地质评价理论还处在起步阶段，本书尝试对涪陵海相页岩气富集及高产理论进行总结，限于作者水平，文中难免有不当之处，恳请读者批评指正。

作　者

2020 年 8 月

目
录

第 1 章

涪陵页岩气田概况

1.1　页岩气开发历程

页岩(shale)是由粒径小于 0.0625mm 的细粒碎屑、黏土、有机质等组成，具页状或薄片状层理、易碎裂的细粒沉积岩(Curtis，2002)。常规油气系统中，一般将泥页岩作为烃源岩和盖层(邹才能等，2011；董大忠等，2012)。1997 年以来，北美页岩气开发取得突破，借助水平井体积压裂、微地震监测、多井工厂化开采等核心技术，持续推动致密油发展，非常规油气产量快速增长，在全球范围内掀起了一场能源领域的"页岩气革命"，页岩气作为重要天然气资源日益受到重视(马永生等，2018)。我国页岩气勘探开发，经过 10 余年发展也已取得重大突破，成为北美之外最大的页岩气产区(邹才能等，2017；王志刚，2019)。

目前，国内外学者广泛采用的页岩气定义为：以游离态、吸附态为主，赋存于富有机质页岩层段中的天然气，气体成分以甲烷为主，为自生自储、大面积连续型天然气聚集，原位饱和成藏(Curtis，2002；Jarvie et al.，2007；邹才能等，2011；郭旭升等，2014a)。页岩气成因包括生物成因、热裂解成因或混合成因。根据页岩形成的沉积环境，可将页岩分为三大类：海相页岩、海陆过渡相页岩、湖相(陆相)页岩。

页岩气的显著特征主要表现为：①页岩气成因类型多，可形成于有机质热演化的各个阶段，包括生物成因气和热裂解成因气(干酪根裂解和原油裂解)等，源储一体、原位饱和聚集；②页岩储层超致密(超低渗透率)，孔隙类型多样，孔隙直径以微米级至纳米级为主；③页岩气组成以甲烷为主，乙烷、丙烷等含量少，可以存在氮气和二氧化碳等非烃气体，极少有硫化氢，气体赋存方式以吸附态、游离态两种方式为主，吸附气占总气量的比例为 20%~80%；④页岩气分布不受构造控制，没有(或无明显)圈闭界限，含气范围受成气烃源岩面积和良好封盖层共同控制，资源规模大，可采程度低(一般介于10%~35%)，存在高丰度"甜点"核心区；⑤页岩气产出以非达西渗流为主，存在解吸、扩散、渗流等相态与流动机制的转化，生产周期长；⑥页岩气开发形成工业产能必须进行储层大型体积压裂，改造前一般低产或无产，生产过程中不产水或产水很少(郭旭升，2014；邹才能等，2017)。

北美和我国四川盆地商业化开发的页岩气区带必须具备的基本地质条件为：具备较高有机质丰度(TOC>2.0%)、高热演化程度(R_o>1.1%)、高脆性(石英、长石等脆性矿物含量大于 40%)、低黏土矿物含量(小于 30%)、有效页岩厚度超过 30m 或 50m、保存条件较好、发育超压(压力系数＞1.2%)(Jarvie et al.，2007；郭彤楼和张汉荣，2014；郭旭升等，2014a)。

1.1.1 国外页岩气勘探开发历程

国外页岩气发展历程总体包括科学探索、技术突破和跨越发展三个阶段：

1. 科学探索阶段(1821～1996年)

1821年，美国在纽约州 Fredonia 完钻全球陆上第一口页岩气井，首次成功发现页岩气。20世纪40年代起，部分企业开始将页岩气作为油气资源进行探索，相继在 Antrim、Barnett 和 Devonian 等区块进行了页岩气勘探和开发试验，其中，在 Antrim 页岩完钻8口生产井，进行了小规模页岩气开发。70年代，美国政府出台政策促进页岩气等非常规油气开发，重点加强 Michigan、Illinois 和 Appalachian 等盆地泥盆系页岩气的开发试验；1977年，美国颁布《能源意外获利法》，通过税收抵免以促进非常规油气发展，页岩气产量由1976年的 $18.4 \times 10^8 m^3$ 增至1992年的 $56.6 \times 10^8 m^3$，在政府推动下，页岩气产量初具规模。至1996年，美国页岩气产量达到 $80.0 \times 10^8 m^3$，主要来自 Antrim 和 Marcellus 等页岩气区块。

2. 技术突破阶段(1997～2003年)

该阶段北美页岩气开发关键技术不断取得突破，水平井分段压裂、多井工厂化开采等技术日趋成熟，页岩气资源得到有效开发。其中，Mitchell 能源开发公司经过17年努力取得了压裂技术的突破，1998年采用大型滑溜水压裂的气井前期平均日产量达到 $4.2 \times 10^4 m^3$，Barnett 页岩气田开发获得巨大成功。2002年，Devon 能源公司发展了水平井多段压裂技术，水平井单井最终可采储量(EUR)达 $0.8 \times 10^8 m^3$，其中约有10%的井最终可采储量高达 $2.0 \times 10^8 m^3$。大型滑溜水压裂技术的突破使页岩气实现经济有效开发，重复压裂、水平井多段压裂等技术试验取得良好效果，特别是2002年水平井多段压裂技术试验成功并推广应用，成为页岩气开发的有效技术，令 Barnett 等页岩气田开发进展迅速。Barnett 页岩气田开发取得突破后，产量快速增长，2002年产量达到 $54 \times 10^8 m^3$，成为美国最大的页岩气田，2003年页岩气产量为 $75 \times 10^8 m^3$，占美国页岩气总产量的28%。

3. 跨越发展阶段(2004年至今)

Barnett 页岩气田开发的成功经验在 Fayetteville、Woodford、Haynesville、Marcellus、Utica 等气田得到推广应用，促进页岩气产量迅猛增长，成为美国天然气产量的主体。2007年，Fayetteville 页岩气田和 Woodford 页岩气田实现了规模有效开发，产量分别达到 $24 \times 10^8 m^3$ 和 $22 \times 10^8 m^3$；2008年，Haynesville 页岩气田实现了规模有效开发，产量达到 $14 \times 10^8 m^3$(Clarkson，2013)；2009年，Marcellus 页岩气田实现规模有效开发，产量达到 $35 \times 10^8 m^3$；2010年，Bakken 页岩气田和 Eagle Ford 页岩气田实现规模有效开发，

产量分别达到 $15 \times 10^8 m^3$ 和 $28 \times 10^8 m^3$;2013 年,Utica 页岩气田实现规模有效开发,产量达到 $30 \times 10^8 m^3$。2016 年,美国页岩气年产量 $4447 \times 10^8 m^3$;2018 年,美国页岩气年产量达 $6148 \times 10^8 m^3$。预计未来 30 年,美国页岩气产量将保持稳步增长,2050 年页岩气年产量可达 $12000 \times 10^8 m^3$。

1.1.2 中国页岩气勘探开发历程

中国页岩气勘探起步相对较晚,但发展迅速。根据中国页岩气的勘探开发历程,可以将其划分为四个阶段。

1. 合作借鉴阶段(2003~2009 年)

借鉴北美页岩气商业化开发的成功经验,页岩气勘探和开发在国内日益受到重视。2003 年,国内学者开始引入页岩气的概念,针对我国页岩气资源前景开展了初步的评价工作。国家部委和石油公司均高度重视页岩气资源评价工作,在充分调研的基础上,积极推进页岩气资源评价和选区工作。

自 2003 年开始,国土资源部启动我国陆上页岩气"摸家底"系统研究,油气资源战略研究中心联合国内石油公司和高等院校开展了页岩气前期资源潜力研究和选区评价工作。2009 年,国土资源部牵头实施"全国页岩气资源潜力调查评价及有利区优选"项目,对我国陆上页岩气资源潜力展开了评价和预测。

中国石油天然气集团公司(以下简称中石油)积极开展国际合作勘探工作。中石油勘探开发研究院于 2005 年成立页岩气项目组,启动国内外页岩气地质条件对比研究。2007 年,中石油与美国新田石油公司合作,开展了威远地区寒武系筇竹寺组页岩气资源潜力评价与开发可行性研究。2008 年,中石油勘探开发研究院在川南长宁构造志留系龙马溪组露头区钻探了中国第一口页岩气地质评价浅井——长芯 1 井。中石油与荷兰皇家壳牌石油公司在富顺-永川地区开展了中国第一个页岩气国际合作勘探开发项目,中石油正式启动长宁、威远、昭通三个页岩气产业化示范区建设工作。

中国石油化工集团有限公司(以下简称中石化)高度重视页岩气选区评价和钻探工作。中石化自 2004 年开始关注页岩油气、煤层气、油砂、油页岩、天然气水合物等非常规油气资源,并先后启动了相关研究和勘探工作。2009 年,中石化成立了非常规能源专业管理机构与勘探开发队伍,直属研究院均成立了相应非常规研究部门。在借鉴北美成功经验的基础上,结合中国实际地质特征,明确页岩气选区评价参数,积极开展南方海相页岩气选区评价工作,先后部署实施了宣页 1 井、河页 1 和黄页 1 井,同时积极开展老井复查与复试。

2. 先导试验阶段(2010~2013 年)

从 2010 年开始,我国页岩气勘探开发陆续获得单井突破,各石油公司在前期研究的基础上,通过钻探评价落实页岩气资源潜力和开发前景,确立了中—上扬子地区五峰组-

龙马溪组海相页岩是我国取得页岩气勘探开发突破的主要目标层系。

国土资源部于 2010 年完成"全国页岩气资源潜力调查评价及有利区优选"研究工作，对上扬子及滇黔桂地区、华北及东北地区、中—下扬子及东南地区、西北地区四大区开展了陆域页岩气资源潜力评价工作，优选出 180 个有利区，评价页岩气地质资源量 $134×10^{12}m^3$，页岩气可采资源潜力为 $25.08×10^{12}m^3$。2011 年，国土资源部正式批准将页岩气列为中国第 172 种矿产，按独立矿种进行管理，同时公开招标出让四个区块，2012 年招标出让首批 19 个区块。

2010 年，中石油在前期工作的基础上钻探发现了蜀南页岩气田。2010 年，中石油钻探了中国第一口页岩气直井评价井——威 201 井，在五峰组—龙马溪组获得页岩测试产量为 $0.3×10^4$～$1.7×10^4m^3/d$，在筇竹寺组获得页岩测试产量为 $1.08×10^4m^3/d$。2011 年，钻探了中国第一口页岩气水平井——威 201-H1 井，目的层为五峰组—龙马溪组，通过 11 段分段压裂，测试产量为 $1.3×10^4m^3/d$；钻探了宁 201-H1 水平井，通过 10 段分段压裂，测试产量为 $15×10^4m^3/d$。2012 年，在长宁区块启动长宁平台"工厂化"试验。

2010 年，中石化重点开展中—下扬子地区页岩气勘探评价工作。2010 年，在宣城地区钻探了宣页 1 井，目的层为寒武系荷塘组页岩，测试解吸气量为 0.07～$0.27m^3/t$。2011 年，在彭水地区完钻彭页 1 井，目的层为五峰组—龙马溪组，测试含气量为 $2.13m^3/t$，在涟源区块钻探了湘页 1 井，目的层为五峰组—龙马溪组，获低产气流。2012 年，钻探了彭页 HF-1 水平井，12 段压裂测试产量为 $2.1×10^4m^3/d$；在贵州省黄平县钻探了黄页 1 井，获日产气 $176m^3/d$；在最有利的目标区四川盆地焦石坝地区部署钻探了 JY-A 井，见到良好显示，同年在 JY-A 井 2200m 井深侧钻了水平井 JY-AHF 井，水平段分 15 段(38 簇)进行了加砂压裂，测试产量为 $20.3×10^4m^3/d$，海相五峰组—龙马溪组页岩气取得勘探重大突破，宣告了涪陵页岩气田的发现，标志着中国海相页岩气实现商业化开发的开端。2013 年起，中石化启动了试验井组开发工作，开展焦石坝区块产建评价。JY-A 井投入商业试采，产气量为 $6×10^4m^3/d$，标志着涪陵页岩气田焦石坝区块正式进入商业试采阶段。2013 年 9 月，国家能源局批准设立了重庆涪陵国家级页岩气示范区，焦石坝区块开发试验井组集输管网建成投产，页岩气实现外输销售，当年焦石坝区块页岩气全年累积产气量为 $1.43×10^8m^3$，建成页岩气年生产能力 $6×10^8m^3$，实现当年开发、当年投产、当年见效。

3. 示范区建设阶段(2014～2016 年)

2014 年开始，中石油、中石化在四川盆地及其周缘陆续建成了涪陵、长宁、威远和昭通四个国家级海相页岩气开发示范区，页岩气探明储量及产量逐年迅速增长。

2014 年，中石化焦石坝区块提交我国首块页岩气探明地质储量 $1067.5×10^8m^3$，实现了我国页岩气探明储量零的突破。2015 年，我国页岩气探明储量继续快速增长，威远区块 W202 井区、长宁区块 N201 井区和黄金坝 YS108 井区及涪陵页岩气田，累计提

交页岩气探明储量 $5441.3 \times 10^8 m^3$。我国页岩气产量也呈现阶梯式快速增长的态势，2014年，我国页岩气产量跃升至 $13.1 \times 10^8 m^3$，2015 年产量为 $45.4 \times 10^8 m^3$，2016 年产量为 $78.82 \times 10^8 m^3$。2015 年，中石化涪陵页岩气田开发试验井组评价全面展开，17 口开发试验井压裂试气均获高产工业页岩气流，单井无阻流量为 $15.3 \times 10^4 \sim 155.8 \times 10^4 m^3/d$，单井配产达到 $6 \times 10^4 \sim 35 \times 10^4 m^3/d$，其中 JY-F 井 2013 年进行试气测试，产气量为 $54.72 \times 10^4 m^3/d$，计算无阻流量为 $155.8 \times 10^4 m^3/d$，创造了我国页岩气产量新高。2016 年，二期江东区块、白涛区块、平桥区块和白马区块等四个区块的滚动评价工作正式启动。

4. 工业化开采阶段（2017 年至今）

2017 年以来，在前期探索评价的基础上启动页岩气规模建产，我国页岩气产量逐步形成规模，并呈现快速增长趋势。中石油以蜀南页岩气田为重点，实现了长宁区块、威远区块和昭通区块的规模有效开发，中石化以涪陵页岩气田为重点，实现了页岩气资源的规模有效开发。

中国目前已在上扬子区五峰组—龙马溪组建成涪陵、长宁—威远等千亿立方米级的海相页岩大气田，以涪陵页岩气田五峰组—龙马溪组为代表的海相页岩气商业性开发，为未来形成更大产量规模提供了坚实的资源基础和技术保障。目前除了 3500m 以浅海相页岩气资源得到了有效动用外，中国在海相深层页岩层系中资源潜力同样巨大，随着页岩气勘探开发理论技术配套成熟，未来中国页岩气产量将会大幅攀升，中国页岩气进入了快速发展的黄金时期。

1.1.3　涪陵页岩气田生产现状及意义

涪陵页岩气田勘探开发先后经历了试验井组开发、一期产建、二期产建和一期调整等多轮次产能建设，该气田发现于 2012 年，具有页岩品质优、分布广、厚度大、丰度高、埋深适中等特点（郭旭升，2014），至 2015 年，累计探明储量 $3806 \times 10^8 m^3$，成为全球除北美之外最大的页岩气田，一期 $50 \times 10^8 m^3$ 产能顺利建成，二期 $50 \times 10^8 m^3$ 产能建设启动。至 2019 年底，涪陵页岩气田累计建成产能 $110 \times 10^8 m^3$，累计探明储量 $6008 \times 10^8 m^3$，累计产气 $277.85 \times 10^8 m^3$（图 1.1），成为全国规模最大的商业开发页岩气田，每天可满足 3340 万户居民的生活用气需求。

涪陵页岩气田高水平、高速度、高质量建设，是我国页岩气勘探开发理论创新、技术创新的典范，标志着我国页岩气开发实现重大战略性突破，提前进入规模化商业化开发阶段。涪陵页岩气田的成功经验为我国页岩气勘探开发提供了可复制、可推广的经验，对优化能源结构、改善环境质量具有重要意义，走出了我国页岩气自主创新发展之路。

涪陵页岩气田是我国建成的首个商业化开发的页岩气田，也是北美之外第一个实现商业化开发的页岩气田，在我国石油工业发展中具有里程碑意义。经过近 10 年的成功勘探开发，形成了一系列具有自主知识产权的重大理论和技术突破，涪陵页岩气田的商业化开发是地质理论创新和关键技术创新的成果，对我国乃至世界复杂构造区页岩气勘探开发具有重要启示意义。

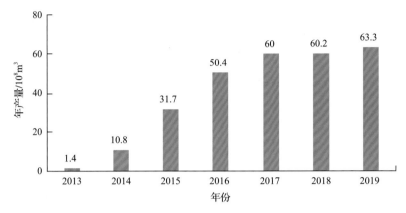

图 1.1　涪陵页岩气田年产量统计图

1.2　涪陵页岩气田地质背景

1.2.1　区域地质特征

1. 区域构造演化

涪陵页岩气田在区域构造上位于湘鄂西断褶带—川东高陡褶皱带(图 1.2)，平面上呈现向北西方向突出的弧形，是江南-雪峰陆内造山作用向北西方向递进扩展变形的结果(包汉勇等，2019)。从东南部的江南-雪峰隆起向西北方向，至四川盆地内川中隆起低缓构造带，具有构造变形样式和变形强度有序性、递进性和分带性明显的特征，构造样式方面表现为挤出式冲断褶皱带、隔槽式褶皱带和隔挡式褶皱带，由一系列被断层切割的复背斜和复向斜相间构成(郭旭升，2014；郭彤楼和张汉荣，2014；魏祥峰等，2016；何治亮等，2017；胡东风，2019)。

湘鄂西断褶带和川东高陡褶皱带以齐岳山断层为界，其中，前者以厚皮"隔槽式"构造样式为主，后者以薄皮"隔挡式"构造样式为特征(金之钧等，2016)。川东高陡褶皱带宽约 170km，西起华蓥山断层，东至齐岳山断层，从东南向西北可进一步划分为石柱复向斜、方斗山复背斜和万县复向斜等次级构造。该带出露地层以中生界三叠系、侏罗系及下白垩统为主，从南东向北西变新(孙健和罗兵，2016)。川东高陡褶皱带内的褶皱构造多呈线性展布，背斜窄，地层陡峭紧闭，两翼通常不对称，其中一翼陡倾斜甚至倒转，核部常伴随发育逆断层，向斜通常轴部宽阔，地层相对平缓，呈"屈"状，内部构造相对简单。紧闭的背斜与开阔宽缓的向斜相间排列，以志留系等主要滑脱层组成"隔挡式"结构，基底多未卷入盖层构造中(图 1.3)。

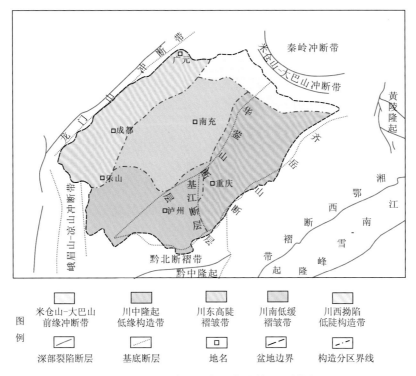

图 1.2　四川盆地及邻区构造单元区划图

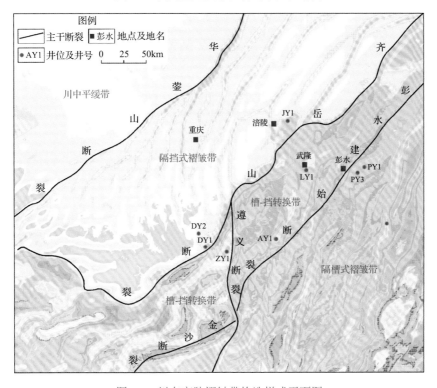

图 1.3　川东高陡褶皱带构造样式平面图

川东高陡褶皱带具有从南东向北西方向逐步递进扩展的特征，构造样式主要为盖层滑脱型，以一系列滑脱型逆冲褶皱组合为特征，其形成发育与江南-雪峰中生代陆内变形向北西方向进一步扩展时推覆力减弱以及不同滑脱层的参与程度等密切相关(郭彤楼和张汉荣，2014)，造成寒武系底、志留系底和下三叠统嘉陵江组等多个区域性滑脱层，并形成与之相关的"侏罗山式"滑脱型薄皮断褶带组合。川东高陡褶皱带南东段的褶皱变形主要形成于晚侏罗世末至早白垩世中后期(145～115Ma)，变形相对较强；北西段的褶皱变形主要发生在早白垩世中后期至晚白垩世初(115～95Ma)，变形相对较弱。

涪陵页岩气田主体构造样式形成于燕山晚期晚侏罗世末—早白垩世末，早白垩世(距今约120Ma)，由于受江南-雪峰陆内隆起的影响，发生强烈构造变形，早白垩世末期(115Ma)达到最大埋深(普遍超过5000m)，之后晚白垩世处于快速隆升阶段，涪陵地区广泛遭受剥蚀，剥蚀量普遍大于3500m，且东部地区剥蚀厚度大于西部地区。在约67Ma之后，研究区抬升速率减小，处于相对稳定的缓慢隆升阶段，喜马拉雅晚期(距今15Ma)至今，由于印度板块挤压青藏高原，造成四川盆地整体抬升，涪陵地区再次进入快速隆升阶段。

利用平衡剖面技术恢复了江南-雪峰隆起、湘鄂西断褶带、川东高陡褶皱带的构造演化过程(图1.4)，进一步明确了涪陵页岩气田的构造变形特征及其演化过程。构造演化过程表明，印支期构造变形主要集中在江南-雪峰隆起区，至燕山期，构造挤压作用从江南-雪峰隆起开始逐渐向西北方向递进传播，湘鄂西断褶带开始发生断裂和褶皱构造，形成背斜宽缓、向斜紧闭的隔槽式褶皱带，至晚侏罗世末期，隔槽式褶皱带进一步发育，至早白垩世初期，构造变形开始进入齐岳山断层以西地区，隔档式褶皱开始发育。受多期构造活动叠加影响，区域构造形成机制复杂，且纵向存在多套滑脱层，造成平面构造改造变形强度复杂，且具有南东强北西弱的特征。

涪陵页岩气田的构造演化过程依次经历早古生代克拉通拗陷、晚古生代克拉通裂陷、中新生代前陆拗陷等多个演化阶段，受加里东运动、海西运动、印支运动、燕山运动和喜马拉雅运动多期叠加改造，该区加里东运动至印支运动整体以隆升剥蚀为主，燕山运动和喜马拉雅运动不仅造成地层抬升剥蚀，同时挤压变形形成了复杂的褶皱和断裂组合，燕山晚期构造运动使得志留系泥岩发生顺层滑脱，形成低角度裂缝和水平缝，后期喜马拉雅构造隆升形成了高角度裂缝。作为隔挡式和隔槽式褶皱带的过渡区，涪陵地区开始发育北东向断裂和褶皱变形，且随着变形作用不断向北西方向传递，断裂褶皱构造进一步发展，变形逐渐增强。晚白垩世初期开始，北部南大巴山逆冲作用影响到涪陵页岩气田，形成南北向构造，改造了早期形成的北东向构造。喜马拉雅期印度-欧亚大陆碰撞远程影响使涪陵页岩气田的构造定型，最终形成了现今的构造格局。

2. 区域沉积环境

早奥陶世晚期—志留纪，由于华夏与扬子地块之间的板块汇聚作用，四川盆地处于挤压应力环境，盆地性质为克拉通内继承性挤压拗陷盆地，克拉通边缘普遍挤压隆升，整体为受隆起分割围限的盆地格局(焦方正等，2015；包汉勇等，2019)。上扬子地台奥

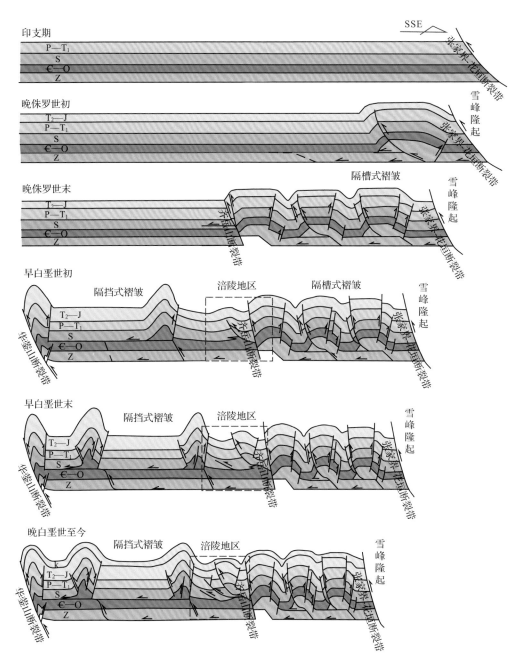

图 1.4　湘鄂西-川东褶皱带演化剖面图

陶纪发育碳酸盐岩台地，在晚奥陶世时期，边缘古隆起已形成，特别是雪峰隆起、川中隆起和黔中隆起出露海平面，使早中奥陶世时期具有广海特征的海域转变为被隆起所围限的局限浅海域，形成大面积低能、欠补偿、缺氧的沉积环境(郭旭升，2017)。受构造运动及海侵影响，晚奥陶世五峰组沉积时期沉积了一套稳定的笔石相薄层黑色页岩，主要为硅质页岩、硅质岩，分布范围广泛，厚度仅几米、个别地区达几十米；受冈瓦纳古陆冰期的影响，五峰组顶部岩性通常为一套富含介壳泥灰岩、灰质泥岩，页岩厚度几十厘米，称为观音桥段(张柏桥等，2018)。早志留世龙马溪组沉积期，在扬子克拉通上，构造古地理表现为形成古隆起的高峰阶段，隆起边缘主要发育滨岸-浅水陆棚和深水陆棚环境(图 1.5)，岩性以灰黑色泥页岩为主，局部夹粉细砂岩。

依据沉积相识别标志和涪陵焦石坝区块钻、测、录井资料，认为涪陵地区五峰组—龙马溪组主要为滨外陆棚沉积，包括滨外侧至大陆坡内边缘宽阔的陆架或广阔的陆棚区，富有机质页岩厚度介于 80~105m，其上限位于正常浪基面附近，下限水深一般在 200m 左右；平面上向陆方向紧靠滨岸相带，沉积物多以暗色的泥级碎屑物质为特征。在涪陵地区可进一步划分为浅水陆棚和深水陆棚两种亚相及含放射虫笔石页岩等 6 种微相沉积类型(郭旭升，2014；郭彤楼，2016a；孟志勇，2016；易积正和王超，2018)。

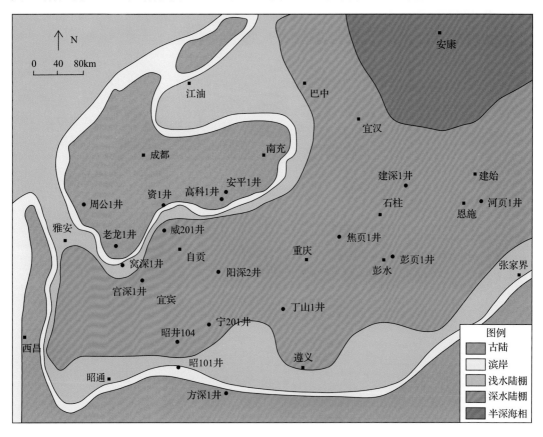

图 1.5　中上扬子地区五峰组—龙马溪组沉积期构造-岩相地理图

四川盆地五峰组—龙马溪组沉积早期主要为滨外陆棚相沉积，在滨外陆棚靠陆方向演变为滨岸沉积，靠海方向则演变为半深海-深海沉积环境(图 1.5)。涪陵页岩气田五峰组—龙马溪组早期位于川东南滨外陆棚内，主体是静水、缺氧、还原环境的沉积环境。依据水动力条件、岩石类型及其组合关系、岩石颜色、沉积构造、沉积环境、古生物组合、指相矿物等特征，将焦石坝地区五峰组—龙马溪组龙一段的滨外陆棚进一步划分为深水陆棚和浅水陆棚两种亚相。深水陆棚亚相位于滨外陆棚靠近大陆坡的一侧，处于风暴浪基面以下的深水区，属静水环境，偶有特大风暴浪影响。岩性主要由灰黑色硅质泥页岩、黏土质粉砂岩页岩和粉砂质黏土页岩组成。其中，暗色泥页岩页理缝发育，黄铁矿常呈星散状、团块状、条带状产出，水平纹层发育、生物化石发育，其中绝大部分是笔石化石(邹才能等，2015；邱振等，2018)，同时见到了硅质放射虫、硅藻和双壳类等生物化石，总体反映了安静、缺氧、深水的还原环境。深水陆棚亚相沉积有机碳含量高，为优质页岩发育的有利相带。浅水陆棚亚相位于滨岸近滨亚相外侧的正常浪基面之下至风暴浪基面之间的滨外陆棚相相对浅水区，其水体相对于深水陆棚相浅，属静水低能环境，沉积物以暗色陆缘泥级和粉砂级碎屑物质为主。在焦石坝地区有间歇性低密度浊流的影响，形成相对高能作用的泥质粉砂岩和相对静水低能的暗色粉砂质黏土页岩。涪陵页岩气田焦石坝区块五峰组—龙马溪组早期的沉积模式见图1.6，四川盆地及周缘地区五峰组—龙马溪组早期自西向东依次为川中古陆、滨岸相、浅水陆棚相、深水陆棚相、浅水陆棚相、滨岸相、雪峰隆起；自南向北依次为黔中隆起、滨岸相、浅水陆棚相、深水陆棚相、斜坡-半深海相。

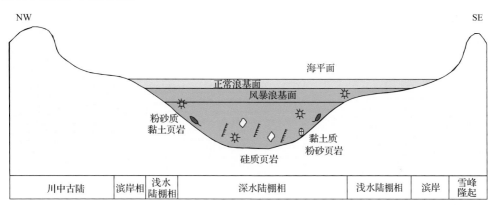

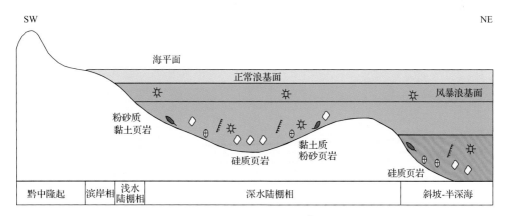

图1.6 四川盆地及周缘地区五峰组—龙马溪组早期沉积模式简图

3. 区域地层

川东南地区出露地层主要为侏罗系—三叠系，出露最新地层为中侏罗统沙溪庙组。

地层自上而下依次为：中生界下三叠统嘉陵江组、飞仙关组；上古生界上二叠统长兴组、龙潭组，中二叠统茅口组，下二叠统栖霞组、梁山组；中石炭统黄龙组；下古生界中志留统韩家店组，下志留统小河坝组、龙马溪组；上奥陶统五峰组、临湘组，中奥陶统宝塔组、十字铺组。上二叠统龙潭组与中二叠统茅口组、中石炭统黄龙组与上覆二叠系梁山组及下伏志留系韩家店组均为不整合接触，其余各系、统、组之间都为连续沉积(表 1.1)。

表 1.1 涪陵页岩气田地层简表

界	系	统	组	代号	厚度/m	岩性描述
中生界	三叠系	下统	嘉陵江组	T₁j	277.0	灰岩为主。顶部见一中-薄层灰、黄灰色白云岩，含灰白云岩，底部见一中-厚层灰、深灰色云质灰岩
			飞仙关组	T₁f	426.0	顶部为灰黄色含灰泥质白云岩，间夹紫红色泥岩，中-上部以灰色、深灰色云质灰岩、鲕粒灰岩为主；下部为深灰色云质灰岩；底部见一层深灰色含灰泥岩
上古生界	二叠系	上统	长兴组	P₂ch	174.5	上部主要为灰色、深灰色生屑(含生屑)灰岩；下部为浅灰色，灰色，深灰色灰岩
			龙潭组	P₂l	51.0	中部以灰、深灰色灰岩及含泥灰岩为主，夹薄层含生屑灰岩；上、下部为灰黑色炭质泥岩
		中统	茅口组	P₁m	344.5	灰岩、云质灰岩、泥质灰岩为主，夹薄层灰黑色泥岩、深灰色含灰泥岩及含生屑灰岩
		下统	栖霞组	P₁q	114.5	灰、浅灰色灰岩，局部泥质含量较高
			梁山组	P₁l	14.5	上部为灰黑色炭质泥岩与灰色(含云)灰岩薄互层，下部为灰色泥岩夹一薄层含砾粉砂岩条带
	石炭系	中统	黄龙组	C₂h	21.5	灰、浅灰色中-厚层至块状含云灰岩
下古生界	志留系	中统	韩家店组	S₂h	508.0	上部以紫红、棕红色泥岩、粉砂质泥岩为主，夹薄层灰、绿灰色泥岩；中部以绿灰色泥岩、粉砂质泥岩为主夹薄层绿灰色泥岩粉砂岩、粉砂岩；下部以灰色泥岩、粉砂质泥岩为主，夹薄层灰色泥质粉砂岩，粉砂岩
		下统	小河坝组	S₁x	217.5	灰色、深灰色粉砂质泥岩为主，夹泥岩及泥质粉砂岩薄层
			龙马溪组	S₁l	262	上部以深灰色泥岩为主；中部灰、深灰色泥质粉砂岩与灰色粉砂岩互层；下部以大套灰黑色炭质笔石页岩、放射虫质笔石页岩及灰黑色含笔石炭质泥岩、含炭质笔石泥岩为主
	奥陶系	上统	五峰组	O₃w	4.5	灰黑色含放射虫炭质笔石页岩及含笔石炭质页岩夹多层厚 0.2~3cm 不等的钾质斑脱岩薄层、条带或条纹，常见原地生态的介形类化石；顶厚 0.09~0.70m，为深灰色、灰黑色含生屑含碳灰泥质泥岩
			临湘组	O₃l	14.0	浅灰色中-厚层含云泥质瘤状灰岩
		中统	宝塔组	O₂b	14.5	浅灰色中层灰岩及含生屑灰岩
			十字铺组	O₂sh	6.0	浅灰色中-厚层泥质灰岩

1.2.2 气田地质特征

1. 构造单元及演化

涪陵页岩气田构造单元划分界线主要依据构造变形特征和三级断裂发育分布特征，可划分为 9 个构造单元(图 1.7)。

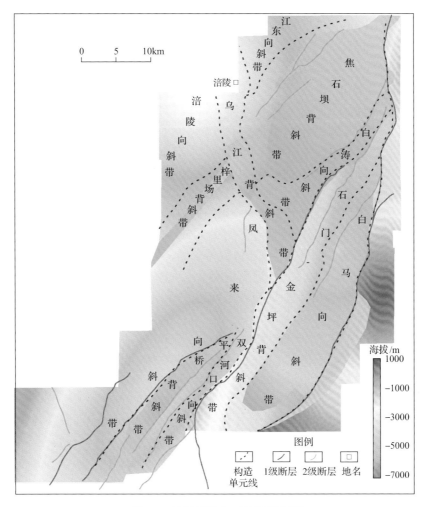

图 1.7 涪陵页岩气田构造区划图

（1）焦石坝背斜带：构造主体平缓，奥陶系、志留系及上覆地层产状一致，向西南、东北方向倾覆，背斜形态清楚，边缘被大耳山西、石门等断层夹持。构造总体为北东向走向，五峰组底构造面积 340km²，高点海拔–1640m，构造幅度 960m。

（2）乌江背斜带：位于焦石坝地区西部，焦石坝背斜带西南部，受乌江断层控制，平面上呈北西向条带状展布，构造走向为北西向，从南到北发育 3 个局部鼻状构造，构造形态清楚，矿权内构造单元面积 97.8km²，上奥陶统五峰组底界地层高点海拔–2200m，埋深–4200～–2500m。

（3）梓里场背斜带：位于乌江背斜带的西南部和梓里场向斜带西北部，西部以梓里场断层为界，总体构造走向为北东向，从垂直于构造走向地震剖面看，背斜形态清晰，西翼受梓里场断层控制，背斜两翼地层较陡，矿权内构造面积 55.1km²，上奥陶统五峰组底界地层高点海拔–2550m，埋深–5000～–3200m。

（4）石门-金坪背斜带：位于白马向斜带西侧构造走向为北东向，背斜形态较清晰，背斜东翼地层较陡，矿权内构造面积 186.9km²，上奥陶统五峰组底界地层高点海拔

–1300m，埋深–4000～–2250m。

（5）平桥背斜带：位于焦石坝背斜带西南部，为平桥东、西断层所夹持的断背斜，构造走向为北东向，从垂直于构造走向地震剖面看，背斜形态清晰，背斜两翼地层较陡，矿权内构造面积63.1km²，上奥陶统五峰组底界地层高点海拔–2000m，埋深–3500～–2500m。

（6）涪陵向斜带：位于梓里场背斜带与乌江背斜带之间，东部边界为乌江断层和石门2号断层，构造走向为北东向，从垂直于构造走向地震剖面看，表现为完整的向斜形态，两翼地层较陡，向斜中部地层较为平缓，矿权内构造面积198.5km²，上奥陶统五峰组底界地层最低点海拔–4300m，埋深–6250～–3000m。

（7）白涛向斜带：位于焦石坝背斜带与石门-金坪背斜带之间，构造走向为北东向，在垂直于构造走向地震剖面上表现为完整的向斜形态，两翼地层较陡，矿权内构造面积53.6km²，上奥陶统五峰组底界地层低点海拔–2600m，埋深–3700～–2900m。

（8）白马向斜带：位于石门-金坪背斜带东侧，受白马西断层控制的向斜构造，构造走向为北东向，在垂直于构造走向地震剖面上表现为一完整的向斜形态，两翼地层较陡，矿权内构造面积223.3km²，上奥陶统五峰组底界地层低点海拔–3800m，埋深–5000～–2250m。

（9）双河口向斜带：位于平桥背斜带东侧，受平桥东断层和石门2号断层控制，构造走向为北东向，在垂直于构造走向地震剖面上表现为一完整的向斜形态，构造形态较为清晰，两翼地层较陡，矿权内构造面积54.7km²，上奥陶统五峰组底界地层低点海拔–3500m，埋深–4250～–2500m。

涪陵页岩气田不同构造单元构造样式各异，其中焦石坝背斜带构造样式为宽缓背斜，地层产状平缓，构造变形弱；而平桥背斜带较为紧闭，核部构造较稳定，断裂不发育，两翼地层产状陡，断层断距大于100m；白涛向斜带处于构造汇聚区，构造变形强及埋深变化大，总体表现为北部狭窄而南部相对宽缓；白马向斜带构造变形强烈，断裂发育，地层产状变化大，构造较破碎；梓里场背斜带断裂较发育，受两期不同走向断裂影响，构造复杂，构造变形强，断裂发育，沟通至地表的上下叠置的断裂模式影响页岩气的保存（表1.2）。

表 1.2　涪陵区块焦石坝地区主要三级构造单元要素表

序号	构造单元名称	矿权内面积/km²	构造高点/m	五峰组底地层埋深/m	走向
1	焦石坝背斜带	340	–1640	–4000～–2200	北东
2	乌江背斜带	97.8	–2000	–4200～–2500	北西
3	梓里场背斜带	55.1	–2550	–5000～–3200	北东
4	石门-金坪背斜带	186.9	–1300	–4000～–2250	北东
5	平桥背斜带	63.1	–2000	–3500～–2500	北东
6	涪陵向斜带	198.5	–4300	–6250～–3000	北东
7	白涛向斜带	53.6	–2600	–3700～–2900	北东
8	白马向斜带	223.3	–3800	–5000～–2250	北东
9	双河口向斜带	54.7	–3500	–4250～–2500	北东

　　低温构造年代学研究认为，川东地区构造形成演化总体遵循由东南向北西的递进式变形隆升规律，晚期叠加由北西往南东的反向滑脱冲断(何治亮等，2017)。涪陵地区的构造变形总体为两期：燕山早中期，由南东向北西滑脱冲断；晚燕山期—早喜马拉雅期由南东向北西滑脱冲断的同时，发生由北西向南东的反向冲断。该区北西走向的乌江逆冲断裂带的形成期要晚于南东向的焦石坝构造带，并对其进行了局部改造(郭旭升等，2016b；何治亮等，2017)。基于以上研究认识，采用平衡剖面技术，恢复了焦石坝构造带的变形演化(图1.8)。演化总体划分为4期：前燕山期，构造稳定，主要以垂向运动为主，未发生明显构造变形；燕山运动早期，北东向北西的单侧挤压，大致沿基底面发生滑脱，发生基底式滑脱褶皱，形成下窄上宽的焦石坝箱状构造变形；燕山运动中晚期，持续挤压滑脱，箱状构造增强定型，同时翼部发生断裂作用，但向上消失于志留系滑脱层；喜马拉雅运动早期，双向挤压，大耳山断裂切穿志留系，同时派生反冲断层，西翼发生沿志留系的反向滑脱冲断。

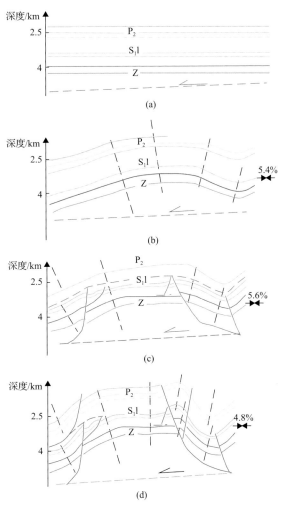

图1.8　涪陵页岩气田焦石坝区块构造演化剖面图

(a)前燕山期；(b)燕山运动早期；(c)燕山运动中—晚期；(d)喜马拉雅运动早期

2. 断裂特征

涪陵页岩气田主要发育两组逆断层，一组是北东向断层，如石门断层、天台场断层、梓里场断等，一组是由北东转近南北向断层(图1.9、表1.3)，如乌江断层、大耳山西断层等。主要断裂简述如下：

大耳山西断层：位于JY-A井东侧，是控制焦石坝背斜带的主要断层，主要形成期为早燕山期，断层走向由南往北逐渐由北东向转变为近南北向，倾向为南东转为北东东向，延伸长度为33.1km，最大断距为800m，断开地层为寒武系—三叠系。

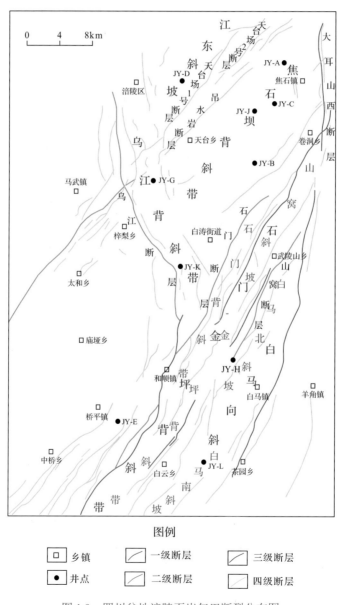

图例

□	乡镇	╱	一级断层	╱	三级断层
●	井点	╱	二级断层	□	四级断层

图1.9　四川盆地涪陵页岩气田断裂分布图

表 1.3　焦石坝构造主要断层要素表

断层名称	断层性质	断开层位	最大断距/m	延伸长度/km	倾向	走向
大耳山西断层	逆断层	T—Є	800	33.1	南东—北东东	近南北
石门 1 号断层	逆断层	T—Є	300	11.5	北西	北东
石门 2 号断层	逆断层	T—Є	200	6.8	南东	北东
山窝 1 号断层	逆断层	T—Є	500	22.8	北西	北东
山窝 2 号断层	逆断层	T—Є	400	13.4	北西	北东
天台场 1 号断层	逆断层	T—Є	200	20.8	北西	北东
天台场 2 号断层	逆断层	T—Є	90	7	北西	北东
吊水岩断层	逆断层	T—Є	400	11.6	南东	北东
乌江断层	逆断层	T—Є	800	29.9	北东	近北西
梓里场断层	逆断层	T—Є	500	24.2	南东	北东
白马西断层	逆断层	T—Є	1950	35.5	南东	北东
白马东断层	逆断层	T—Є	220	12	北西	北东
平桥西断层	逆断层	T—Є	390	30.7	南东	北东
平桥东断层	逆断层	T—Є	300	35.3	北西	北东
武隆断层	逆断层	T—Є	880	21.4	南东东	北北东

石门断层：位于涪陵地区中南部，由两条斜列式断层组成，主要形成期为早燕山期，呈北东向走向，石门 1 号断层倾向为北西向；石门 2 号断层倾向为南东向，最大延伸长度约 59km，最大断距 1050m，断开地层寒武系—三叠系。

吊水岩断层：该断层位于涪陵地区 JY-A 井西侧，主要形成期为早燕山期，呈北东走向，倾向为南东向，最大延伸长度约为 11.6km，最大断距为 400m，断开地层为寒武系—三叠系。

天台场断层：平行展布于吊水岩断层的西侧，呈北东走向，倾向为北西向，主要形成期为早燕山期。该断层上陡下缓，延伸长度为 20.8km，断距为 50～200m，断开地层为寒武系—三叠系。

山窝断层：位于涪陵地区中部，由两条斜列式断层组成，主要形成期为早燕山期，呈北东向走向，倾向为北西向，最大延伸长度约 22.8km，最大断距为 500m，断开地层为寒武系—三叠系。

乌江断层：该断层位于涪陵地区西部，是控制焦石坝断背斜的主要断层，主要形成期为晚燕山—早喜马拉雅期，断层走向由南往北逐渐由北西向转变为近南北向，倾向为北东向，延伸长度为 29.9km，最大断距为 800m，断开地层为寒武系—三叠系。

梓里场断层：该断层位于涪陵地区西部，主要形成期为早燕山期，呈北东走向，倾向为南东向，延伸长度为 24.2km，最大断距为 500m，断开地层为寒武系—三叠系。

白马西断层：该断层位于涪陵地区中部，主要形成期为早燕山期，呈北东走向，倾向为南东向，延伸长度为 35.5km，最大断距为 1950m，断开地层为寒武系—三叠系。

白马东断层：该断层位于涪陵地区中部，主要形成期为早燕山期，呈北东走向，倾向为北西向，延伸长度为 12km，最大断距为 220m，断开地层为寒武系—三叠系。

平桥西断层：该断层位于涪陵地区南部，主要形成期为早燕山期，呈北东走向，倾向为南东向，延伸长度为 30.7km，最大断距为 390m，断开地层为寒武系—三叠系。

平桥东断层：该断层位于涪陵地区南部，主要形成期为早燕山期，呈北东走向，倾向为北西向，延伸长度为 35.3km，最大断距为 300m，断开地层为寒武系—三叠系。

武隆断层：该断层位于涪陵地区东部，主要形成期为早燕山期，呈北北东走向，倾向为南东东向，延伸长度为 21.4km，最大断距为 880m，断开地层为寒武系—三叠系。

3. 地层发育特征

涪陵页岩气田勘探开发的目的层是五峰组—龙马溪组，其中，五峰组厚度较薄，一般仅为 4～7m，龙马溪组厚度约为 250～280m，结合岩性、电性特征纵向上可进一步将其细分为 3 个段，即自下而上为龙一段、龙二段和龙三段(图 1.10)。地层特征详细描述如下：

1) 五峰组

岩性为灰黑色含黏土硅质页岩，局部层段夹黄铁矿薄层、条带，常见斑脱岩薄层或条带(舒逸等，2018；王超等，2018a，2018b)。岩石中笔石含量约 40%，另有少量腕足类及介形类等化石及大量的硅质放射虫和少量硅质海绵骨针化石，常见分散状黄铁矿晶粒。另外，在焦石坝五峰组笔石页岩中段夹有数十层(约 26 层)厚 0.2～3cm 的钾质斑脱岩薄层或条带，这可作为焦石坝地区五峰组的特殊岩性标志；电性上具有高自然伽马、高含铀、低电阻率、低密度和低 Th/U 的特征。

2) 龙一段

岩性以灰黑色含黏土硅质页岩、黏土质硅质页岩、黏土质粉砂质页岩为主，厚度为 80～105m。页岩水平纹层发育，笔石化石丰富，局部含量可达 80%，另见较多硅质放射虫及少量硅质海绵骨针等化石。页岩普遍见黄铁矿条带及分散状黄铁矿晶粒，总体反映缺氧、滞留、水体较深的深水陆棚环境沉积。电测曲线总体表现出高自然伽马、低电阻率、低密度、高声波、高中子、高含铀、低 Th/U 的特征。根据笔石和放射虫化石含量、岩石颜色、岩性及其组合等特征，可将其进一步细分为三个亚段：①一亚段岩性以灰黑色含黏土硅/粉砂质页岩为主，局部夹黄铁矿薄层、条带或条纹。岩石中含丰富的顺层分布的笔石，其含量一般为 50% 左右，局部富集可达 80%。另外还见到硅质放射虫及硅质海绵骨针化石，整体具有自下而上含量递减的特点。该亚段岩石中笔石、硅质放射虫及硅质骨针等化石的富集，说明其岩石是深水陆棚还原环境下形成的产物；电性上表现为高自然伽马、高含铀、低电阻率、低密度和低 Th/U 的特征。②二亚段岩性以灰黑色(含钙)黏土质粉砂质页岩为主，其间夹黄铁矿薄层、条带或条纹。页岩中所含古生物化石明显较一亚段少。见顺层集中分布的粉砂质条纹，与泥质条纹呈频繁韵律互层，主要为浅水陆棚低密度浊流环境沉积的岩石组合类型。电性上表现为相对较低自然伽马、低含铀、高电阻率、高密度和高 Th/U 的特征。③三亚段岩性以灰黑色(含钙)粉砂质黏土质混合页岩和粉砂质黏土岩为主，含分散分布的粉末状黄铁矿晶粒，一般含量为 4% 左右，最高可达 8%，水平纹层发育。上部岩性主要为黑灰色粉砂质黏土页岩，岩石中常见少量顺层分布的笔石化石，其含量约 20% 左右；水平纹层发育；电性上表现为较高伽马、高密度、较低电阻、低含铀、低声波、低中子的特征。

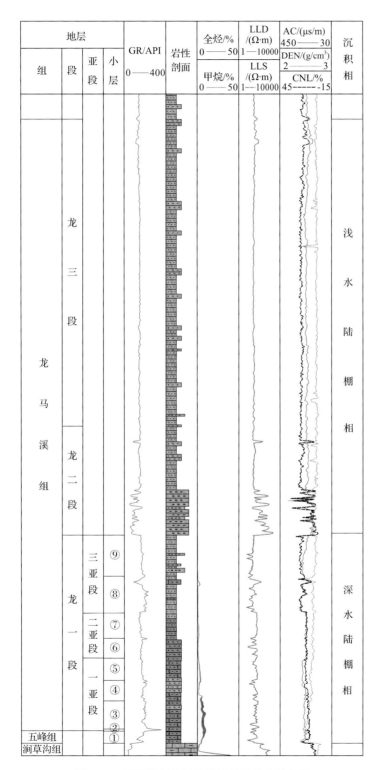

图 1.10 涪陵页岩气田及周缘地层综合柱状图

3) 龙二段

地层厚度 10～50m，主体岩性以灰、深灰色砂岩为主，其间夹有粉砂质泥岩或泥岩，其中粉砂岩主体呈中-厚层、块状。该段生物化石、黄铁矿整体欠发育，从岩心上见典型的鲍马序列部分层段(如包卷层理、平行层理、递变层理等)，底与下伏泥质岩之间具有明显的底冲刷特征，属浅水陆棚环境低密度浊流沉积；电性上具有低自然伽马、高电阻率、高密度、低声波、低中子的特征。

4) 龙三段

岩性以深灰、灰色黏土岩为主，偶夹薄层粉砂岩条带，厚度 100～140m。泥岩呈块状沉积，岩石中仅偶见笔石化石碎片，黄铁矿含量也较少，该段地层属于近滨泥质环境沉积；电性上具有中高自然伽马、中高电阻率、高密度、高声波、高中子的特征。

4. 小层划分

以涪陵页岩气田实际钻探井为基础，综合地层岩性、电性等特征，将五峰组—龙一段细分为 9 个小层(图 1.10)。

(1) ①小层：岩性为含黏土硅质页岩，发育灰绿色凝灰岩薄夹层，黄铁矿极发育，集中汇聚于凝灰岩条带中，发育双列式笔石化石为主。①小层硅质含量较高，脆性矿物含量在 60%以上，具有高自然伽马、高含铀、低电阻率、低密度的特征。

(2) ②小层：岩性为黏土质硅质页岩，岩性较为单一，发育双列式笔石为主，黄铁矿极发育，呈星散状分布，镜下观察该小层炭质浸染严重，以硅质和黏土质为主，发育水平细纹层，具有明显的高自然伽马、高含铀、低电阻率、低密度的特征。

(3) ③小层：岩性为黏土质硅质页岩，岩性较为单一，古生物发育类别多。黄铁矿极发育，呈星散状分布，镜下观察该小层炭质浸染现象明显，以硅质和黏土质为主，水平细纹层发育，纹层细而密，纹层厚 0.04～0.16mm，密度 5～10 条/cm。粉砂(粒径小，多小于 0.03mm)富集呈纹层状，与炭质纹层间互成层。该小层具有高自然伽马、高含铀、相对低电阻率、低密度的特征。

(4) ④小层：岩性为含钙黏土质粉砂质页岩，古生物和黄铁矿总体表现为顶、底发育，中部欠发育，灰岩含量略重，岩石纹层发育，细而密，纹层厚度在 0.01～0.12mm，密度 5～10 条/cm，粉砂粒径小，多小于 0.03mm。该小层具有高自然伽马、高含铀、中高密度的特征。

(5) ⑤小层：岩性为黏土质粉砂质页岩，岩性较为单一，古生物总体欠发育，黄铁矿较发育。薄片中见炭质浸染现象，岩石纹层发育，细而密，纹层厚度 0.04～0.12mm，密度 8～13 条/cm，粉砂粒径小，多小于 0.03mm。该小层具有相对低自然伽马、低含铀、相对高电阻率、密度值自下至上逐渐增大的特征。

(6) ⑥小层：(含钙)黏土质粉砂质页岩，岩心整体呈灰黑色，岩心上粉砂质纹层发育，自下而上逐渐变密，古生物、黄铁矿均欠发育，镜下观测炭质浸染现象减弱，纹层明显，富粉砂纹层与富泥炭质纹层间互成层，形成明暗相间的纹层构造，纹层厚度 0.01～0.25mm，密度 7～14 条/cm。测井显示该小层具有相对低自然伽马、电阻率齿化高值、高密度的特征。

（7）⑦小层：（含钙）黏土质粉砂质混合页岩，岩心整体呈灰黑色，与⑥小层相比黏土含量有所增加，测井显示该层有相对低自然伽马、电阻率呈箱状中值、高密度的特征。

（8）⑧小层：岩性为（含钙）粉砂质黏土质混合页岩，岩石中灰质、粉砂质分布不均，笔石化石整体发育，黄铁矿发育，呈星散状、团块状及条带状分布，镜下观测见炭质浸染现象，纹层相对⑥、⑦小层欠发育。该小层具有高自然伽马、高密度、低电阻率的特征。

（9）⑨小层：岩性为粉砂质黏土页岩，岩心整体呈灰黑色，笔石化石、黄铁矿整体欠发育，泥质含量高，泥屑呈拉长状，定向分布形成纹层构造，粉砂呈不连续分布。该小层具有高自然伽马、低电阻率、高密度的特征。

整体看，五峰组—龙马溪组含气页岩段（①～⑨小层）厚度 89～142m，优质页岩段（①～⑤小层）厚度 35～54m，往南厚度明显增加（图 1.11 和图 1.12）。平桥背斜南部页岩

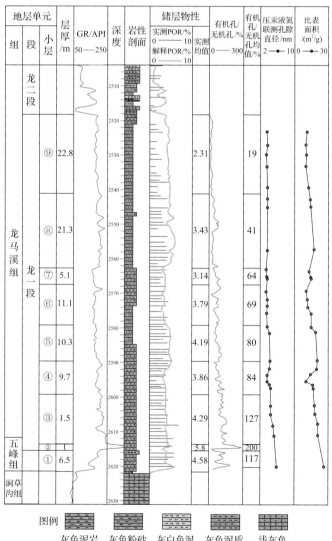

图 1.11　涪陵页岩气田龙一段小层划分图

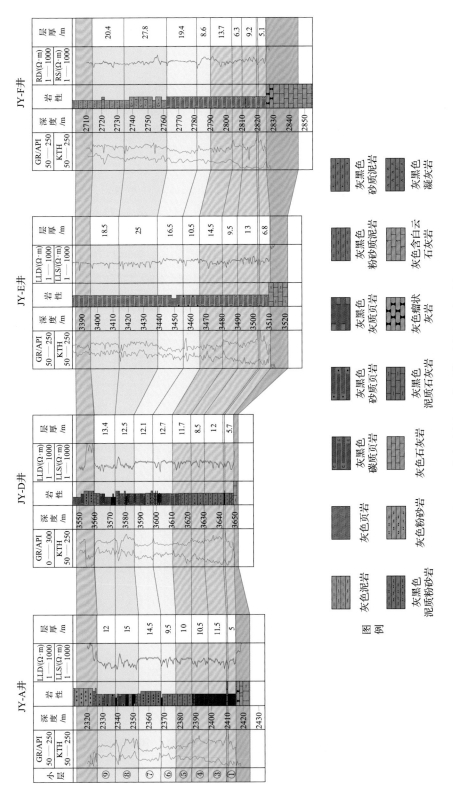

图 1.12 涪陵页岩气田典型井地层厚度对比图

品质较焦石坝背斜变差，纵向非均质性变弱，①～③小层为最优质含气页岩段。

5. 有机质丰度特征

涪陵页岩气田焦石坝区块 JY-A 井五峰组—龙马溪组下部取心段实测 TOC 含量最小为 0.55%，最大为 5.89%，平均为 2.54%，且具有自上而下 TOC 含量逐渐增加的趋势，江东区块、平桥区块 TOC 含量由上至下增加的趋势不变，但上下差异性明显小于焦石坝区块；尤其是④～⑤小层与①～③小层的差异较一期明显减小。平面上来看，目的层①～⑤小层 TOC 含量，江东区块、白涛区块和平桥区块北部较高，平桥区块南部和白马区块较低(图 1.13)。

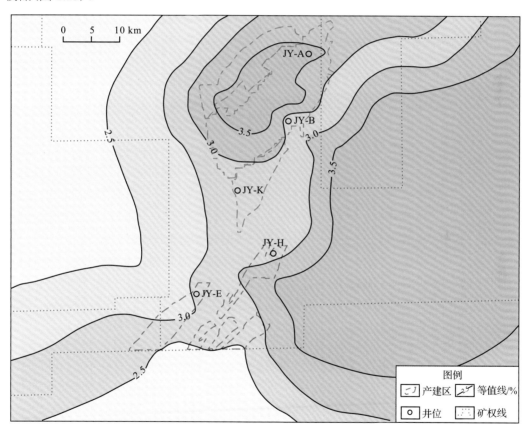

图 1.13　涪陵页岩气田五峰组—龙马溪组①～⑤小层页岩 TOC 含量平面分布图

平桥区块、江东区块评价井岩心实测和测井解释 TOC 含量的结果表明，孔隙度纵向变化特征与一期产建区相似，整个含气页岩段自上而下逐渐呈现逐渐增加的趋势。在焦石坝区块及其周缘，主力含气页岩段上部的⑥～⑨小层，TOC 含量纵向变化特征表现为，⑧小层 TOC 含量普遍略高于⑥、⑦小层，⑨小层最低(TOC 含量普遍低于 1%)，但是这个特征在白马区块和平桥区块表现得并不明显，⑧小层的 TOC 含量与⑥、⑦小层大体相当，⑨小层 TOC 区块在⑥～⑨小层中仍为最低，但⑨小层 TOC 含量普遍大于 1%，这在资源量计算时对页岩储层的有效厚度产生了较大的影响。

　　焦石坝区块五峰组—龙马溪组一段的①～⑤小层主体为深水硅质陆棚沉积微相，平面展布稳定，沉积相的稳定决定了页岩的地球化学品质平面展布的稳定性。目前已钻取的几口评价井揭示，TOC 含量平面分布较为稳定，TOC 含量小层厚度加权平均值集中在 3.32%～3.6%（表 1.4）。按照目前中石化评价标准，就地球化学条件而言，焦石坝区块五峰组—龙马溪组龙一段①～⑤小层整体为Ⅱ类储层，平面展布稳定。

表 1.4　二期重点评价井 TOC 含量分层统计数据表　　　　（单位：%）

小层	JY-K 实测	JY-H 实测	JY-L 实测	JY-F 实测
⑨		1.38	1.33	1.5
⑧		1.53	1.7	1.63
⑦		1.42	1.47	1.71
⑥	2.43	1.53	1.48	1.94
⑤	2.9	2.54	2.68	3.05
④	3.05	2.66	3.17	3.17
③	4.5	3.52	4.84	3.92
②	4.8	4.35		
①	6.07	4.23	4.74	4.07
①～⑨平均	3.96	2.57	2.68	2.62
①～⑤平均	3.6	3.32	3.46	3.55

　　上部的⑥～⑨小层变化较大的是⑨小层。整体而言，⑨小层自北向南 TOC 含量略有增加的趋势，从焦石坝区块的 1%左右到普遍大于 1%，其中⑥～⑧小层 TOC 含量平面展布稳定，TOC 值普遍介于 1.5%～2.5%。

6. 纹层发育特征

　　含气页岩纹层及其组合控制着页岩的物质组成、孔隙特征和微裂缝展布，从而控制页岩的孔隙度和渗透率（王超等，2019）。纹层可从组成、结构和构造 3 个方面开展描述。根据纹层组成，黑色页岩可划分出富有机质纹层、含有机质纹层和黏土质纹层。根据纹层结构，黑色页岩可划分出泥纹层和粉砂纹层。纹层构造可从连续性（连续、非连续）、形态（板状、波状、弯曲状）及相互之间几何关系（平行、非平行）进一步细分为 12 类。页岩纹层按其泥质和粉砂质含量可细分为泥纹层和粉砂纹层，泥纹层的泥质含量大于 50%，粉砂纹层的粉砂质含量大于 50%。泥纹层和粉砂纹层相互叠置，构成多种纹层组合。黑色页岩泥纹层和粉砂纹层的孔隙组成、孔隙结构及微裂缝分布也存在巨大差异。泥纹层富含黏土级矿物颗粒，在低-中热成熟演化阶段粉砂纹层常具有更好的储集空间及渗透性。成岩演化过程中，由于成分差异，泥纹层和粉砂纹层表现出不同的成岩路径及储集性能。

　　四川盆地下志留统龙马溪组一段含气页岩纹层发育，其因高 TOC 含量、高含气量、高脆性矿物含量及高孔隙度而成为目前页岩气勘探开发的最佳目的层。根据纹层矿物组分分类和沉积结构分类，并结合页岩纹层发育密度和最大纹层厚度，将涪陵页岩气田五峰组—龙马溪组海相页岩划分为三个纹层发育段，将每个发育段又细分为弱发育段和强发育段，将纹层发育密度大于 5 条/cm 或最大纹层厚度大于 0.1mm 定为纹层强发育段。

涪陵地区五峰组—龙马溪组龙一段海相页岩主要发育硅质纹层、钙质纹层和黏土质纹层三类(王超等，2019)(图 1.14)。

(1)硅质纹层：镜下薄片观察可见成分以石英和长石为主，呈次棱-次圆状，边缘多被黏土、炭质浸染。矿物成分以石英、伊利石和伊蒙混层为主，其中石英矿物的面积占比达 65.1%，含量占比达 64.5%。硅质纹层单层厚度为 0.02～0.2mm。

(2)钙质纹层：薄片镜下观察可见明显浅色纹层和暗色纹层构成层偶，薄片整体而言，成分以石英及长石为主，白云石含量可达 7%。钙质纹层横向连续性好，厚度为 0.1～0.3mm，纹层边界清晰。

(3)黏土质纹层：薄片观察可见黏土和极少量细粉砂形成泥内碎屑(约占 20%)，呈断续-透镜状顺层分布，组成黏土质纹层，其中黏土矿物含量最高可达 88%。黏土质纹层横向连续性差，单层厚度为 0.02～0.16mm，纹层边界较清晰。

7. 岩相特征

页岩岩相是富有机质页岩各项非均质性特征的外在表象，既包含岩石类型、结构、构造等宏观信息，也包含无机矿物与有机组成等微观信息，是页岩原生品质的直接评价标志(王超等，2018a，2018b；张梦吟等，2018)。但受限于资料条件和表征方法，页岩岩相划分尚未有统一的标准和方法。通过黏土矿物(Clay)-碳酸盐矿物(Carbonate)-硅质(QFM)三端元对涪陵页岩气田页岩进行成分上的分类(图 1.15)，其成分含量按 25%、50%、75%为界限进行分类，其中三端元成分含量大于 75%，则分别命名为硅岩、灰岩和泥岩(或黏土岩)。

因此，五峰组—龙马溪组黑色页岩可划分出 7 大类，当硅质含量大于 50%～75%时，为硅质页岩；当黏土矿物含量大于 50%～75%时，为泥质页岩；当碳酸盐矿物含量大于 50%～75%时，为灰质页岩；当硅质和碳酸盐矿物及黏土矿物的百分含量分别小于 50%大于 25%时，为混合质页岩。此外，当硅质含量大于 75%时，为硅岩；当黏土矿物含量大于 75%时，为泥岩(或黏土岩)；当碳酸盐含量大于 75%时，为灰岩。其中硅质页岩、灰质页岩、泥质页岩和混合质页岩四大类中，按成分含量的 25%、50%、75%可将上述四大类页岩进一步细分为可 13 亚类，共划分出 16 种岩相亚类，具体命名见表 1.5。

对涪陵页岩气田五峰组—龙马溪组黑色页岩岩相类型和特征进行分析。将其碳酸盐、黏土矿物及硅质的含量投影到三角图内，据此可以看出涪陵页岩气田内按成分主要发育 8 种岩相：硅岩、硅质页岩、富泥硅质页岩、富灰/硅混合质页岩、混合质页岩、富泥/硅混合质页岩、富泥/灰混合质页岩和富硅泥质页岩，其中有 4 个样落在灰质页岩区(图 1.16)。同时也可以看出大部分样品都集中在富泥硅质页岩和富泥/硅混合质页岩和富硅泥质页岩三个区域内。在此基础上，建立了五峰组—龙马溪组等时格架下的岩相垂向序列(图 1.17)，下面将对其矿物组成和 TOC 含量等特征进行详细的论述(表 1.6)。

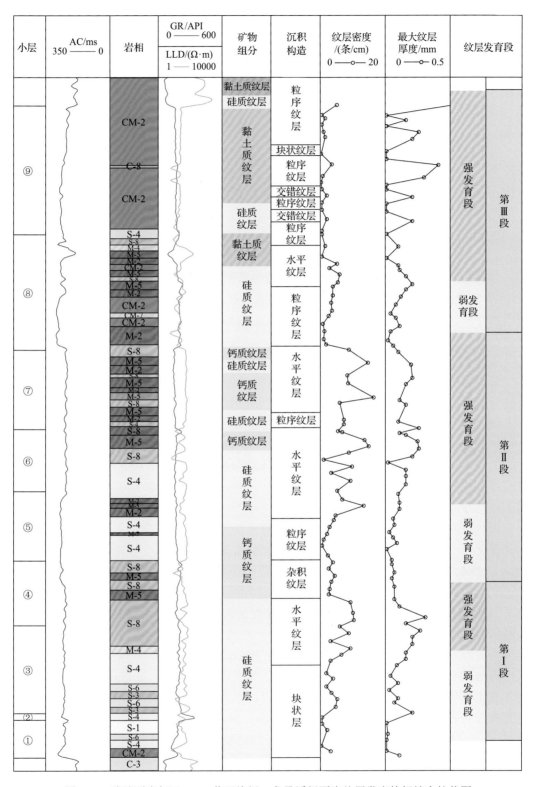

图 1.14　涪陵页岩气田 JY-A 井五峰组—龙马溪组页岩纹层发育特征综合柱状图

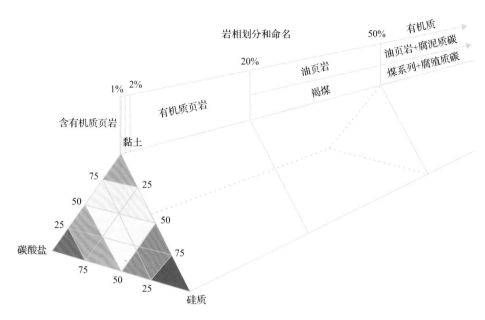

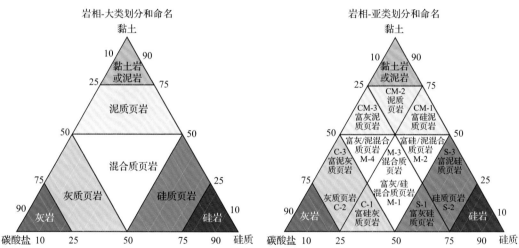

图 1.15 焦石坝及其邻区五峰组—龙马溪组页岩命名体系

表 1.5 焦石坝及其邻区五峰组—龙马溪组黑色页岩岩相分类

大类		亚类		硅质(QFM)	灰质(Carbonate)	黏土矿物(Clay)
硅岩			硅岩	>75%	<25%	<25%
S	硅质页岩	S-1	富灰硅质页岩	50%～75%	25%～50%	<25%
		S-2	硅质页岩	50%～75%	<25%	<25%
		S-3	富泥硅质页岩	50%～75%	<25%	25%～50%

大类		亚类		硅质(QFM)	灰质(Carbonate)	黏土矿物(Clay)
M	混合质页岩	M-1	富灰/硅混合质页岩	25%~50%	25%~50%	<25%
		M-2	富泥/硅混合质页岩	25%~50%	<25%	25%~50%
		M-3	混合质页岩	25%~50%	25%~50%	25%~50%
		M-4	富泥/灰混合质页岩	<25%	25%~50%	25%~50%
泥岩		泥岩		<25%	<25%	>75%
CM	泥质页岩	CM-1	富硅泥质页岩	25%~50%	<25%	50%~75%
		CM-2	泥质页岩	<25%	<25%	50%~75%
		CM-3	富灰泥质页岩	<25%	25%~50%	50%~75%
灰岩		灰岩		<25%	>75%	<25%
C	灰质页岩	C-1	富硅灰质页岩	25%~50%	50%~75%	<25%
		C-2	灰质页岩	<25%	50%~75%	<25%
		C-3	富泥灰质页岩	<25%	50%~75%	25%~50%

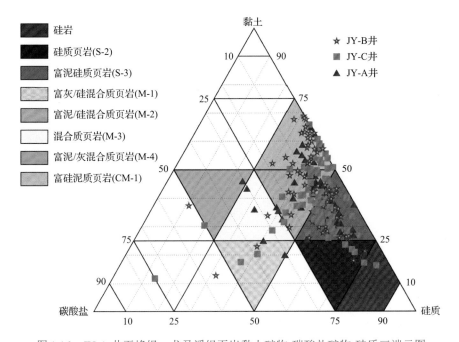

图 1.16　JY-A 井五峰组—龙马溪组页岩黏土矿物-碳酸盐矿物-硅质三端元图

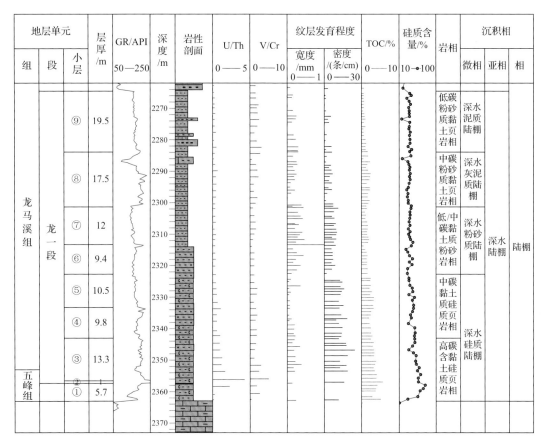

图 1.17　四川盆地涪陵页岩气田 JY-C 井五峰组—龙马溪组龙一段沉积环境综合柱状图

表 1.6　不同岩相的厚度、矿物成分及 TOC 含量　　　　　（单位：%）

岩相编号	岩相	厚度占总厚度比例	石英	长石	方解石	白云石	黏土	TOC
S	硅岩(硅质岩)	1.54	75.80	3.90	4.01	4.10	16.60	2.10
S-2	硅质页岩	2.89	69.85	3.35	2.90	3.15	19.10	4.50
S-3	富泥硅质页岩	24.22	41.46	6.12	2.82	15.42	32.21	2.79
M-1	富灰/硅混合质页岩	2.02	38.45	6.75	3.30	29.20	22.30	2.97
M-2	富泥/硅混合质页岩	40.49	33.67	11.12	4.81	5.82	42.28	2.08
M-3	混合质页岩	3.85	36.53	6.38	3.15	28.05	25.32	1.79
M-4	富泥/灰混合质页岩	1.26	18.80	4.60	0.00	30.90	45.70	1.41
CM-1	富硅泥质页岩	23.72	28.47	8.05	3.17	3.78	57.84	1.59

1) 硅岩(或硅质岩)

该岩相主要发育于五峰组上部,其长石和石英含量大于 75%,黏土矿物成分与碳酸盐矿物含量均小于 25%,TOC 含量为 2.1%,厚度占总厚度的 1.54%。该岩相为深黑色,块状,可见黄铁矿结核,石英颗粒均匀分布,放射虫含量约为 12%,壳壁为硅质,部分壳壁内被黄铁矿交代,白云石呈半自形晶分散分布。

2) 硅质页岩

该岩相为五峰组发育的主要岩相,其长石和石英的总含量为 50%~75%,其中石英含量为 69.85%,黏土矿物成分与碳酸盐矿物含量均小于 25%,TOC 含量范围在 4.03%~4.97%,平均为 4.50%,厚度占总厚度的 2.89%。该岩相为深黑色,块状,可见大量双列笔石杂乱分布,多量石英均匀分布,粗颗粒石英与细颗粒石英相混,少量白云石零星分布,泥晶方解石呈块状聚集分布与少量片状矿物具定向性排列,两条硅质条带、多条纹层状黏土条带平行分布。

3) 富泥硅质页岩

该岩相主要分布于五峰组的局部及龙一段下部的主力含气段,厚度占总厚度的 24.22%,其中石英含量平均为 41.46%,长石和石英总含量介于 50%~75%,黏土矿物成分含量为 25%~50%,碳酸盐含量小于 25%,TOC 含量在 2.01%~4.77%,平均为 2.79%。该岩相为黑色,块状,部分呈纹层状,可见黄铁矿结核和大量双列笔石杂乱分布(>90%),石英颗粒均匀分散分布,放射虫含量约为 8%~26%,壳壁内为放射状玉髓,个体大小不一,均匀分布,泥粉晶白云石呈零星分布。

4) 富灰/硅混合质页岩

该岩相主要发育于龙一段底部,以薄层的形式夹于其他类型的岩相内,厚度约占总厚度的 2.02%,其长石和石英总含量为 25%~50%,黏土矿物含量小于 25%,碳酸盐矿物含量为 25%~50%,TOC 含量主要分布在 2.94%~2.99%,平均为 2.97%。岩心上主要表现为水平纹层发育,可见钙质薄层和黄铁矿结核;镜下观察水平纹层较为发育,大量泥粉晶白云石,多为他形晶,与粉砂石英、炭质黏土均匀分布且呈平行纹层状互层,层厚 0.07~0.21mm,并见针柱状片状矿物,略具定向性。

5) 富泥/硅混合质页岩

该岩相主要发育在早期高位体系域中,而在海侵体系域和晚期高位体系域均以薄层的形式发育。中硅低钙中黏土页岩的厚度约 40.49%,其长石和石英含量为 25%~50%,其中石英含量平均为 33.67%,黏土矿物成分为 25%~50%,碳酸盐矿物含量小于 25%,TOC 含量主要分布于 1.32%~4.45%,平均为 2.08%。在早期高位体系域的主体区域,该岩相的 TOC 含量均小于 2%，岩心上主要表现为砂纸条带发育且平行分布，镜下观察纹层状结构明显，石英主要为陆源碎屑，可见少数海绵骨针残片；而在早期高位体系域的底部及以薄层形式产出时，其 TOC 含量均大于 2%，岩心上主要表现为水平纹层发育且密集分布，浸水后可见明显的水平缝，镜下可见生物(放射虫和海绵骨针)后期改造形成的微晶石英较为发育。

6) 混合质页岩

该岩相主要以薄层形式发育于海侵体系域顶部及早期高位体系域的顶部，厚度约占总厚度的 3.85%，其长石和石英含量、黏土矿物含量及碳酸盐矿物含量均介于 25%～50%，TOC 含量为 1.19%～2.24%，平均为 1.79%。岩心上主要表现为块状层理，裂隙发育，未充填或方解石半充填，镜下观察可见水平云质纹层发育，可见少量放射虫和海绵骨针，其中放射虫占 0～6%，海绵骨针 0～5%，且放射虫多被白云石交代，海绵骨针多被黄铁矿交代。

7) 富泥/灰混合质页岩

该岩相仅发育于晚期高位体系域内，夹于高黏土中硅低钙页岩之中，厚度仅占总厚度的 1.26%，其长石和石英总含量小于 25%，其中石英平均为 18.80%，黏土矿物成分为 25%～50%，碳酸盐矿物含量为 25%～50%，TOC 含量为 1.41%。岩心主要表现为块状层理，可见黄铁矿条带，为后期充填裂缝形成，镜下观察可见粉晶-泥晶白云石呈星点状较均匀分布，波状不平行纹层发育，炭质黏土呈眉状定向排列，黏土呈透镜状定向排列，黏土和炭质黏土呈连晶分布。

8) 富硅泥质页岩

该岩相主要发育于早期高位体系域顶部和晚期高位体系域内，其厚度约占总厚度的 23.72%，其长石和石英总含量为 25%～50%，其中石英含量平均为 28.47%，黏土矿物含量为 50%～75%，平均为 57.84%，碳酸盐岩含量小于 25%，TOC 含量分布于 0.6%～2.53%，平均为 1.59%。岩心上主要表现为页理发育，岩石脆性较低，可见耙笔石，镜下观察波状不平行纹层发育，黏土和炭质黏土呈连晶分布，生物扰动和生物潜穴较多且分布不均。

8. 气藏特征

涪陵页岩气田五峰组—龙马溪组一亚段为典型的自生自储式连续型页岩气藏，该气藏埋深一般为 2300～3500m，平均地温梯度为 2.83℃/100m，气层普遍具有超压特征。一期产建区焦石坝地区钻井液相对密度在 1.3～1.45g/cm³，JY-A 井实测地层压力系数为

1.55。在二期产建区平桥区块和白马区块构造复杂区块，钻井液密度更高，普遍在 1.5～1.7g/cm³g，水平井微注入试验测试地层压力系数为 1.6 左右。气体成分以甲烷为主（含量为 97.2%～98.4%），低含二氧化碳，不含硫化氢，为弹性气驱、中-深层、超高压、页岩气干气气藏。

第 2 章
涪陵页岩气田优质储层发育机理

2.1 优质页岩储层特征

　　五峰组—龙马溪组下部为涪陵页岩气田勘探开发的主要目的层段，在开发过程中需精细划分优质储层分布发育特征，因此，在龙一段三分的基础上，以涪陵地区实际钻探井为基础，综合依据岩、电特征将五峰组—龙马溪组一亚段划分为①～⑨小层。从页岩的有机质丰度、含气特征、开发效果来看，下部的①～⑤小层均较上部的⑥～⑨小层优越，是优质页岩储层发育层段(刘超，2017；刘锰等，2018；刘尧文等，2018)。从有机质丰度、储层特征(孔隙类型、孔径分布、裂缝特征、孔隙度)和含气性特征等方面，详细阐述优质页岩储层特征。

2.1.1 有机质丰度

　　涪陵页岩气田五峰组—龙马溪组一段 TOC 含量总体达到 2.0%～3.0%，具有向西逐渐降低的趋势。含气页岩段按三亚段九小层划分统计，有机质丰度自下而上总体呈减小的趋势，其中①～③小层最高、④～⑤和⑧小层为中等有机质，焦石坝区块以 JY-A 井为例，该井①～⑨小层页岩 TOC 含量为 0.55%～5.89%，平均为 2.55%，自下而上有机质丰度有减小趋势。统计分析表明，TOC 含量主要分布范围为 1%～3%，约占总样品数的62%，其中①～③小层页岩段 TOC 含量为 1.29%～5.89%，平均为 4.01%，评价为Ⅰ类储层层段，厚 17.5m。④～⑤小层页岩段 TOC 含量为 1.04%～4.03%，平均为 3.09%，评价为Ⅱ类储层层段，厚 20m。①～⑤小层 TOC 含量主要分布范围为 2%～5%(图 2.1)。

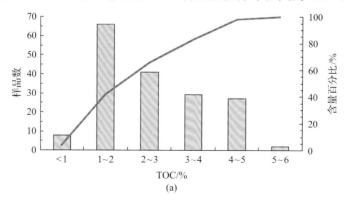

(a)

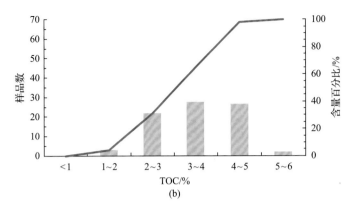

图 2.1 JY-A 页岩 TOC 含量分布直方图

(a)①~⑨小层; (b)①~⑤小层

JY-D 井目的层页岩段 TOC 含量为 0.52%~5.64%,平均为 2.51%(51 块),自下而上丰度有减小趋势。图 2.1 统计表明,丰度主要分布范围为 1%~5%,约占总样品数的 88%。其中,①~③小层页岩段 TOC 含量为 2.32%~5.64%,平均为 4.04%(16 块),评价为 Ⅰ类层段,厚 18.4m。④、⑤小层页岩段 TOC 含量为 2.54%~4.39%,平均为 3.2%(10 块),评价为 Ⅱ类层段,厚 20.2m(表 2.1)。

表 2.1 实测有机质丰度分层统计表

井名	层位	顶深/m	底深/m	厚度/m	TOC 实测			
					最小/%	最大/%	平均/%	块数
JY-D	⑨	3559.5	3573.0	13.5	0.52	1.98	1.01	7
	⑧	3573.0	3585.6	12.6	1.69	2.88	2.03	6
	⑦	3585.6	3597.5	11.9	1.78	2.08	1.90	5
	⑥	3597.5	3610.6	13.1	1.05	2.66	1.86	7
	⑤	3610.6	3622.1	11.5	2.72	3.43	3.08	5
	④	3622.1	3630.8	8.7	2.54	4.39	3.35	5
	③	3630.8	3642.5	11.7	2.32	5.64	4.12	12
	②	3642.5	3643.5	1.0				
	①	3643.5	3649.2	5.7	4.34	5.09	4.57	4
	①~⑨	3559.5	3649.2	89.7	0.52	5.64	2.51	51
	④~⑤	3610.6	3630.8	20.2	2.54	4.39	3.20	10
	①~③	3630.8	3649.2	18.4	2.32	5.64	4.04	16
JY-K	⑤	3043.20	3055.50	12.30	0.11	3.09	1.58	19
	④	3055.50	3066.20	10.70	2.19	3.26	2.73	11
	③	3066.20	3079.50	13.30	3.25	4.72	3.84	14
	②	3079.50	3080.50	1.00	3.94	3.94	3.94	1
	①	3080.50	3086.20	5.70	3.29	5.53	4.10	4
	①~⑤	3043.20	3086.20	43.00	0.11	5.53	2.95	49
	①~③	3066.20	3086.20	20.00	3.25	5.53	3.92	19

涪陵页岩气田南部 JY-K 井取样分析表明，①～⑤小层页岩段 TOC 含量为 0.11%～5.53%，平均为 2.95%(49 块)，自下而上有机质丰度有减小趋势。统计表明，有机质丰度主要分布范围为 2%～4%，约占总样品数的 70%。①～③小层页岩段 TOC 含量为3.25%～5.53%，平均为 3.92%(19 块)，评价为 II 类层段，厚 20m。④、⑤小层页岩段TOC 含量为 0.11%～3.26%，平均为 2.11%(30 块)，评价为 II 类层段，厚 23m。

JY-D、JY-K、JY-L 等井对比分析表明(表 2.2)，涪陵页岩气田五峰组—龙马溪组页岩有机质丰度纵向上变化趋势一致，由下至上总体呈降低趋势。平面上由北向南页岩有机质丰度呈降低趋势，北部①～③页岩段涪陵页岩气田 TOC 含量整体高于 4.0%，为 I 类页岩储层，南部①～③页岩段有机质丰度略低，实测及测井解释分析其介于 2.5%～4.0%，为 II 类页岩储层。北部④、⑤页岩段涪陵页岩气田 TOC 含量介于 2.5%～4.5%，南部对应层段 TOC 含量介于 1.5%～3.0%。北部二、三亚段页岩 TOC 含量介于 1.0%～2.5%，南部对应层段页岩 TOC 含量为 0.5%～2.0%。

表 2.2   JY-D 井、JY-K 井、JY-L 井测井解释有机质丰度统计表

| 井名 | 地层 | | 井深/m | 厚度/m | 最小/% | 最大/% | 平均/% | 有机质丰度 |
	亚段	小层						
JY-D	三亚段	⑨	3559.5～3573	13.5	0.37	2.97	1.04	低有机质
		⑧	3573.0～3585.6	12.6	0.09	3.39	1.92	低有机质
	二亚段	⑥、⑦	3585.6～3610.6	25	1.22	2.64	2.01	中等有机质
	五峰组——亚段	④、⑤	3610.6～3622.1	20.2	1.9	4.03	2.96	中等有机质
		①～③	3622.1～3649.2	18.4	1.03	5.27	4.06	富有机质
JY-K	三亚段	⑨	2972.5～2996.4	23.9	0.39	1.7	0.98	低有机质
		⑧	2996.4～3015.3	18.9	0.42	2.08	1.18	低有机质
	二亚段	⑥、⑦	3015.3～3043.2	27.9	0.49	5.11	1.51	低有机质
	五峰组——亚段	④、⑤	3043.2～3066.2	23	1.45	3.35	2.48	中等有机质
		①～③	3066.2～3086.2	20	1.05	5.25	3.45	中等有机质
JY-L	三亚段	⑨	3457.0～3478.0	9.5	0.01	1.5	0.63	低有机质
		⑧	3478.0～3499.5	14	0.14	1.64	0.79	低有机质
	二亚段	⑥、⑦	3499.5～3531.5	20.5	0.02	1.83	0.96	低有机质
	五峰组——亚段	④、⑤	3531.5～3557.5	18.5	0.68	2.88	1.7	低有机质
		①～③	3557.5～3581.5	21	1.26	5.3	2.82	中等有机质

2.1.2 孔隙结构

焦石坝地区五峰组—龙马溪组一段页岩气层整体物性较好，以低-中孔、特低渗-低渗储层为主(郭旭升，2014)。基于扫描电镜技术，对涪陵地区页岩储层孔隙类型进行观察和总结。根据孔隙发育与岩石颗粒之间的关系，孔隙分为岩石基质孔隙和裂缝孔隙两大类。对于岩石基质孔隙，根据孔隙发育在颗粒的位置关系再进行分类，主要包括粒间孔、粒内孔、有机质孔和裂缝(图 2.2)(Loucks et al.，2012)。粒间孔是存在于矿物或颗

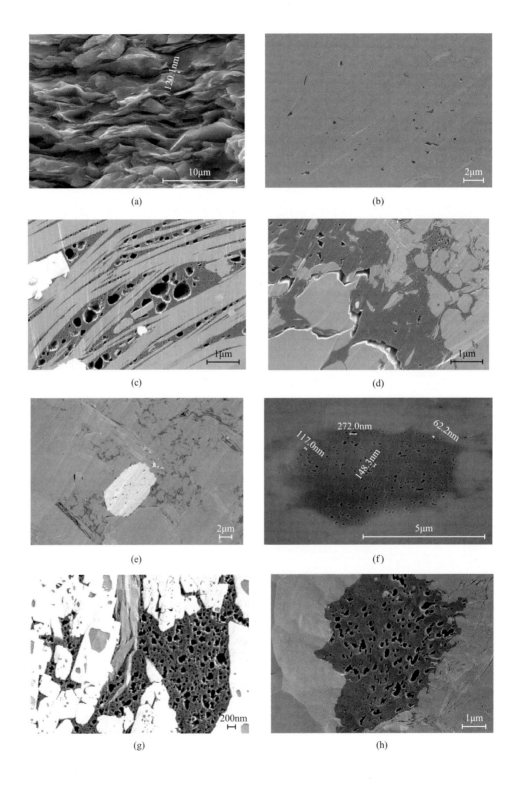

(a)

(b)

(c)

(d)

(e)

(f)

(g)

(h)

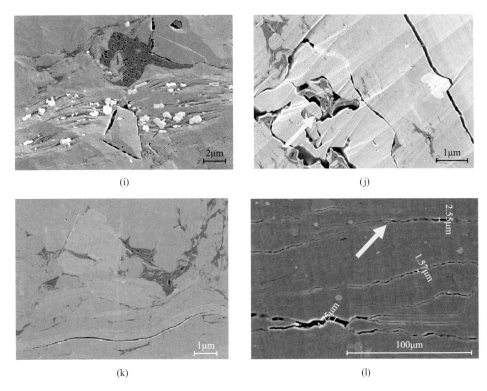

图 2.2　四川盆地涪陵页岩气田页岩基质中不同孔隙类型

(a) 片状黏土矿物间发育纳米微孔隙(JY-C, 2271.66m)；(b) 粒内无机孔零星分布(JY-G, 3034.1m)；(c) 黏土间有机质内孔隙较发育(JY-G, 3117.38m)；(d) 颗粒间及颗粒与颗粒间孔隙(JY-G, 3098.5m)；(e) 粒缘孔、黄铁矿粒内晶间孔、有机质孔(JY-D, 3626.92m)；(f) 团块状有机质颗粒内部发育微孔隙(JY-B, 2560.92m)；(g) 有机质孔；(h) 有机质孔；(i) 有机质孔和黏土矿物粒间孔；(j) 生烃超压缝(JY-G, 3095.5m)；(k) 黏土成岩收缩缝(JY-G, 3113.50m)；(l) 层间微缝隙(JY-C, 2537.09m)

粒之间的微孔隙，在浅埋藏的沉积物中较丰富，且通常连通性好，形成有效的孔隙网络，但是随着埋深增加、上覆压力和成岩作用的加强，孔隙不断演化。在埋藏较深的泥岩中，粒间孔隙的量显著降低，可进一步分为粒间格架孔、黏土片间孔、粒缘孔等。粒内孔隙是发育在颗粒的内部，部分存在于球状黄铁矿颗粒内部有机质中，少量见于片状黏土及长石解理缝内的微孔隙。有机质孔是发育在有机质内的孔隙，前人研究已经发现，只有当有机质的热演化程度达到一定程度时，有机孔才开始发育(Curtis et al., 2012；Chalmers et al., 2012b；Clarkson et al., 2013；Kulia et al., 2014)。

1. 有机质孔隙

涪陵地区的有机质处于高-过成熟阶段，页岩中发育了大量的有机质孔隙，其有机孔的形态主要有蜂窝状、气泡状、椭圆状、墨水瓶状。有机质在电镜图像下为灰黑色，矿物颗粒为浅灰色，有机质通常分布于无机矿物颗粒或黄铁矿颗粒间，有机质孔隙主要发育在有机质内部，其孔隙大小通常为纳米级，一块直径为几个微米的有机质颗粒可含有大量纳米孔，孔径一般为 3～900nm(Ross and Bustin, 2007, 2009；Chalmers and Bustin,

2007；Loucks et al.，2012；Clarkson et al.，2013；Milliken et al.，2013；Kulia et al.，2014）。有机孔是五峰组—龙马溪组页岩中常见的孔隙类型（图2.3～图2.5），孔隙形状具有多种形态，多边形状有机孔通常位于有机质与矿物颗粒的交界处，有机质内部通常发育圆形、椭圆状孔隙、棱角状孔隙、弯月状孔隙、海绵状孔隙、不规则状孔隙、与矿物相关的有机质孔及被矿物包围的孤立有机质孔。页岩中发育的有机质孔隙主要与有机质的生烃演化相关，通常 R_o 到达0.6%之后，有机孔才开始发育（Curtis et al.，2012；Milliken et al.，2013；腾格尔等，2017）。但并非所有的有机质都发育孔隙，可能与有机质类型有关（Loucks et al.，2012）。有机质孔的大量存在为甲烷吸附提供了表面空间，同时为游离气的富集提供储集空间（Zhang et al.，2012）。

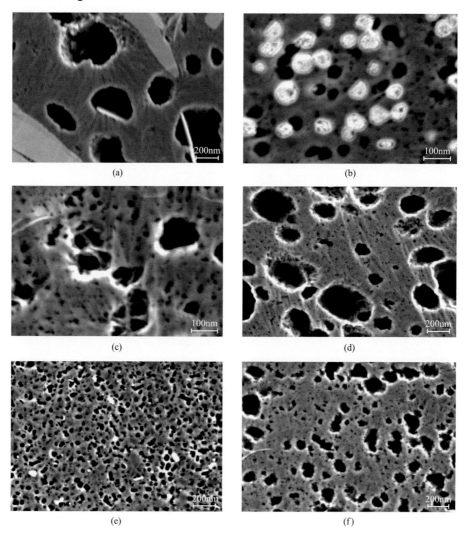

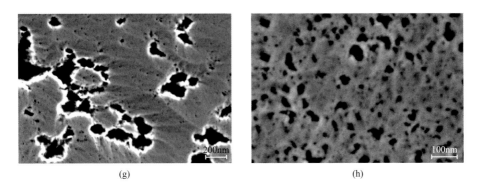

(g)　　　　　　　　　　　　　　　(h)

图 2.3　涪陵页岩气田焦石坝区块龙马溪组页岩有机质孔隙类型

(a)、(b) 为椭圆状有机质孔隙，JY-C (2309.09m)；(c)、(d) 为海绵状有机质孔隙，JY-C (2361.40m)；
(e)、(f) 为蜂窝状均匀分布的有机质孔隙，JY-B (2536.95m)；(g)、(h) 为不规则形状的有机质孔，JY-B (2578.12m)

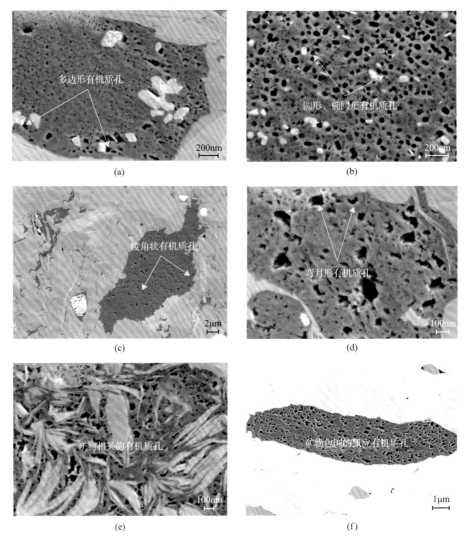

(a)　　　　　　　　　　　　　　　(b)

(c)　　　　　　　　　　　　　　　(d)

(e)　　　　　　　　　　　　　　　(f)

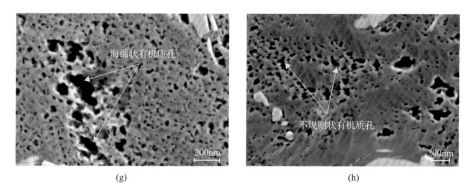

(g)　　　　　　　　　　　　　(h)

图 2.4　涪陵页岩气田平桥区块龙马溪组页岩有机质孔隙类型
(a)JY-E-6-1-06；(b)JY-O-2-5-14；(c)JY-E-6-25-23；(d)JY-O-2-1-08；(e)JY-E-6-3-01；(f)JY-E-6-9-02；
(g)JY-O-2-7-28；(h)JY-E-6-6-53

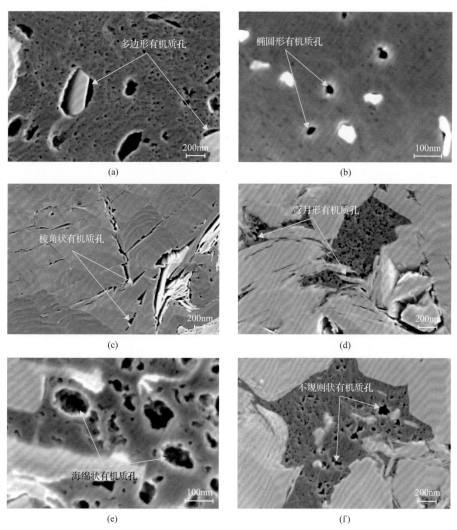

图 2.5　涪陵页岩气田白马区块龙马溪组页岩有机质孔隙类型
(a)JY-L-2-21-29；(b)JY-L-2-6-43；(c)JY-L-2-8-18；(d)JY-L-2-26-34；(e)JY-L-2-26-43；(f)JY-L-2-8-09

2. 矿物颗粒粒间孔

粒间孔是页岩矿物基质孔隙的主要类型之一，也是无机孔的主体。粒间孔在初期或浅埋藏的沉积物中很丰富，且通常连通性好，具有可渗透的孔隙网络(Chalmers et al.，2012a；Loucks et al.，2012；王超等，2017)。然而，这种孔隙网络随着埋深增加、上覆压力和成岩作用的加强而不断演化。在刚沉积时，柔软塑性至坚硬脆性的各种颗粒间存在粒间孔。在埋藏过程中，塑性颗粒可发生变形而封闭粒间孔隙空间，并同时挤入孔隙喉道。在晚期和埋藏较深的泥页岩中，粒间孔隙的数量由于压实和胶结作用而显著降低。

在高分辨率场发射扫描电镜图像下，龙马溪组页岩的粒间孔常见于浅灰色的矿物颗粒周围，这些孔隙可见于塑性颗粒(黏土矿物、泥质颗粒)或脆性矿物(石英、长石、方解石)的边界(图 2.6、图 2.7)。孔隙分布不均匀，形状不规则，多呈狭缝状、棱角状或楔状。粒间

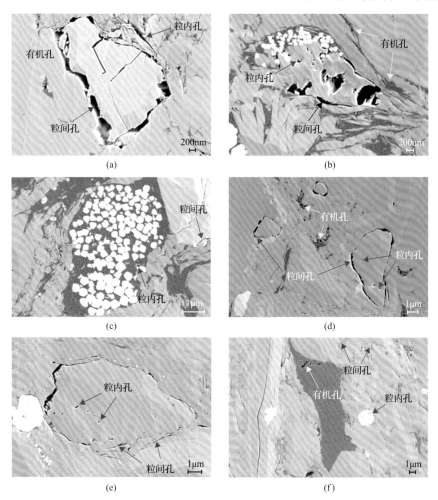

图 2.6　涪陵页岩气田焦石坝区块龙马溪组页岩粒间孔和粒内孔类型

(a)有机质孔隙、片状黏土矿物粒内孔、环碳酸盐晶体颗粒粒间孔，JY-B(2568.5m)；(b)有机孔、粒内孔、粒间溶蚀孔，JY-A(2388.6m)；(c)黄铁矿晶间孔、粒间孔，JY-C(2388.6m)；(d)晶体铸模孔隙、有机孔，JY-C(2388.6m)；(e)黏土矿物粒间孔、粒内孔，JY-C(2399.0m)；(f)黄铁矿结核晶间孔、粒间孔、有机孔，JY-C(2399.1m)

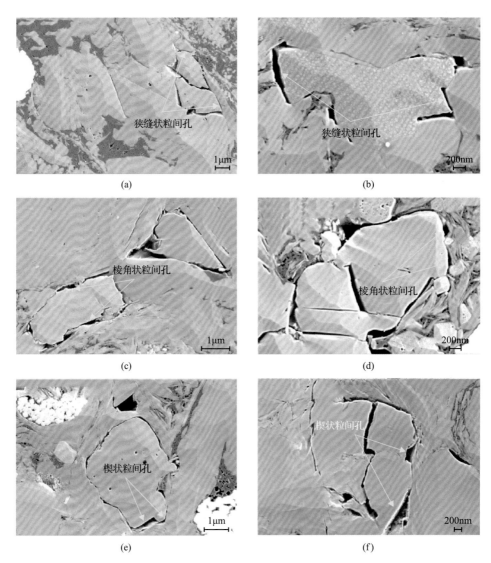

图 2.7　涪陵页岩气田平桥区块龙马溪组页岩粒间孔类型

(a)JY-O-2-2-31；(b)JY-E-6-6-19；(c)JY-E-6-15-06；(d)JY-E-6-9-41；(e)JY-E-6-25-15；(f)JY-E-6-29-28

孔通常连通性较好，孔径尺度变化大，较为发育，是游离气聚集的重要场所。

3. 矿物颗粒粒内孔

此类孔隙多孤立地发育于矿物颗粒或晶体的内部，有原生的黄铁矿结核内的孔隙，也有经晚期成岩作用改造后的铸模孔，呈离散分布。粒内孔包含多种类型：①由颗粒部分或全部溶解形成的铸模孔；②保存于化石内部的孔隙；③草莓状黄铁矿结核内晶体之间的孔隙；④黏土和云母矿物颗粒内的解理面缝孔；⑤颗粒内部孔隙，如球粒内部。

电镜图像下(图 2.8)，龙马溪组页岩的粒内孔形状多为圆状、椭圆状和棱角状。样品中常见黄铁矿内密集分布的粒内孔。粒内孔连通性较差，数量较少，孔径尺度变化大，对页岩气储集的贡献不如有机孔和粒间孔。

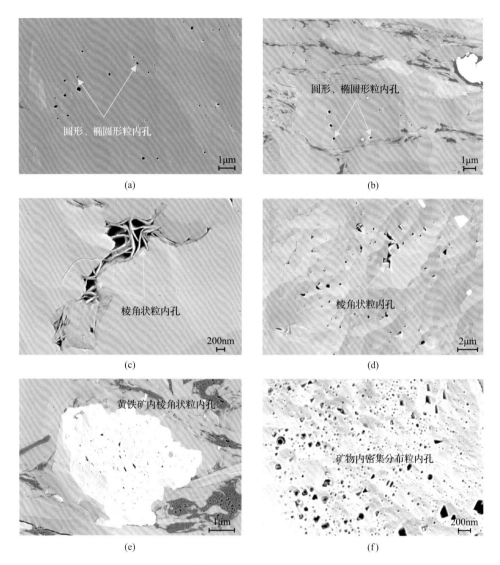

图 2.8　涪陵页岩气田平桥区块龙马溪组页岩粒内孔类型
(a) JY-O-2-7-32；(b) JY-E-6-1-67；(c) JY-O-2-3-15；(d) JY-E-6-3-33；(e) JY-E-6-1-18；(f) JY-E-6-3-41

4. 微裂缝

大量发育的微裂缝对页岩气赋存的贡献最大，其长度通常由微米级到纳米级，宽度由几百纳米到几微米。页岩储层中的微裂缝主要包括粒内裂缝与粒边裂缝。前者较平直，弯曲度较小，后者多呈锯齿状。其形成机制为：一方面由于埋深增加导致地层温度升高，地层水碱化，黏土矿物中析出大量层间水，在片状矿物层间形成大量微裂隙；另一方面由于构造作用使脆性页岩应力集中处发育大量构造微裂缝。前人研究认为，微裂缝的形成机制与构造运动、有机质生烃的轻微超压等有关（郭旭升等，2016a；郭彤楼，2016a；王超等，2017）。

如图 2.9 和图 2.10 所示，平桥区块龙马溪组页岩微裂缝包括有机质与矿物基质接触部位的裂缝、不同矿物间隙存在的微裂缝、矿物颗粒内的微裂缝、在相同方向上存在平行密集的微裂缝、朝同一方向聚拢的密集微裂缝、对称微裂缝及已存在转向和间断的裂缝。

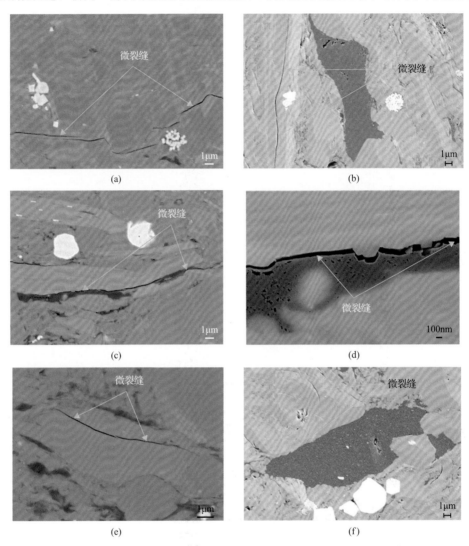

图 2.9　涪陵页岩气田焦石坝区块龙马溪组页岩微裂缝

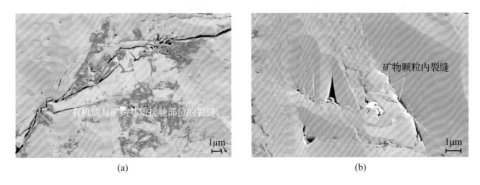

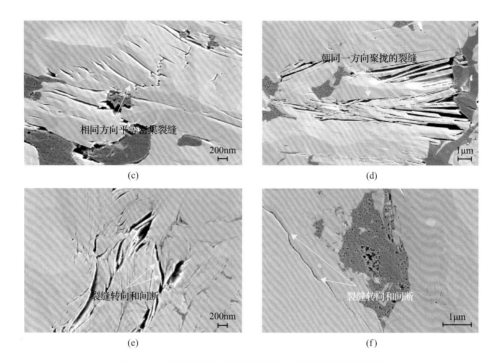

图 2.10 涪陵页岩气田平桥区块龙马溪组页岩微裂缝

(a)JY-E-6-3-08；(b)JY-E-6-6-14；(c)JY-E-6-15-30；(d)JY-E-6-12-62；(e)JY-O-2-3-14；(f)JY-O-2-8-16

5. 全孔径孔隙结构

页岩微观孔隙是页岩气吸附的重要场所，由于孔径分布范围尺度广，具有很强的非均质性等特征(Loucks et al.，2012；Tang et al.，2015)，如果使用单一的测量方法只能对特定范围内的孔隙进行表征研究(Ross and Bustin，2009；孙健和包汉勇，2018；姜振学等，2020)。为了对全孔径的孔隙结构进行联合表征，这里通过采用 3 种孔隙测量手段，根据测试方法的孔径测量范围对孔隙进行联合表征：宏孔(>50nm)采用高压压汞的测试方法进行测量，中孔(2～50nm)采用低温氮气吸附的方式进行测量，微孔(<2nm)采用二氧化碳吸附实验进行测量。

1)低压二氧化碳吸附表征微孔孔径分布

开展二氧化碳吸附实验和低温氮气吸附实验，联合表征页岩孔隙形态、孔径分布及比表面积分布特征。低温二氧化碳实验结果显示，五峰组—龙马溪组页岩等温吸附-脱附曲线从①～⑨小层页岩纳米级孔隙由墨水瓶形向狭缝型过渡(图 2.11)。墨水瓶形孔隙与有机质发育相关，而黏土矿物中大量发育平行板状孔隙，从①至⑨小层，具有黏土矿物逐渐增多的趋势，导致等温吸附曲线上体现为狭缝型孔。

通过二氧化碳吸附法来确定微孔(<2nm)的分布特征，通过氮气吸附法确定介孔和宏孔(>2nm)的分布特征。孔径分布变化率全直径分布曲线呈两个峰，分别分布在 0.5～1nm 和 2～10nm(图 2.12)。

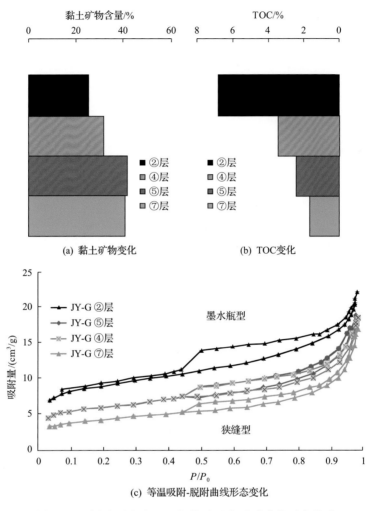

(a) 黏土矿物变化   (b) TOC变化

(c) 等温吸附-脱附曲线形态变化

图 2.11 页岩组分与低温二氧化碳吸附-脱附曲线对应关系

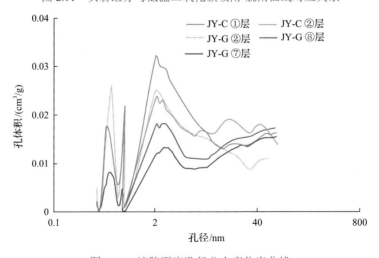

图 2.12 涪陵页岩孔径分布变化率曲线

图 2.13 显示了 JY-A 井微孔孔体积与孔径的关系，涪陵页岩气田目的层第②小层未取样。不同的样品分布曲形态都不一样，但是分布曲线都有 3 个明显的峰值，对应的孔径范围分别是 0.34～0.38nm、0.48～0.58nm、0.80～0.88nm。由此可见，这三个范围内的孔隙是微孔孔体积和比表面积的主要贡献区间，其中 0.48～0.58nm 区间的孔隙贡献最大。目的层各小层对比看来，第③小层、第④小层、第⑥小层的峰值明显大于其他各小层。

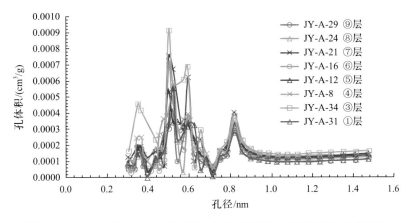

图 2.13　焦石坝地区 JY-A 井低温二氧化碳吸附实验的页岩孔体积分布

基于低温二氧化碳吸附实验获得的平桥区块孔体积随孔径分布特征见图 2.14。各个样品的曲线在形态上大体相同，孔体积和比表面积随孔径变化的曲线有 4 个明显的峰值，对应的孔径分布区间分别为 0.35～0.36nm、0.48～0.52nm、0.55～0.6nm、0.82～0.86nm，表明在这 4 个范围内出现分布的微孔比较多，其中在 0.35～0.36nm 这个区间内的峰值最高，微孔分布最多。各层对比来看，单孔孔体积和比表面积最大的是平桥地区 PQ-2 样品所在的第①小层，位于平桥地区五峰组中下部地层，说明五峰组中下部地层微孔发育较多。平桥地区 PQ-6 样品所在的第⑥小层的单孔孔体积和比表面积最小。第⑥小层是平桥地区龙马溪组中部地层，说明在平桥地区龙马溪组中部地层微孔发育较少。

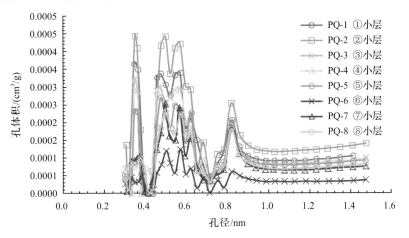

图 2.14　涪陵页岩气田平桥区块低温二氧化碳吸附实验的页岩孔体积分布

2) 低压氮气吸附表征中孔孔径分布

根据低温氮气吸附和压汞法孔隙分形结果, 将五峰组—龙马溪组页岩孔隙划分为三类: 微孔 (<5nm)、小孔 (5~25nm)、中孔 (25~100nm) 和宏孔 (>100nm)。五峰组—龙马溪组页岩在纵向上比孔容和比表面积特征为: ①~⑤小层>⑥、⑦小层>⑧、⑨小层 (图 2.15)。

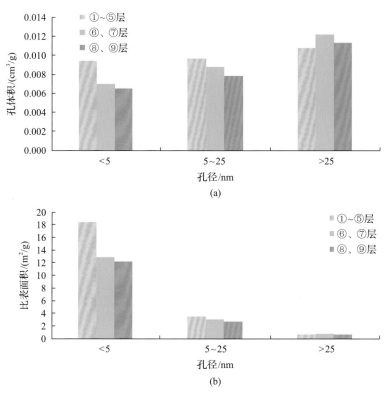

图 2.15　涪陵页岩气田不同小层孔体积和比表面积分布直方图

(a) 不同小层孔体积; (b) 不同小层比表面积

图 2.16 显示了焦石坝地区中孔孔体积与孔径的关系, 共有 8 小层页岩样品, 涪陵页岩气田目的层第②小层未取样。不同的样品分布曲线稍有差异, 但是分布曲线的峰值位置几乎都是一样的, 变化趋势也比较一致。可以看出, 孔体积峰值对应的孔径区间有 3 个, 分别是 3.5~4.5nm、15~20nm、33~37nm, 即这 3 个孔径区间范围内的孔隙是中孔孔体积的主要贡献者。

基于低温氮气吸附实验的平桥区块页岩孔体积随孔径的分布特征见图 2.17。各个曲线分布差异比较明显, 但曲线的峰值位置大体相似, 可以看出孔体积峰值对应的孔径区间在 1.2~1.3nm、4.8~5.2nm、6~7.5nm、8~8.5nm。由此可见, 孔径在这 4 个范畴内的孔隙是孔体积的主要贡献者。

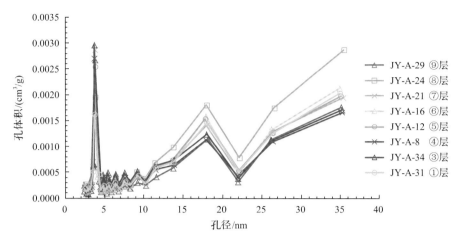

图 2.16　焦石坝地区 JY-A 井低温氮气吸附实验的页岩中孔孔体积分布

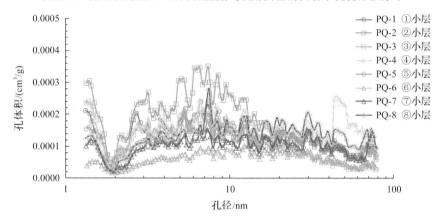

图 2.17　涪陵页岩气田平桥区块低温氮气吸附实验的页岩中孔孔体积分布

3）高压压汞表征宏孔孔径分布

采集焦石坝地区五峰组—龙马溪组不同深度的页岩储层的岩心样品做压汞实验，数据分析结果显示，各样品的曲线形态极为相似，都是先缓后陡，压力为 1～10MPa，对应的是孔径范围 100～500nm 的孔隙。图 2.18 显示汞进入量小于 10%，而毛细管压力小于 1.0MPa 的区间在图上看不到进汞量。这说明，涪陵页岩气田页岩孔径大于 100nm 的孔隙很少发育。曲线在毛细管压力大于 10MPa 之后，进汞量迅速增加，在 100MPa 时达到最大值，这一区间的进汞量大约在 40% 左右，对应的孔径范围在 3～100nm，说明涪陵页岩气田页岩主要发育了纳米级的微孔隙。涪陵页岩气田样品的退汞效率平均值为 5.86%，可以看出压汞实验的退汞效率很低，这说明页岩中有大量细颈瓶状孔隙存在，微孔与中孔比较发育，宏孔较少，且宏孔多为小于 500nm 的孔，孔喉细小，连通性差，这种类型的孔喉有利于页岩气的储集，不利于页岩气的渗流（Ross and Bustin，2007；Kulia et al.，2014；王超等，2017）。

利用压汞曲线数据分析压汞实验下的页岩孔体积随孔径分布，如图 2.19 所示，从图上可以看出曲线有明显的峰值，峰值偏向左侧，峰值的孔径区间范围是 10～18nm，

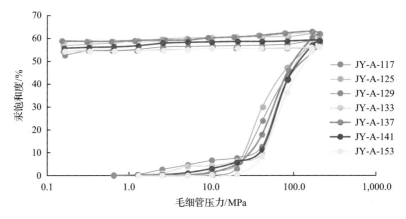

图 2.18　焦石坝地区 JY-A 井五峰组—龙马溪组高压压汞进汞-退汞曲线

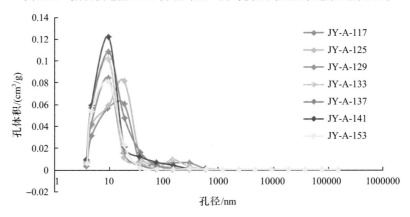

图 2.19　焦石坝地区 JY-A 井五峰组—龙马溪组页岩宏孔孔体积随孔径分布

多数样品的峰值都在 10nm 左右，这也说明该地区页岩的孔主要是发育中孔。10nm 左右的孔对孔体积的贡献远远大于 50nm 以上的孔，表现出了中孔是孔体积的主要贡献者，而宏孔贡献极少。从图 2.18 可以看出，当孔径大于 500nm 之后，孔体积已经趋于 0，表明亚微米-微米级孔隙对孔体积贡献较低，焦石坝五峰组—龙马溪组页岩主要是以微-纳米级孔隙发育，主要类型是微孔和中孔。

　　4) 页岩全孔径孔隙结构特征

　　将不同类型的孔隙(微孔、中孔、宏孔)联合起来进行定量表征，这样就可以很明显地看出不同类型孔隙对于页岩孔体积和比表面积的共性和差异。孔体积和页岩比表面积在不同孔径区间的孔隙分布也能很明显地看出来。图 2.20 显示了微孔(0~2nm)、中孔(2~50nm)和宏孔(>50nm)联合表征的焦石坝地区五峰组—龙马溪组页岩孔体积分布特征。从图 2.20 中可以看出曲线共有三个峰值，其对应的孔径区间是 0.44~0.65nm、3.5~4.5nm、14~36nm。其中，微孔区间的峰值明显低于中孔区间的峰值，和宏孔区间的峰值相当。

　　焦石坝地区五峰组—龙马溪组页岩目的层各小层对比得出，⑧小层的累积孔体积最

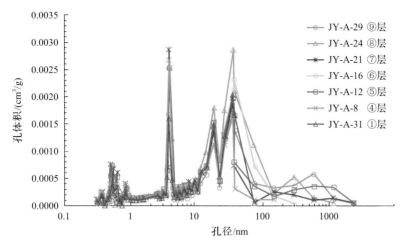

图 2.20 焦石坝地区 JY-A 井五峰组—龙马溪组页岩全孔径孔体积分布特征

大，数值为 0.026cm³/g，⑨小层的累积孔体积最小，数值为 0.019cm³/g。③小层的累积比表面积最大，数值为 36.4m²/g，①小层的累积比表面积最小，数值为 23.1m²/g。涪陵页岩气田五峰组—龙马溪组目的层段页岩的累积孔体积平均值为 0.021cm³/g，累积比表面积平均值为 27.65m²/g。

平桥地区五峰组—龙马溪组页岩孔体积分布特征如图 2.21 所示，可以看出，孔径分布曲线有多个峰值，最高峰的峰值出现在 0.35～0.45nm、0.48～0.55nm 这两个区间范围内，说明在这两个范围内出现孔隙的概率最高。表 2.3 为全孔径联合表征测得的涪陵页岩气田孔体积分布。页岩样品的孔体积的分布范围在 $1.52 \times 10^{-4} \sim 4.69 \times 10^{-4}$ cm³/g，平均为 3.41×10^{-4} cm³/g。其中，页岩微孔的孔隙体积占总孔隙体积的 37.68%，平均值为 1.28×10^{-4} cm³/g；中孔的孔隙体积占总孔隙体积的 38.51%，平均值为 1.31×10^{-4} cm³/g，宏孔占总孔隙体积的 23.81%，平均值为 8.11×10^{-5} cm³/g。从总体上来看，对平桥地区五峰组—龙马溪组页岩的孔体积贡献最大是中孔，其次是微孔，宏孔的贡献最少。

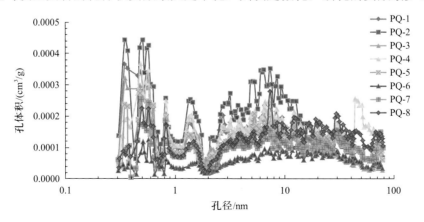

图 2.21 涪陵页岩气田平桥区块五峰组—龙马溪组页岩全孔径孔体积分布特征

表 2.3 平桥区块五峰组—龙马溪组页岩孔体积分布

样品	孔体积/(cm³/g)				孔体积比例/%		
	微孔	中孔	宏孔	总孔体积	微孔	中孔	宏孔
PQ-1	1.61×10^{-4}	1.44×10^{-4}	8.15×10^{-5}	3.86×10^{-4}	41.68	37.20	21.12
PQ-2	2.04×10^{-4}	1.90×10^{-4}	7.43×10^{-5}	4.69×10^{-4}	43.60	40.55	15.85
PQ-3	1.52×10^{-4}	1.19×10^{-4}	3.43×10^{-5}	3.05×10^{-4}	49.75	39.01	11.24
PQ-4	1.55×10^{-4}	1.63×10^{-4}	1.45×10^{-4}	4.63×10^{-4}	33.58	35.15	31.27
PQ-5	1.17×10^{-4}	1.21×10^{-4}	7.47×10^{-5}	3.13×10^{-4}	37.47	38.69	23.84
PQ-6	4.46×10^{-5}	6.67×10^{-5}	4.02×10^{-5}	1.52×10^{-4}	29.44	44.03	26.54
PQ-7	9.23×10^{-5}	1.04×10^{-4}	8.31×10^{-5}	2.79×10^{-4}	33.04	37.20	29.75
PQ-8	9.96×10^{-5}	1.42×10^{-4}	1.16×10^{-4}	3.57×10^{-4}	27.90	39.70	32.40
平均	1.28×10^{-4}	1.31×10^{-4}	8.11×10^{-5}	3.41×10^{-4}	37.68	38.51	23.81

6. 页岩孔隙特征和成因及控制因素

页岩微观孔隙(尤其是有机孔隙)的成因及其发育演化是页岩储层研究的热点和前沿领域。目前,中外学者已定性-半定量地探讨了沉积环境、构造背景、矿物组分、有机质含量、有机质类型、热演化程度等因素对页岩孔隙的影响机制。涪陵页岩气田五峰组—龙马溪组页岩的沉积环境、有机质类型和热演化程度相似,主要探讨构造背景、矿物组分、有机质含量对页岩孔隙结构的控制作用。

1) TOC 含量

高产井的孔体积和孔隙度与 TOC 含量呈现明显的正相关关系,有机质内发育的大量孔隙证实了这一点。另一方面,除 JY-C 井外,孔体积和孔隙度与 TOC 含量均呈现明显的正相关关系。因而,在高产井中,有机质孔是富有机质页岩孔隙结构的重要贡献者;中产井中,孔隙度与 TOC 含量呈现微弱的正相关关系。而孔体积方面,JY-B 井与 JY-D 井孔体积与 TOC 含量呈现较强的正相关关系[图 2.22(a)、(b)],而 JY-G 井孔体积与 TOC 含量呈现较微弱的正相关性[图 2.22(c)],这表明中产井中,TOC 含量对孔隙发育的贡献率较低,这很有可能与后期构造改造作用相关。

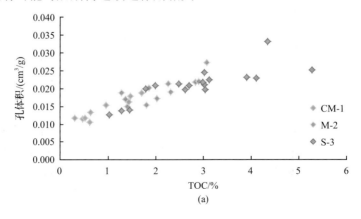

(a)

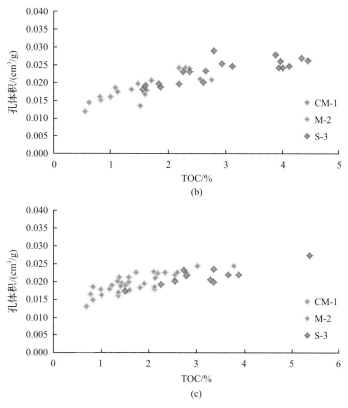

图 2.22   涪陵地区页岩孔体积与 TOC 含量相关性图
(a) JY-B(高产)；(b) JY-D(高产)；(c) JY-G(中产)

2) 石英含量

除了 JY-C 井外,高产井的孔体积和孔隙度与石英含量呈现明显的正相关关系[图 2.23(a)、(b)]。这表明石英含量对高产井孔隙发育具有重要贡献。作为海相富有机质页岩中最主要的刚性颗粒,石英具有良好的机械稳定性,对孔隙可以起到良好的支撑作用。高产井中 S-3 岩相的孔体积、孔隙度与石英含量呈现明显的正相关关系。在 JY-B 井和 JY-D 井中,M-2 岩相和 CM-1 岩相的孔体积与石英含量没有明显的相关性；然而,在 JY-G 井中 M-2 岩相和 CM-1 岩相的孔体积与石英含量呈现明显的负相关关系,这可能与该井页岩(TOC 含量为 2%的样品)有机质孔隙发育良好息息相关。中产井中,孔体积、孔隙度与石英含量没有明显的相关性[图 2.23(c)],这说明中产井,石英含量对孔隙发育的贡献率较低,这很有可能与孔隙的后期保存条件息息相关。

3) 黏土矿物含量

除了 JY-G 井外,高产井的孔体积和孔隙度与黏土矿物含量呈现明显的负相关关系[图 2.24(a)、(b)],同时相较于 CM-1 页岩和 M-2 页岩,S-3 岩相中黏土矿物含量与孔隙度和孔体积的相关性更强[图 2.24(a)、(b)]。该现象的原因可能是黏土含量具有机械不稳定性，如果没有足够的刚性颗粒，黏土含量的增加会使孔隙被破坏。随着黏土矿物含量的增加，JY-G 和 JY-D 井页岩的孔体积呈现减小的趋势，这可能与其较高的石英含量有密切关系。

　　JY-G 井(中产)中孔体积和孔隙度与黏土矿物含量没有明显的相关性[图 2.24(c)]。这说明中产井与低产井中，黏土矿物含量对孔隙发育的贡献率较低，这很有可能与孔隙的后期保存条件息息相关。

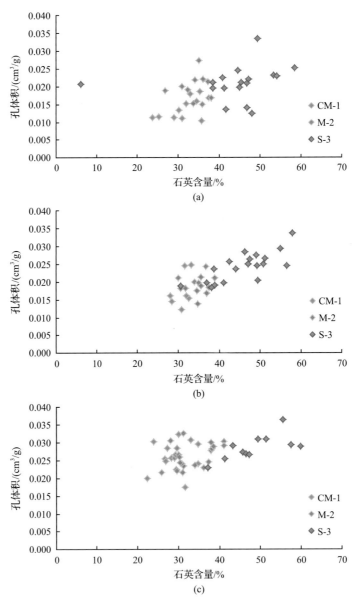

图 2.23　涪陵地区页岩孔体积与石英含量相关性图

(a)JY-B(高产)；(b)JY-D(高产)；(c)JY-G(中产)

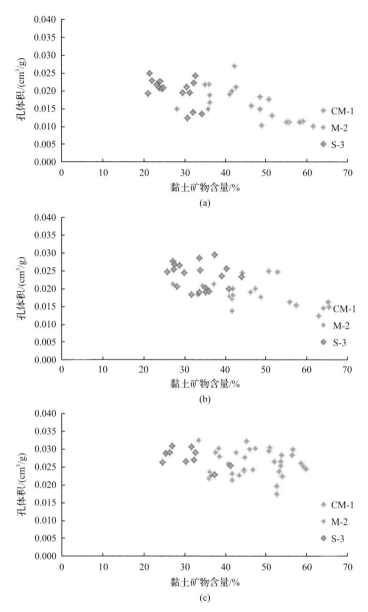

图 2.24　涪陵地区页岩孔体积与黏土矿物含量相关性图
(a)JY-B(高产)；(b)JY-D(高产)；(c)JY-G(中产)

2.1.3　孔隙度

　　涪陵页岩气田五峰组—龙马溪组优质气层段(①～⑤小层)孔隙度较高，平均值达 5.02%，而上部含气页岩段(⑥～⑨小层)平均仅为 4.04%；孔隙类型以有机孔为主，无机孔较少，而上部含气页岩段有机孔数量相对较少，不到总孔隙的一半；基质孔隙直径较大，平均介于 2～8nm，而上部含气页岩段中⑥～⑧小层基质孔隙直径在 2nm 左右，⑨小层基质孔径多小于 2nm；此外优质气层段孔隙比表面积也较大，平均高达 20m²/g，近似于为上部含气页岩段的两倍(图 2.25)。

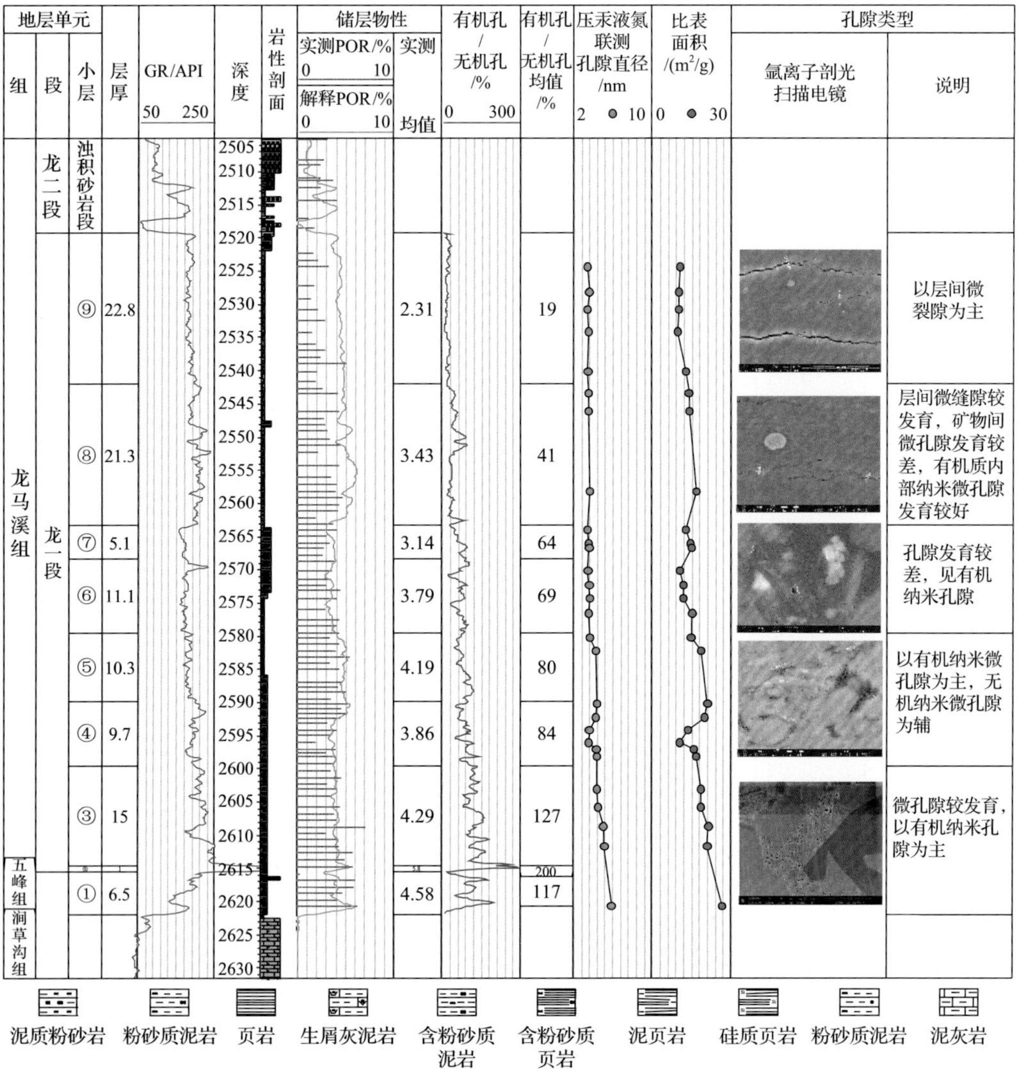

地层单元				GR/API 50 250	深度	岩性剖面	储层物性 实测POR/% 0 10 解释POR/% 0 10	实测均值	有机孔/无机孔/% 0 300	有机孔/无机孔均值/%	压汞液氮联测孔隙直径/nm 2 ●10	比表面积/(m²/g) 0 ●30	孔隙类型 氩离子剖光扫描电镜	说明
组	段	小层	层厚											
龙马溪组	龙二段	浊积砂岩段			2505 2510 2515 2520									
	龙一段	⑨	22.8		2525 2530 2535 2540			2.31		19				以层间微裂隙为主
		⑧	21.3		2545 2550 2555 2560			3.43		41				层间微缝隙较发育，矿物间微孔隙发育较差，有机质内部纳米微孔隙发育较好
		⑦	5.1		2565 2570			3.14		64				孔隙发育较差，见有机纳米孔隙
		⑥	11.1		2575 2580			3.79		69				
		⑤	10.3		2585 2590			4.19		80				以有机纳米微孔隙为主，无机纳米微孔隙为辅
		④	9.7		2595 2600			3.86		84				
		③	15		2605 2610			4.29		127				微孔隙较发育，以有机纳米孔隙为主
五峰组		①	6.5		2615 2620			4.58	200	117				
涧草沟组					2625 2630									

图例: 泥质粉砂岩　粉砂质泥岩　页岩　生屑灰泥岩　含粉砂质泥岩　含粉砂质页岩　泥页岩　硅质页岩　粉砂质泥岩　泥灰岩

图 2.25　四川盆地涪陵页岩气田 JY-C 井五峰组—龙马溪组龙一段储集特征综合柱状图

常规氦气法物性分析表明，涪陵页岩气田优质页岩气层段孔隙度高、物性好，JY-A 井岩心分析孔隙度为 2.78%~7.08%，平均为 4.8%，渗透率为 0.0011~335.2mD，平均值 为 0.875mD。综合岩心、岩矿薄片、氩离子抛光扫描电镜等资料发现，涪陵页岩气田五 峰组—龙马溪组优质页岩发育孔隙和裂缝两大类储集空间，氩离子束抛光扫描电子显微 镜下识别出的孔隙类型主要有有机质孔、黏土矿物间孔、晶间孔和次生溶蚀孔，这些储 集空间孔径主要介于 2~300nm。裂缝则主要包含微观裂缝和宏观裂缝，微观裂缝宽度一 般小于 10μm，主要发育于片状矿物、有机质内部或边缘。宏观裂缝可分为水平缝(页理 缝、层间滑动缝等)和高角度缝(斜交缝和垂直缝)，其大部分被方解石或黄铁矿全充填。 页理缝和层间滑动缝在整个川东南地区五峰组—龙马溪组底部常见，其中层间滑动缝层面一般具有大量平整、光滑或具有划痕、阶步等特征；高角度裂缝发育主要受构造作用影响，在焦石坝背斜构造主体构造变形较弱，总体不发育，规模较小；在焦石坝钻井中，常见到水平缝和高角度缝在五峰组—龙马溪组一段底部同时发育，从而形成相对发育的裂缝网络。

白涛区块、白马区块、平桥区块南部含气页岩段顶部⑧、⑨小层的孔隙度高于底部①～⑤小层，且南部物性具有"上高下低"两分性的特征，与焦石坝区块的"高-低-高"三分性特征不同。平面上来看，江东区块①～⑤小层孔隙度较高，且与焦石坝区块相当；白涛区块、平桥区块、白马区块和梓里场区块①～⑤小层孔隙度较焦石坝区块明显降低，平桥区块比焦石坝区块约降低13.8%(孔隙度为4.72%～4.07%)，白涛区块比焦石坝区块约降低19.9%(孔隙度为4.72%～3.78%)，白马区块比焦石坝区块约降低22.4%(孔隙度为4.72%～3.66%)，梓里场区块比焦石坝区块约降低23.3%(孔隙度为4.72%～3.62%)(图2.26)。

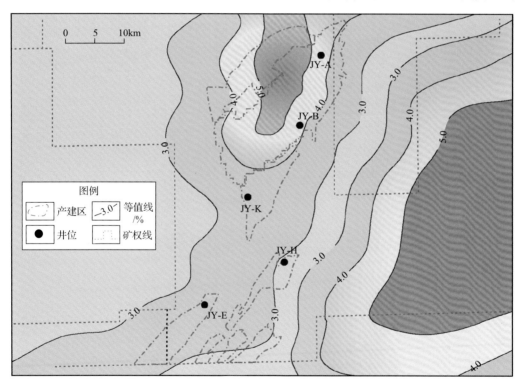

图2.26　涪陵页岩气田五峰组—龙马溪组①～⑤小层页岩孔隙度平面分布图

高产井(JY-C井、JY-B井和JY-D井)中，孔隙度随深度变浅呈现明显的递减趋势[图2.27(a)、(b)、(c)]。JY-D井孔隙度最高，介于1.5%～8.34%，平均值为4.72%；JY-C井孔隙度次之，介于1.1%～8.4%，平均值为4.24%；JY-B井孔隙度居第三位，介于0.26%～7.05%，平均值为3.66%。中产井(JY-E井和JY-G井)中，JY-G井孔隙度较高，孔隙度随深度变浅呈现明显的递减趋势[图2.27(d)]，介于1.1%～11.38%，平均值为3.3%；JY-E井孔隙度较低，孔隙度与深度没有明显关系，介于0.62%～4.97%，平均值为2.36%。低产井(JY-5)中，孔隙度与深度没有明显关系，JY-5 井孔隙度较高，介于 0.46%～6.0%，平均值为 2.14%。因而，按照孔隙度由高到低的顺序，各井的排序依次是：JY-D 井、JY-C 井、JY-B 井、JY-G 井、JY-E 井、JY-S 井。据此，我们认为高产井孔隙度最高，中产井孔隙度次之，低产井孔隙度最低。

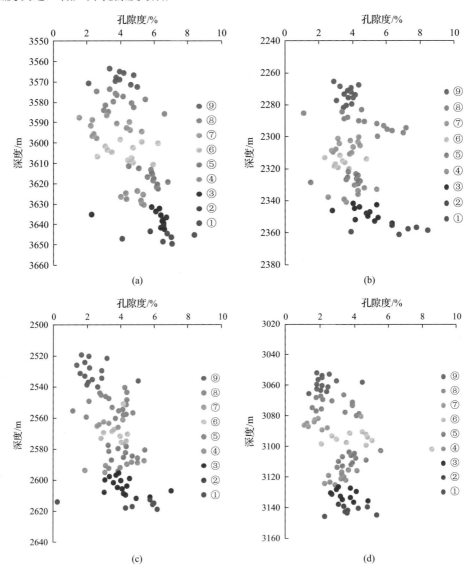

图 2.27　涪陵页岩孔隙度随深度变化分布图

(a)JY-D(高产)；(b)JY-C(高产)；(c)JY-B(高产)；(d)JY-G(中产)

　　根据页岩的岩性、电性等，焦石坝地区五峰组—龙马溪组富有机质页岩由下到上被分成 9 小层。①～⑤小层位于下部，是目前页岩气勘探开发主要目的层段，JY-C 井、JY-B 井、JY-D 井、JY-G 井的①～⑤小层页岩孔隙度平均值分别是：4.67%、4.22%、5.79%、3.57%；⑥～⑨小层位于上部，是页岩气勘探开发次要目的层段，JY-C 井、JY-B 井、JY-D

井、JY-G 井的⑥~⑨小层页岩孔隙度平均值分别是：3.94%、3.15%、3.83%、3.05%。可见，①~⑤小层和⑥~⑨小层孔隙度也呈现出产量越高，孔隙度越高的规律。同时高产井和中产井中，同一口井的①~⑤小层孔隙度要高于⑥~⑨小层孔隙度。

2.1.4 含气性

页岩含气量是指每吨页岩中所含天然气折算到标准压力和温度(101.325kPa，25℃)条件下的天然气总量。含气量是页岩气资源量评价和储量计算的关键指标，准确获取页岩含气量是页岩气勘探的必要任务。目前页岩含气量评价主要包括直接法和间接法，其中直接法是页岩现场解析法，间接法为甲烷吸附法和测井解释法。甲烷吸附法是在一定温度下，通过测定一系列压力状态下甲烷的吸附量，利用公式拟合获得页岩的吸附能力(Zhang et al.，2012)。然而页岩气的吸附和解析过程并非完全可逆，依据理论计算出的最大吸附量往往比页岩实际含气量大，因此仅可作为参考。测井解释法的优点在于能够利用测井数据计算全井段的页岩含气量，但这种方法在没有测井数据的低勘探地区并不适用。虽然间接法可以对页岩含气量进行评价，但仅代表页岩的理论含气量，在实际开采过程中并非都能开采出来，因此页岩现场解析法被认为是最直接有效的测定方法。

页岩解析法是通过升温、降压的方法加速页岩解析过程，直接测量页岩所能解析出的最大气量，包括损失气、解析气和残余气(李凯等，2018)。其中，损失气是指钻头钻至目的层到样品装入密封罐之间所损失的气体，无法直接测量，需要通过理论模型进行恢复。因此采用密闭取芯、保压取芯的方式能够最大限度地减少损失气量、提高测试精度，但成本较高。解析气是指页岩样品在解析罐中解析出的天然气，这部分气体可以通过解析装置测得。残余气是指解析后仍然残余在页岩中的气体，可以通过球磨法等进行测试。前人研究表明，通过二阶温度解析后，残余在页岩中的气体可以忽略不计。

对 JY-G 井和 JY-E 井进行页岩二阶解析实验后得出，一阶温度为45℃，二阶温度为90℃，并采用美国矿业局直接测试法(USBM)对损失气进行恢复。结果显示，JY-G 井含气量介于 1.24~7.15m³/t；平均含气量为 3.30m³/t。其中五峰组—龙马溪组下部①~④小层含气量高，介于 3.13~7.15m³/t，平均含气量为 4.85m³/t[图 2.28(a)]，为页岩气优质储层。JY-E 井含气量介于 1.00~4.68m³/t，平均含气量为 2.22m³/t。下部①~④小层含气量普遍较高，介于 2.10~4.68m³/t，平均含气量为 3.60m³/t[图 2.28(b)]。

大量研究表明，有机质是页岩气的主要物质来源，有机质含量的高低及其热演化阶段决定了页岩的含气量。此外，有机质在热演化过程中形成的大量连通微孔具有较大比表面积，对页岩气具有很大吸附能力，是页岩气吸附的主要场所。JY-G 井页岩解析含气量与 TOC 含量呈正相关，相关系数达 0.94，表明页岩含气量与 TOC 含量关系密切[图 2.29(a)]。含水饱和度也是页岩吸附能力的关键参数之一，水分的存在会大大降低

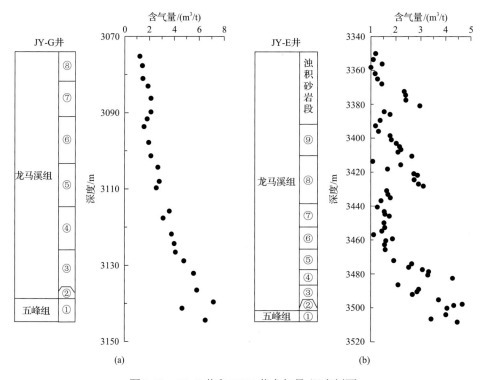

图 2.28　JY-G 井和 JY-E 井含气量-深度剖面

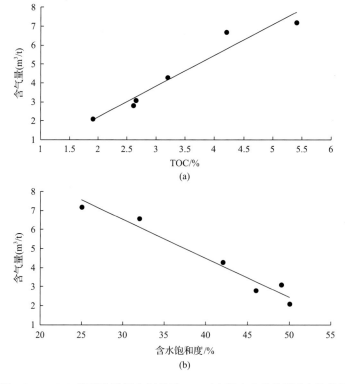

图 2.29　JY-G 井页岩解析含气量随 TOC(a)和含水饱和度(b)的变化

页岩的吸附能力，这是由于水分会优先占据亲水黏土矿物颗粒表面，减少甲烷的吸附点位。此外，水分在亲水黏土矿物表面的吸附会降低页岩孔隙吼道大小，进一步降低甲烷的吸附能力。JY-G 井页岩解析气含量与含水饱和度呈负相关 [图 2.29（b）]，相关系数高达 0.97，表明水分的存在对页岩吸附能力的降低作用十分明显（刘莉等，2018）。

　　从 JY-A 井单井含气量现场解析实测结果来看，89m 页岩段总含气量介于 0.44～5.19m^3/t，平均值为 1.97m^3/t，主要以损失气与解吸气为主，残余气含量低。损失气含量介于 0.11～3.9m^3/t，平均值为 1.14m^3/t；解吸气含量介于 0.31～1.4m^3/t，平均值为 0.79m^3/t；残余气含量介于 0.01～0.07m^3/t，平均值为 0.04m^3/t，实测含气量纵向上整体呈现出自上而下总含气量增高的特征，下部①～⑤小层含气量最高。二期产建区含气量具有"上低下高"的趋势，但南部差异性明显小于一期；且④、⑤小层与①～③小层的含气量基本相当。平面上来看，目的层①～⑤小层总含气量江东区块最高，白涛区块、平桥区块北次之，平桥区块南、白马区块较低（图 2.30）。二期产建区页岩品质，江东区块、白涛区块与一期产建区基本相当，白马区块、平桥区块含气页岩段页岩品质及含气性较一期变差，纵向非均质性变弱，但①～③小层仍为优质含气页岩段，为主要开发层系。

2.2　优质页岩储层发育机理

2.2.1　生物硅与有机质耦合富集

　　硅质是决定页岩脆性程度的重要脆性矿物，有机质与硅质成分的分布特征可以直观反映富有机质页岩的岩性变化与有机质含量之间的密切关系。同时也说明若要揭示地层中有机质与硅质同步变化的耦合机理，须首先阐明页岩中硅质成分的来源及成因，进而找出决定有机质与硅质同步富集的共生耦合机理。

　　涪陵页岩气田五峰组—龙马溪组富有机质黑色页岩化学成分以 SiO$_2$ 为主，含量28.32%～81.66%，平均值为 59.98%；其次为 Al$_2$O$_3$、TFe$_2$O$_3$，平均含量分别为 12.71%、4.91%，其余氧化物包括 MgO、CaO、Na$_2$O、K$_2$O、TiO$_2$、P$_2$O$_5$、MnO，平均含量分别为 2.35%、3.69%、1.09%、3.51%、0.63%、0.12%、0.03%，具有相对中-低的 SiO$_2$、MnO、Fe$_2$O$_3$，高 Al$_2$O$_3$、K$_2$O、TiO$_2$，接近火山-生物化学作用形成的硅质岩特征。SiO$_2$/（K$_2$O+Na$_2$O）的值为 6.44～45.88，平均值为 13.93；SiO$_2$/Al$_2$O$_3$ 的值为 1.88～15.98，平均值为 5.11；（K$_2$O+Na$_2$O）/Al$_2$O$_3$ 的平均值为 0.36；MnO/TiO$_2$ 的值为 0.01～0.27，平均值为 0.06。该类参数值与热水成因的值相差较大（表 2.4）。

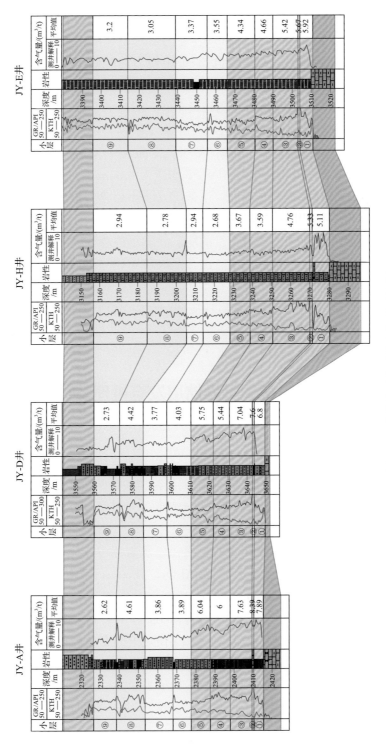

图2.30 涪陵地区典型井含气量对比图

表 2.4 典型生物、热水、火山成因泥页岩主量元素对比

主量元素	生物成因		热水成因		火山成因	火山-生物成因
Al/(Al+Fe+Mn)	0.50	0.22	0.22	0.28	0.57	0.29
$SiO_2/(K_2O+Na_2O)$	872.36	258.94	159.7	111.8	35.75	82.44
SiO_2/Al_2O_3	135.15	104.81	65.70	45.63	13.66	23.05
$(K_2O+Na_2O)/Al_2O_3$	0.15	0.40	0.41	0.42	0.38	0.28
MnO/TiO_2	0.67	18.75	8.89	9.75	0.25	0.80

热水活动可能导致 Fe、Mn 元素富集，Fe_2O_3 富集是热水成因硅质的重要特征。而涪陵页岩气田五峰组—龙马溪组黑色页岩中的 Fe_2O_3 含量不高，分布于 1.8%～18.16%，平均值仅为 4.91%，Mn 含量极低，平均值仅为 0.03%，不具备典型的热水成因特点。海相沉积物中 Al/(Al+Fe+Mn) 值是衡量沉积物热液组分含量的标志，该比值随着远离扩张中心距离的增加而增大，从而判别热液对沉积物的贡献。位于东太平洋热液沉积物 Al/(Al+Fe+Mn) 值多在 0.01～0.2，受热水作用的影响其比值小于 0.35。采自 Leg32 航次的热液成因硅与总硅的比值平均为 0.12，而日本中部三叠纪 Kamiaso 生物成因的半远洋硅与总硅的比值为 0.60。涪陵页岩气田五峰组—龙马溪组页岩 Al/(Al+Fe+Mn) 值在 0.28～0.81，平均为 0.66，与非热成因硅的值较接近。在 Al-Fe-Mn 三角图上，绝大部分样品位于非热水成因区，仅有一个样品紧邻非热水成因区(图 2.31)，指示涪陵页岩气田富有机质黑色页岩中的硅为非热水成因。

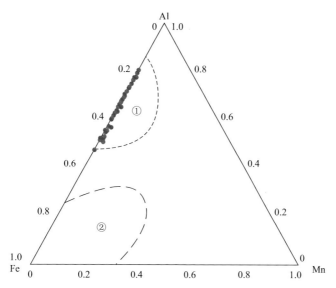

图 2.31 焦石坝地区 JY-A 井五峰组—龙马溪组页岩 Al-Fe-Mn 三角图
①非热液成因区；②热液成因区

通常把 Al_2O_3 与 TiO_2 作为陆源物质指标，涪陵页岩气田五峰组—龙马溪组黑色页岩中 Al_2O_3 与 TiO_2 具有很好的相关性(相关系数 R=0.75)，而且含量明显高于生物成因与热水成因硅质岩，指示了较高的陆源供给。硅质岩中 Mn 常被认为是来自大洋深部的标志

元素，MnO/TiO$_2$ 值可作为判断硅质沉积物离大洋盆地远近的标志。离大陆较近的大陆坡和边缘海沉积的硅质岩该比值应小于 0.5，开阔大洋底硅质沉积物该比值可达 0.5～3.5。涪陵页岩气田五峰组—龙马溪组黑色页岩中 MnO/TiO$_2$ 值为 0.01～0.27，平均值为 0.06，表明涪陵页岩气田硅质岩形成于离大陆较近的大陆坡和边缘海沉积环境。

V 和 Mo 是生物活动性元素，它的高度富集，表明了页岩中硅的形成与生物活动有关。JY-A 井五峰组黑色页岩样品显示 V 含量高于沉积岩丰度，是沉积岩丰度的 2.33 倍，平均为 270.31×10^{-6}；龙马溪组二亚段，V 值降为 185.46×10^{-6}。JY-A 井 Mo 含量也普遍高于沉积岩丰度（2.9×10^{-6}），是沉积岩丰度的 12.80 倍，平均为 37.13×10^{-6}；龙马溪组二亚段，Mo 值降为 14.67×10^{-6}，表明五峰组—龙马溪组黑色页岩的形成经历了很强的生物作用，并且从五峰组到龙马溪组二亚段，生物活动性明显变弱。

热液成因的硅质沉积物 Ba 含量与 SiO$_2$ 含量通常呈正相关。一般地说，单纯生物成因的硅质岩含有较高的 Ba 含量。涪陵页岩气田 JY-A 井五峰组—龙马溪组黑色页岩中 Ba 与 SiO$_2$ 具有不明显的负相关性，$R^2 = 0.24$（图 2.32），而且 Ba 的含量为 479×10^{-6}～7647×10^{-6}，平均为 2257.75×10^{-6}，为沉积岩中 Ba 丰度的 4.91 倍，因此反映了强烈的生物作用。

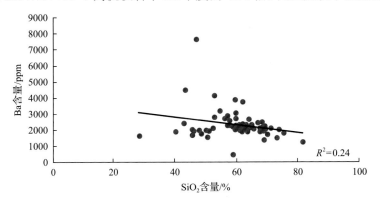

图 2.32　焦石坝地区 JY-A 井五峰组—龙马溪组黑色页岩中 Ba 含量与 SiO$_2$ 含量相关性

一般认为，与热液有关的硅质沉积物的稀土元素总量（$\sum$REE）总体上偏低，而受到陆源碎屑物质影响的硅质岩具有相对较高的$\sum$REE。涪陵页岩气田 JY-A 井五峰组—龙马溪组黑色页岩样品的$\sum$REE 分布范围在 152.32×10^{-6}～1245.95×10^{-6}，平均值为 269.25×10^{-6}，普遍大于标准页岩 204.1×10^{-6}。稀土元素是恢复古海洋环境、判别氧化还原条件、判别热水沉积或非热水沉积的一种重要化学示踪剂。一般来说，热水沉积硅质岩的$\sum$REE 低，Ce 的亏损较明显，而 Eu 的亏损不明显甚至出现 Eu 正异常；而非热水沉积硅质岩的稀土元素与页岩相似，相对富集轻稀土。涪陵页岩气田具有轻稀土元素总量（$\sum$LREE）富集、重稀土元素总量（$\sum$HREE）不富集、$\sum$LREE /$\sum$HREE 平均为 8.47、Ce 负异常、Eu 微弱正异常的特点，再次表明不是热水沉积。

涪陵页岩气田五峰组—龙马溪组一段页岩最主要的特征之一即是有机碳与硅质的同步富集，这对页岩的产气潜力及页岩的脆性具有重要的意义，尤其是有机碳与硅质的同步富集，对涪陵地区的页岩气富集成藏及压裂开发有利（郭旭升等，2017；郭旭升等，2020）。因此，认识有机碳与硅质的共生耦合机理是揭示涪陵页岩气田成储机理的关键之一。根据地球化学资料及微体古生物资料显示，涪陵页岩气田五峰组—龙马溪组一段页岩中的硅质主要为生物成因(放射虫、海绵骨针)，有机碳富集亦主要由生物古生产力控制。现代海洋微生物学研究也发现，放射虫在生长过程中，其骨架在富集硅质的同时，在放射虫长达 1～2cm 的刺丛中会大量聚集富含有机质的褐黄藻(图 2.33)。因此，龙马溪一段沉积时期，硅质生物，尤其是放射虫的大量繁盛是此处硅质与有机碳共同富集的重要决定因素。放射虫个体及其共生富集的大量褐黄藻，可形成较大的富硅、富有机质团粒，这可增大其在海水中的下沉速率，也更加有效地减少了有机质在水柱中被氧化的速率，提高沉积物中硅质的同时，也增大了有机质的保存效率。

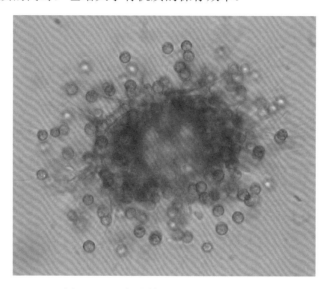

图 2.33　活体放射虫周围共生的褐黄藻

2.2.2　适度火山活动促进富硅富碳

斑脱岩为火山喷发的凝灰质在海相环境沉积、蚀变的产物(舒逸等，2017)，以涪陵页岩气田上奥陶统五峰组—下志留统龙马溪组一段海相页岩中的斑脱岩层为研究对象，基于岩心观测和地球化学特征分析结果，剖析斑脱岩发育期的沉积环境变化及其对页岩储层品质的影响。

1. 斑脱岩发育特征

斑脱岩层在涪陵页岩气田 JY-C 井岩心中多呈深灰色或浅灰色，夹于黑色硅质页岩和炭质页岩中呈薄层产出，单层厚度为0.1～2cm，偶见方解石脉充填，在优质页岩气层(①～⑤小层)共识别出 42 层斑脱岩。斑脱岩层垂向发育具有显著的分段性，根据斑脱岩单层厚度及层间厚度，将①～⑤小层划分为密集发育段、较发育段和欠发育段(舒逸等，2017)。其中，密集发育段分布于五峰组中部，厚 2m(井段 2359.3～2361.9m)，内可见 16 层斑脱岩，单层厚度均大于 0.5cm，且层间厚度较小(小于 20cm)，50cm 岩心中常发育 5～6 层斑脱岩(图 2.34)。较发育段分布于五峰组上部和龙马溪组底部,其斑脱岩单层厚度多小于 0.5cm,层间厚度较大(大于 20cm),50cm 岩心中仅可见 2~3 层斑脱岩,发育密度相对减弱。向上过渡至①~⑤小层中上部,偶见斑脱岩层发育,单层厚度多为 0.2~0.4cm,且层间厚度较大(最大可达 930cm),在多数 50cm 岩心柱内未见发育或偶见 1 层,为欠发育段(图 2.34)。

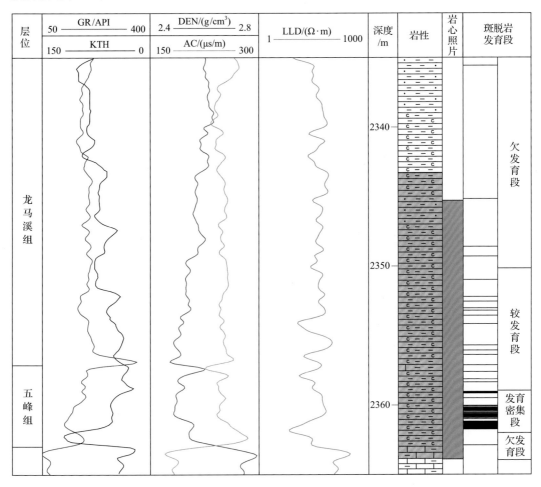

图 2.34　涪陵页岩气田 JY-C 井斑脱岩发育特征图

　　结合沉积演化过程阐述斑脱岩成因机制。五峰组—观音桥段为充填沉积初期,上扬子地区受到克拉通周缘古隆起和水下低隆的阻隔,上扬子海域主要为局限的陆棚环境,宁静、滞流、低能、缺氧和陆源输入不足为其主要特征。随之突发的、持续的二幕 42 期(据毫米级可宏观识别的斑脱岩层达 42 层确定)火山喷发,一直延续到早志留世层序(龙一段)最大海侵期(Hammes and Frébourg,2012)。由于大量火山灰降落并大面积覆盖于该海域,彻底改变了该陆棚海域的古海洋环境,导致该海域海水被火山灰尘污染。对现代海洋中火山喷发的火山灰污染区的观察和室内实验表明,火山灰和海水中的硅藻类微生物具有天然的正相关性,火山灰适量降落到海水中时,可作为海水中硅藻类微生物的营养物质, 诱发并促使海水中的硅藻类微生物大范围勃发, 但过度的勃发会促使该海水快速缺氧, 导致海洋生物大面积死亡, 并在宁静、滞流的海水中沉降沉积, 形成页理发育的富有机质硅质页岩。当降落到海水的火山灰过量时, 硅藻类微生物无法完全吸收时, 火山灰沉降到海底形成火山灰层(经后期埋藏成岩蚀变成斑脱岩层), 从而形成了五峰组中的硅质页岩和斑脱岩层。

斑脱岩单层发育厚度可间接反映火山喷发作用的持续时间, 而斑脱岩层间厚度可作为火山喷发间隔的直接证据, 反映火山喷发的活动频次。统计数据显示(图 2.35): 自五峰组至龙马溪组一段, 斑脱岩单层厚度呈持续减薄趋势, 平均厚度由密集发育段的 1cm 减薄至欠发育段的 0.34cm, 且具有较强的旋回性特征。密集发育段呈现 3 层斑脱岩为一旋回特征(厚-薄-薄), 向上逐渐减薄, 而较发育段呈现 4 层斑脱岩为一旋回特征(厚-薄-厚-薄), 向上至欠发育段单层厚度稳定至 0.2~0.3cm, 整体反映火山喷发持续时间逐渐缩短。斑脱岩层间厚度是反映火山喷发间隔的重要指标, 五峰组—龙马溪组一段层间厚度呈显著增厚趋势, 由密集发育段的平均 15.51cm 增厚至欠发育段的 446.33cm, 整体反映出火山喷发的频率显著变小。

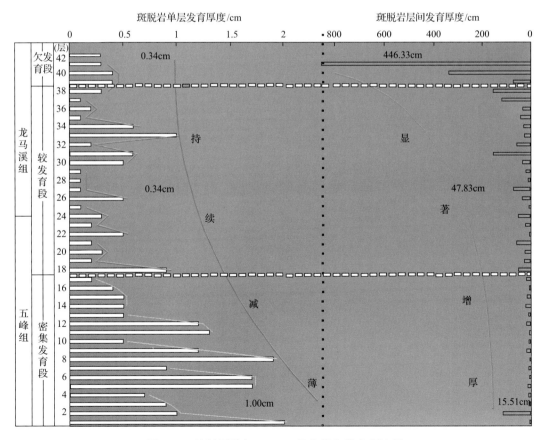

图 2.35 涪陵页岩气田 JY-C 井斑脱岩发育频次图

2. 火山喷发对页岩储层品质的控制机理

火山爆发时喷出的大量火山灰和火山气体可遮蔽阳光，导致大气环境的剧烈变化，进一步影响了古海洋的生产力和氧化还原环境的变化，从而对页岩沉积产生重要影响(甘青玉等，2018；邱振等，2019)。沉积岩中的微量元素和特殊矿物作为重建古氧化还原环境的重要参数被广泛应用。JY-C 井 13 块样品微量元素测试分析揭示，自五峰组底部斑脱岩欠发育段至密集发育段早期，U/Th 分别为 0.12 和 0.31，反映火山活动频次较低，整体环境为富氧环境。密集发育段时期，U/Th 急剧增高至 2.22，表明短时间内火山活动的频繁喷发，导致沉积环境发生剧烈变化，由早期富氧环境突变为缺氧环境，而至较发育段底部，缺氧环境达到峰值，U/Th 含量为 4.2。随着火山活动频次逐步减弱，斑脱岩较发育段中上部沉积环境逐渐由缺氧环境(U/Th=1.58)过渡至贫氧环境(U/Th=1.17)。伴随火山活动频次的进一步减弱，斑脱岩欠发育段 U/Th 平均值为 0.61，沉积环境逐渐由贫氧环境演变为富氧环境。上述分析表明，五峰组底部以富氧环境为主，伴随火山喷发频次逐渐升高，五峰组中部密集发育段至龙马溪组一段较发育段，沉积环境演变为贫氧-缺氧环境，而随火山喷发强度减弱，至欠发育段沉积环境逐渐过渡为富氧环境。斑脱岩层段指示的火山活动持续周期和发育频次同沉积期氧化还原环境有良好的一致性，揭示出间发性的火山喷发活动是导致五峰组—龙马溪组一段沉积期氧化还原环境变化的重要原因之一。

古海洋生产力作为重要参数可揭示页岩储层有机质富集和储集空间发育机理(王超等，2018a)。JY-C 井 38 块样品进行总有机碳含量和主量/微量元素测试分析数据揭示：五峰组底部欠发育段 TOC 含量由 0.27%增至 5.11%后骤降至 2.86%，TOC 含量的降低对应于五峰组底部第 1 套斑脱岩层发育，反映火山活动喷发出的气体和火山灰遮蔽阳光，导致气温降低，出现了初期生产力降低。密集发育段时期，TOC 含量、Ni 含量和 Mo 含量均呈增加趋势，而 Cu 和 Ba 含量呈降低，表明火山喷发在改变沉积环境(富氧-缺氧)的同时，新鲜的火山(灰)物质经水解作用提供了 Fe、P_2O_5 等生物营养物质，有利于古生物发育，但火山活动过于频繁总体抑制了古生物发育和有机质富集。而龙马溪组底部较发育段，火山活动频次相对减弱，且 TOC 含量和 Ni 含量达到峰值，揭示适当的火山喷发有利于富营养海盆的形成并显著提高了古海洋生产力(图 2.36)。古海洋生产力变化直接对应于海相页岩有机碳含量变化，可反映出页岩有机质富集程度，而鉴于五峰组—龙一段密集发育段和较发育段页岩储集空间以有机孔为主，所以有机质的富集也显著提高了页岩储集能力。

2.2.3 古海洋生产力控制有机质富集

许多研究者认为，在海相沉积中水体的生物生产力是控制沉积物中有机碳丰度的最重要因素，海洋表层生产力是指在单位时间内，单位面积的表层海水中，由生物光合作用所进行的无机碳向有机碳所转变的量，其生产是全球碳循环的重要环节。海洋表层生物生产力大小取决于表层水体的营养物质丰富程度，营养物质越丰富，生物越繁盛，光合作用造碳能力就越强，生产力就越高(Schieber，2009；ver Straeten et al.，2011)。另一个表征水体表层初级生产力的途径是通过水体的有机碳通量，高生产力会增强水体的有

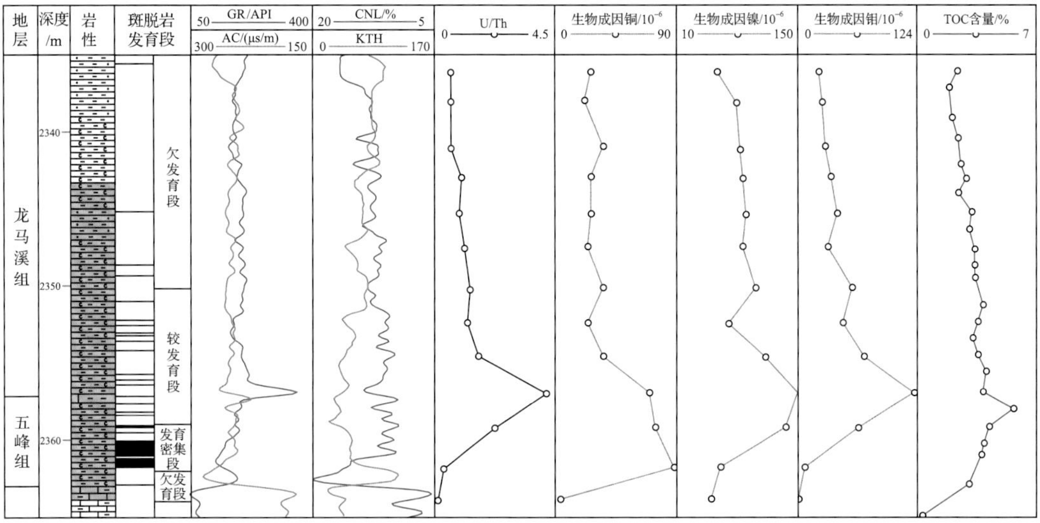

图 2.36 涪陵页岩气田 JY-C 井古生产力示意图

机碳通量,有机碳通过与痕量金属元素的络合作用或者通过有机质的分解形成局部的硫酸盐还原微环境,造成某种痕量金属元素的沉淀。水体有机碳通量越大,某些痕量金属元素埋藏量越大。能反映水体营养水平的元素有 C、N、P、Fe、Cu、Ni、Zn,其中,C、N 和 P 受到再循环及后期成岩作用的影响较大,会造成元素的迁移,很难代表当时表层水体的 C、N 和 P 含量;Fe 受后期其他因素影响,如碳酸盐的溶解和重结晶、元素的交代作用等,因此用它们作为古海洋生产力的指标并不十分可靠。Cu、Zn、Ni 都具有微量营养元素的地球化学行为,Cu、Zn、Ni 作为营养元素与有机质结合或形成有机络合物沉淀埋藏下来。Ni、Cu、Zn 的强烈富集暗示曾有较高含量的有机质将其大量带到沉积物中;随后在还原条件下,沉积物中的 Ni、Cu、Zn 被保存下来。高的 Cu、Zn、Ni 含量反映较高的古海洋生产力。因此,Ni、Cu、Zn 可作为古海洋生产力水平的指标,但要剔除陆源的影响,进行 Ti 校正或者 Al 校正,校正公式如式(2.1)所示。

$$X_{XS} = X_{total} - Ti_{total} \times (X / Ti)_{PAAS} \qquad (2.1)$$

式中,X_{XS} 表示元素 X 的过剩值,该值是利用澳大利亚太古代平均页岩(PAAS)中微量元素含量(表 2.5)对样品微量元素含量进行 Ti 校正后得到,X_{total} 为所测试的岩石样品的元素总含量;$(X/Ti)_{PAAS}$ 为澳大利亚后太古代平均页岩中元素含量与 Ti 比值。X_{XS} 为正,说明该元素相对 PAAS 呈海相自生富集或火山热液富集;其值为负,说明样品中该元素含量主要由陆源物质贡献。

表 2.5 PAAS 的 Ti、Cu、Zn、Ni、Ba、Mo 含量

元素	Ti	Cu	Zn	Ni	Ba	Mo
PAAS[*]/ppm	6000	50	85	55	650	1

*澳大利亚太古代平均页岩。

通过与水体有机碳通量的关系来反映水体表层生物生产力的痕量元素有 Ba 和 Mo。Ba 是研究比较早的古生产力地球化学指标，它在海水中的居留时间长，且有较高的保存率（魏祥峰等，2016）。国外学者研究指出 Ba 与表层生产力具有良好的相关性，认为 Ba 可以作为生产力的有效指标。Dymond 等利用沉积物捕获器所获得的数据，首次建立了以 Ba 为指标的表层生产力的计算模型，Ba 的来源主要包括生源钡和陆源钡。只有生源贡献的那部分 Ba 才能反映初级生产力。计算生源 Ba(Ba_{xs})的常用公式见计算过剩微量元素的公式(2.1)。Mo 元素的富集主要在于水体或孔隙水中的 HS^- 的浓度及铁的硫化物的形成。高的海洋生物生产力造成大量的有机碳输入，产生高强度的硫酸盐还原，形成大量的硫化氢，与钼酸盐反应生成硫代钼酸盐，从而与铁的硫化物和有机质一起埋藏下来。有机碳的输入越多，沉淀埋藏下来的 Mo 就越多。Mo 作为有机碳输入的参数优势在于 Mo 受后期的变化影响较小，因为 Fe 的硫化物和 Mo 的结合是不可逆的。Mo 元素含量与有机碳含量之间的相关性较高，同时发现 Mo 元素多富集在缺氧的黑色页岩中。与 Ba 元素一样，只有生源 Mo 才与有机质丰度有关，生源 Mo 的计算公式与式(2.1)相同。

1. 地球化学生产力分析

利用上述古海洋生产力微量元素指标 Cu_{xs}、Zn_{xs}、Ni_{xs} 分析涪陵地区内五峰组—龙马溪组黑色页岩的古生产力演化。元素经过 Ti 校正，负的过剩元素值被剔除，最后所得 JY-A 井的古海洋生产力的变化情况如图 2.37 所示。

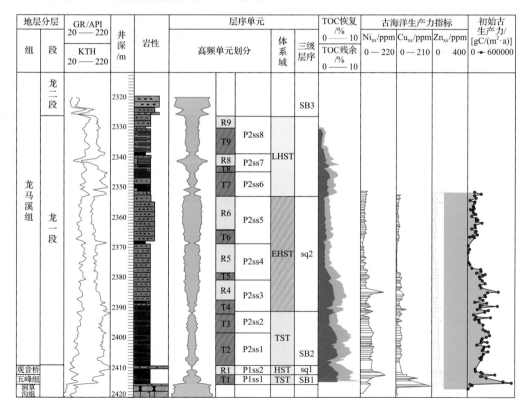

图 2.37　焦石坝地区 JY-A 井五峰组—龙马溪组一段古海洋生产力演化图

LHST 为晚期高位体系域；EHST 为早期高位体系域；HST 为高位体系域；TST 为海侵体系域

五峰组—龙马溪组一段的古海洋生产力与相应时期的古气候或古海洋生态环境对初级生产力发育的影响有关(刘超，2017)。进一步将古海洋生产力演化与 TOC 分布特征进行初步对比可以发现，高的生物生产力和高 TOC 含量之间具有比较一致的对应关系，但在高位体系域时期，生产力的变化不如 TOC 明显。这说明生产力对 TOC 富集具有控制作用，但又非此处有机碳富集的唯一控制因素。

2. 放射虫古生产力研究

除地球化学指标可定量地反映古海洋生产力之外，更为可靠的生产力指标还是对保存在岩石中微体化石丰度的定量统计。此处对采自重庆石柱漆辽剖面的样品进行了放射虫定量分析。如图 2.38 所示，五峰组—龙马溪组页岩中放射虫生产力与同步分析的地球化学生产力指标具有一致的变化特征。生产力最高值出现在海侵体系域下部，海侵体系域中部斑脱岩发育的层段，生产力突然降低，之后逐渐上升，在最大海泛面附近达到峰值。其后自高位体系域开始，逐渐降低。此与硅质及有机碳的变化相一致，说明了生产力对有机碳及硅质同步富集的控制作用。

3. 有机碳与生产力的相关关系

对 TOC 与生产力数据进行相关分析，可进一步揭示两者之间的相关程度，相应分析结果如图 2.39 所示。由图中可以看出，JY-A 井晚奥陶世五峰组—早志留世龙马溪组一段黑色页岩 TOC 含量与古初级生产力的指标 Cu_{xs}、Zn_{xs}、Ni_{xs}、Ba_{xs} 的相关系数分别为 0.61、0.55、0.66、–0.16，可见 TOC 含量与 Cu_{xs}、Ni_{xs} 存在较高的正相关性，与 Zn_{xs} 存在中度正相关，而与 Ba_{xs} 存在负的相关性。Cu_{xs}、Zn_{xs}、Ni_{xs} 与 TOC 含量显示中-高程度的相关性，因此这三个古生产力指标能有效地反映有机质的富集程度，同样显示了古生产力对有机碳富集的控制作用。除上述钻井的地化指标外，漆辽剖面的放射虫生产力与 TOC 含量之间亦呈现出极强的正相关关系，这在进一步说明古生产力控制有机碳富集的同时，也进一步揭示了该区页岩中硅质为生物来源的证据。

2.2.4 缺氧环境有利有机质保存

沉积有机质的富集除受古海洋生产力影响外，沉积环境或底层水的缺氧条件也是控制有机质富集的主要因素。为此，接下来进一步对五峰组—龙马溪组黑色页岩的氧化-还原条件进行研究。

1. 五峰组—龙马溪组页岩氧化还原条件

常用于指示氧化-还原条件的微量元素比值有 V/(Ni+V)、V/Cr、U/Th、Ni/Co 等，此处即选取此 4 项指标对 JY-A 井五峰组—龙马溪组黑色页岩形成时期的氧化-还原条件进行分析。由图 2.40 中可以看出，类似于古海洋生产力，JY-A 井上五峰组—龙马溪组一

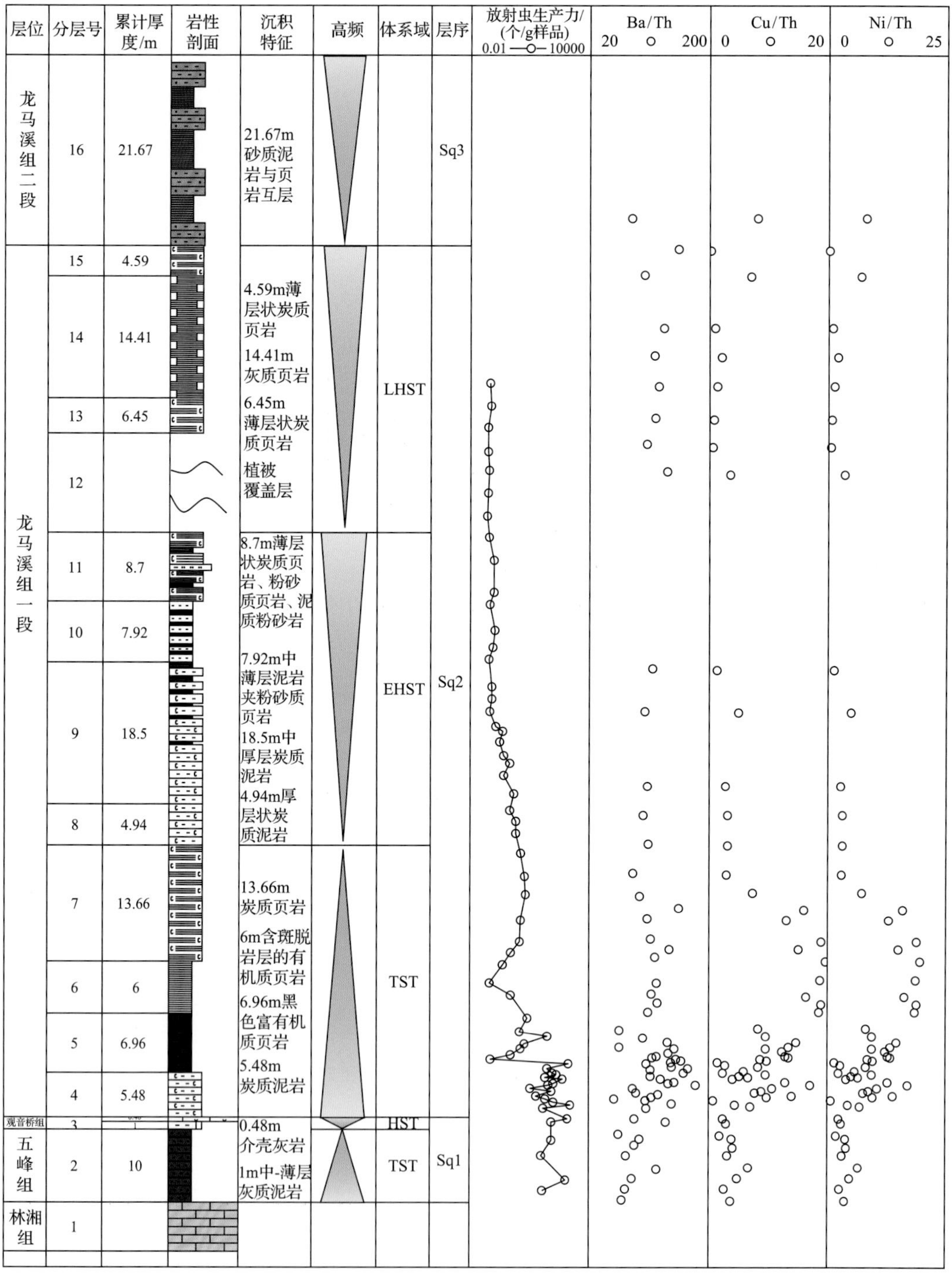

层位	分层号	累计厚度/m	岩性剖面	沉积特征	高频	体系域	层序	放射虫生产力/(个/g样品) 0.01—○—10000	Ba/Th 20 ○ 200	Cu/Th 0 ○ 20	Ni/Th 0 ○ 25
龙马溪组二段	16	21.67		21.67m砂质泥岩与页岩互层			Sq3				
龙马溪组一段	15	4.59		4.59m薄层状炭质页岩		LHST					
	14	14.41		14.41m灰质页岩							
	13	6.45		6.45m薄层状炭质页岩							
	12			植被覆盖层			Sq2				
	11	8.7		8.7m薄层状炭质页岩、粉砂质页岩、泥质粉砂岩		EHST					
	10	7.92		7.92m中薄层泥岩夹粉砂质页岩							
	9	18.5		18.5m中厚层炭质泥岩							
	8	4.94		4.94m厚层状炭质泥岩							
	7	13.66		13.66m炭质页岩		TST					
	6	6		6m含斑脱岩层的有机质页岩							
	5	6.96		6.96m黑色富有机质页岩							
	4	5.48		5.48m炭质泥岩							
观音桥组	3			0.48m介壳灰岩		HST	Sq1				
五峰组	2	10		1m中-薄层灰质泥岩		TST					
林湘组	1										

图 2.38　重庆石柱漆辽剖面五峰组—龙马溪组一段古生产力演化剖面

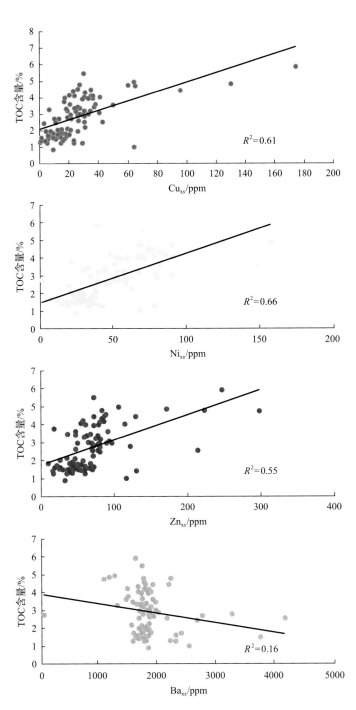

图 2.39　JY-A 井五峰组—龙马溪组一段黑色页岩 TOC 含量与 Cu_{xs}、Ni_{xs}、Zn_{xs}、Ba_{xs} 相关分析

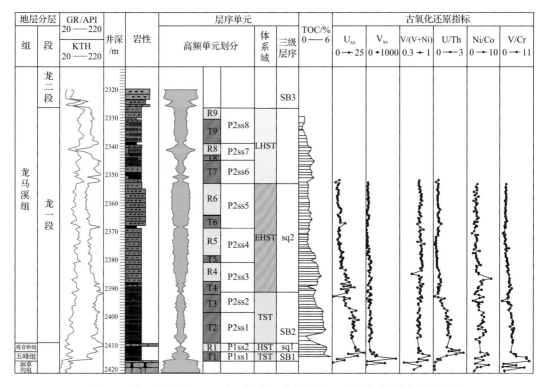

图 2.40　焦石坝地区 JY-A 井五峰组—龙马溪组一段氧化-还原条件演化图

段的氧化-还原条件指标均有海进体系域较高并向早期高位体系域、晚期高位体系域逐渐降低的趋势。其中海进体系域属中-强的还原条件，而高位体系域多为弱还原-氧化的条件。进一步将氧化-还原条件演化与 TOC 分布特征进行初步对比可发现，强的还原条件与高 TOC 含量之间同样具有比较一致的对应关系，说明了氧化-还原条件对有机碳富集的控制作用。

2. 氧化-还原条件与 TOC 的相关关系

通过 TOC 与氧化-还原条件进行相关分析，可以揭示两者之间的相关程度，相应分析结果见图 2.41。由图中可以看出，JY-A 井晚奥陶世五峰组—早志留世龙马溪组一段黑色页岩 TOC 含量与氧化-还原环境的指标 V/(V+Ni)、V/Cr、Ni/Co、U/Th 的相关系数分别为 -0.09、0.66、0.63、0.66，说明 TOC 含量与 V/Cr、Ni/Co、U/Th 均存在较高的正相性，而与 V/(V+Ni) 基本无相关性。通过上述样品 TOC 含量与氧化-还原条件指标的相关分析可见，TOC 含量与氧化-还原条件指标，尤其是 V/Cr、Ni/Co、U/Th 在两条剖面中均显示中-高程度的相关性，显示了古氧化-还原条件对有机碳富集的控制作用。

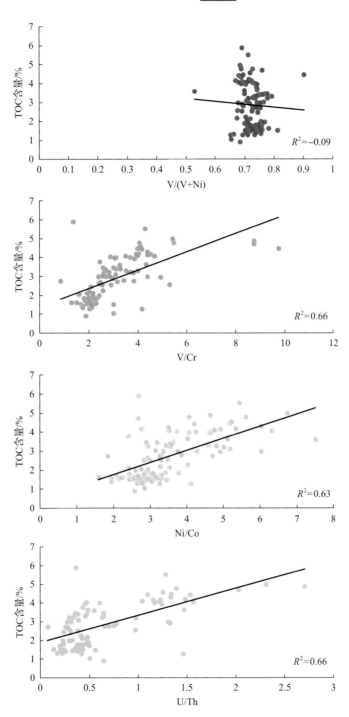

图 2.41　JY-A 井五峰组—龙马溪组黑色页岩 TOC 与氧化-还原条件相关分析

综合以上分析可以发现，焦石坝地区五峰组—龙马溪组一段页岩中的有机质富集是古海洋生产力与氧化-还原条件两个因素共同作用的结果，此处的有机碳富集与演化具有以下特征和规律：海侵体系域时期，高的古海洋生产力与较强的还原条件同时发生，即在存在高有机碳供给的同时，有利的保存条件使得有机碳得以更好地保存，该阶段沉积的页岩中有机碳最为富集；早期高位体系域时期，虽然氧化-还原条件还保持在弱还原的条件，但相对降低的古海洋生产力使得有机碳的供给减少，该阶段沉积的页岩中 TOC 含量相对下降；晚期高位体系域时期，古海洋生产力持续较低的情况下，底层水体与沉积物的氧化-还原条件进一步演化为弱的氧化环境。在有机碳供给不高的情况下，偏氧化的底层环境进一步加剧了沉积有机碳的消耗，该阶段沉积的页岩中 TOC 含量最低。

2.2.5 等深流控制纹层发育

等深流(contour current)是在对北大西洋陆隆沉积物研究之后首先提出的，认为等深流是由于地球旋转而形成的温盐环流。这种环流平行海底等深线作稳定低速流动(5～20cm/s)，主要出现在陆隆区，由等深流沉积形成的岩石称为等积岩。

随着对世界各大洋等深流沉积体进行大量钻井和取心，有关现代等深流沉积识别特征的研究已取得显著进展，可信度高的岩相学模式也已经被提出。但是，等深流沉积与其他深海沉积物非常相似，很难通过肉眼对其直接判别，需要其他分析手段进行辅助，包括粒度分析仪，X 光片和硬化沉积物的薄切片图像分析等。通过流体特性、沉积物性质、结构和成因等，能够识别现代大洋中种类繁多的等深流沉积岩相。相关沉积过程取决于底流速度：缓慢水流条件下，雾状层中的悬浮颗粒得以垂直沉降；高速的水流则能够搬运和沉积更多的泥沙，产生大规模的扬尘和侵蚀，最终导致滞留沉积。化学过程(溶解和自生沉积)可伴随物理过程发生。等深流沉积颗粒的粒径、尺寸包含砂岩到泥岩变化的信息。等深流沉积物可以是陆源碎屑、火山碎屑或生物(硅质或钙质)碎屑，并且通常以上各组分混合出现。

在涪陵页岩气田龙马溪组一段早期高位体系域内也广泛发育了等深流沉积，主要证据是岩心特征与现代海洋等深流沉积具有相似的沉积结构(图 2.42)。

JY-A 井岩心具有典型的等深流沉积序列，且相应层段岩心中笔石具有明显的定向性(图 2.43)；JY-A 井和彭页 1 井页岩中均具有等深流沉积的微观特征，黏土矿物主要为伊利石，砂质条带主要为石英、泥晶灰岩、白云石组成(刘猛等，2018)。

等深流对富碳页岩的改造还体现在纹层的发育，涪陵页岩气田五峰组—龙马溪组海相页岩划分为 3 个纹层发育段(王超等，2019)。

第Ⅰ纹层发育段位于五峰组—龙马溪组下部(①～④小层中部)，整体以硅质纹层为主。纹层弱发育段主要以纹层不发育的均质块状层为主，纹层密度在 0～4.9 条/cm，最大纹层厚度在 0～0.1mm，镜下观察可见亮色纹层成层性差，横向连续性差，矿物多被炭质浸染。纹层强发育段，沉积构造以水平纹层为主，纹层密度在 1.35～9.97 条/cm，最大纹层厚度可达 0.3mm。该时期沉积环境以缺氧环境为主，主控地质事件为火山喷发事件，水动力较弱，水体稳定，以悬浮作用为主发育水平纹层，纹层密度较低，单层厚度较薄。

第Ⅱ纹层发育段位于龙马溪组中部(④小层中部至⑦小层)，整体以硅质纹层和钙质纹层交互发育。其中弱发育段发育杂积纹层和粒序纹层，纹层密度较低(0～4.27 条/cm)，强发育段以水平纹层为主，偶见粒序纹层，纹层密度较高，最高可达 16.28 条/cm，最大纹层厚度可达 0.25mm，该发育段纹层密度同最大纹层厚度之间具有明显的正相关性。该时期受区域底流事件影响，海平面动荡变化，水动力增强，发育水平纹层、粒序纹层和杂积纹层多种类型，纹层发育密度高，单层厚度较厚。

第Ⅲ纹层发育段位于龙马溪组上部（⑧、⑨小层），弱发育段以硅质纹层为主，沉积构造主要为粒序纹层，纹层发育密度在 0.76～4.95 条/cm，最大纹层厚度为 0.01～0.12mm。强发育段以黏土质纹层为主，偶见硅质纹层，沉积构造类型多样，以粒序纹层为主，可见侵蚀交错纹层和楔状交错纹层，该段纹层发育密度较低（0～2.35 条/cm），但最大纹层

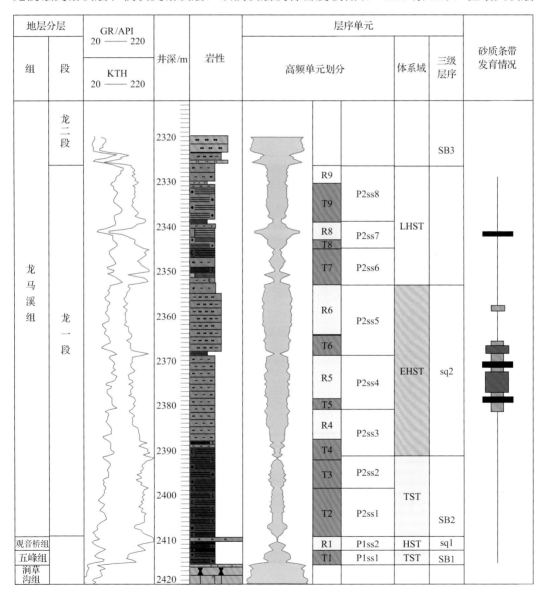

图 2.42　焦石坝地区龙马溪组岩心特征与现代海洋等深流沉积对比

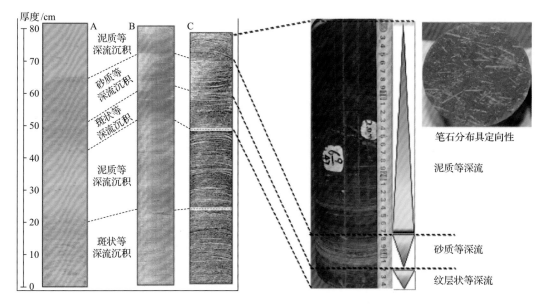

图 2.43　焦石坝地区 JY-A 井龙马溪组一段典型的等深流沉积序列

厚度较大，最厚可达 0.5mm，该发育段纹层密度同最大纹层厚度之间相关性较差，反映出其沉积动力学背景同第二期纹层发育段存在较大差异。该时期海平面快速下降，陆源碎屑物质供给增强，以粒序纹层为主，偶见侵蚀交错纹层，纹层发育密度相对较低，但单层厚度较厚。

2.3　"生物-洋流-陆源输入"优质储层成因模式

涪陵页岩气田优质储层的富硅、富有机质、层序构成和岩相序列变化主要由海平面升降、硅质生物和笔石等生物勃发、等深流、陆源输入和水体的氧化-还原条件等因素耦合作用控制(孟志勇，2016)，在对涪陵页岩气田构造特征、沉积特征研究的基础上，依据页岩中硅质含量、TOC 含量的不同，同时参考海平面升降变化情况，将焦石坝五峰组—龙马溪组黑色页岩沉积划分出 3 个不同的阶段，建立了对应的沉积演化模式(图 2.44)。

2.3.1　生物主控阶段(①~③小层沉积时期)

在生物主控阶段，页岩中沉积了大量的有机硅，滞流强还原环境和强生物作用(特别是硅质放射虫发育)共同存在，造成"富碳富硅"耦合富集特征。

五峰组沉积早期，海平面不断上升，沉积环境整体为深水陆棚的还原厌氧环境，海洋表层生态系统表现为较高且稳定的生物生产力，海底同时发育缺氧的还原环境，基本没有陆源输入，该时期在多种有利因素共同作用下，沉积富含放射虫及原地笔石的富硅、富有机碳页岩，岩相主要为硅质岩、硅质页岩和富泥硅质页岩；大量笔石、硅质生物死亡后沉积形成该时期的富含有机质的炭质硅质页岩。同时该时期由于区域上火山活动

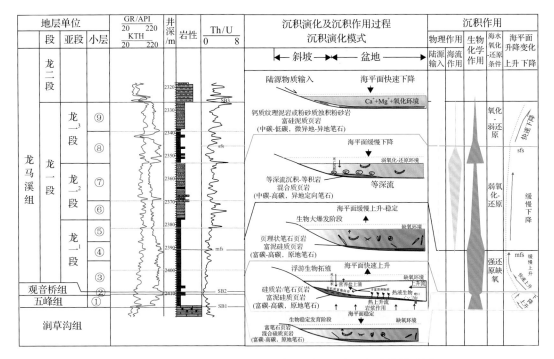

图 2.44　焦石坝地区五峰组—龙马溪组页岩沉积演化模式图

导致火山灰加入该时期的沉积，从而使得该时期沉积物中夹杂斑脱岩层。观音桥段沉积时期，海平面骤降，沉积了有机质含量较低的介壳灰岩和灰质页岩(张柏桥等，2018)。

龙马溪组②、③小层沉积时，海平面不断上升，在海底上升流的作用下进一步为此时的海洋环境提供营养。营养物质尤其是硅质的丰富，进一步促进了高生物生产力(尤其是放射虫)的繁盛，此时海洋环境持续缺氧，陆源输入影响极少，大量笔石和放射虫等生物沉积作用共同导致了该时期形成大套富含有机质的炭质页岩和硅质页岩。此时海洋环境持续缺氧，陆源输入影响极少，同样沉积了富含放射虫、原地笔石的富硅、高有机碳页岩，岩相主要为富泥硅质页岩、灰/硅混合质页岩和少量的硅/泥混合质页岩；同时该时期区域火山活动依然频繁，导致火山灰加入该时期的沉积，从而使得该时期沉积物中夹杂凝灰岩层。火山活动活跃、斑脱岩大量发育的间歇，生物生长受到限制，生产力显著降低，但经过该间歇之后，在火山活动减弱并积蓄了大量营养成分的基础上，生物活动快速复苏，在最大海泛面附近达到空前繁盛，海洋缺氧，形成了大段富有机质的炭质页岩，岩相主要为富泥硅质页岩和硅/泥混合质页岩。

该段属于深水陆棚沉积相，以富有机质的硅质页岩和富硅泥质页岩沉积为主，TOC含量高(平均为3.3%)。此时，四川盆地周缘的古陆的抬升并不强烈，广西运动还未推进到上扬子地区，焦石坝地区处于四川盆地周边次级洼陷的较中心位置，距离陆源较远，沉积速率缓慢，能够通过长距离搬运或者大深度沉降的外来物源十分有限。同时，该段未发现控制深水常见的改变细粒沉积过程的浊流、等深流、深水结核等较明显沉积构造。自生矿物，如生物来源的石英、有机质分解形成的黄铁矿对沉积物页岩原生矿物组成影响较大。放射虫、海绵、古针等具有硅质骨骼的古生物广泛发育、紧密堆积，贡献了丰富的生物硅质来源。在较深水、局限、稳定的沉积环境下，产生了细颗粒、均匀分布的以硅质为主，少量碳酸盐矿物和黏土矿物的矿物组合。该段页岩具有高富集的有机质。微量地球化学测试显示高生产力、较好的保存条件、低陆源输入，具有极好的有机质富集条件，这也是全球性重大地质事件和区域构造事件的综合作用结果。①冰期事件：在奥陶系—志留系界线附近，全球气候逐渐转暖（Algeo et al.，2004），赫南特冰盖的快速消融引发了全球海平面上升，并在华南地区引起了广泛的海侵（Yan et al.，2012）。冰川融水带来了大量的营养物质，并可能在盆地周缘形成沿岸带上升流，大大促进了初级生产力的发展。同时，又由于上扬子地区半封闭-大海湾式的古地理格局，在海侵体系域，特别是在最大海泛面附近的凝缩段，形成了强烈的缺氧水体环境，有利于有机质保存；曾经广泛分布于冈瓦纳大陆的赫南特冰盖迅速融化，巨量的淡水被注入海洋，较轻的淡水和较重的海水形成了海洋分层，进一步加剧了海底缺氧环境。②火山事件：该段较密集分布的斑脱岩层表明在沉积充填时期中，发生了较高频率、大强度的火山喷发作用。这一时期，火山灰落入海洋，带来了大量营养物质，导致海洋表层初级生产力爆发性增长。这些微生物有机质不断下沉，在沉积过程中消耗了水体中的大量自由氧，导致沉积物-底层水缺氧，有利于有机质埋藏。另一方面，火山灰凝灰落入海底，形成了较为致密的封堵层，分隔了下部的富有机质沉积物和上部富氧水体，促进了有机质的保存。③生物灭绝事件：动物大灭绝减少了后生多细胞生物对蓝细菌的啃食和破坏，捕食者减少的同时海水营养增加，大大促进了蓝细菌的繁盛，导致海洋表层生产力爆发。同时，由于气候逐渐变暖，原本广泛覆盖在冈瓦纳大陆的冰盖消融，由于奥陶纪—志留纪阶段低等植物还未广泛覆盖陆地表面，地表大面积暴露的岩石使得陆源风化作用显著加强，向海洋输入的营养物质增加，也促进了蓝细菌繁盛，进而使初级生产力大大提高。

2.3.2 洋流主控阶段（④～⑧小层沉积时期）

在洋流主控阶段，较弱还原环境及等深流作用共同导致该时期页岩砂质含量升高，TOC 含量降低。

龙马溪组④～⑧小层沉积时，海平面开始下降，陆源输入量开始增加，尤其等深流波及和持续作用，深层水动力活动明显增大，并由之前较强的缺氧环境转变为弱氧化-还原环境，古生物生产力相对降低。相应的该时期页岩中的有机碳、硅质都开始降低，导致该时期以深水陆棚相的炭质页岩和等深流作用形成的页岩和粉砂岩互层的韵律沉积为特征。尤其受等深流波及和持续作用，深层水动力活动明显增大，并由之前较强的缺氧环境转变为弱氧化-还原环境，古生物生产力也转入降低阶段。相应的该时期页岩中的TOC 含量、硅质都开始降低，形成一套中 TOC 含量、中硅质的异地笔石页岩，岩相主要为硅/泥混合质页岩、富泥硅质页岩和富硅泥质页岩。

随着研究不断深入，越来越多的学者认为具有纹层状的泥页岩并不一定是在局限环境中受悬浮沉降作用产生。相反，大多数情况是由于底流和浊流搬运形成的（Schieber，2009）。Schieber 等（2007）通过水槽实验证实了细粒沉积物确实能以絮凝状波纹形式进行层间搬运。该段以大量发育的粉砂质条带页岩为特征，向上水深逐渐变浅。与其他层位相比，笔石化石发育不完整，只保留部分碎片，具有明显的定向性。这表明，笔石化石可能为异地搬运产生的。一系列的牵引构造，如小型低角度的交错层理（Ma et al.，2016；Liu et al.，2017）、生物潜穴和遗迹（Liu et al.，2017）、沙-泥顶底突变无侵蚀接触广泛发育。地球化学指标也显示海底氧化-还原条件由前一阶段的相对还原条件迅速过渡到氧化条件。牵引构造、化石证据和地球化学指标一致表明，持续性洋底等深流作用可能是该段非均质性的主导因素。

由于五峰组—龙马溪组一段下部的持续性海侵，西北方向秦岭洋与上扬子陆表海逐渐连通，洋底等深流广泛影响该套页岩沉积过程，形成了具有典型纹层构造的粉砂质条带页岩。此时已达鲁丹阶晚期，全球气候逐渐变暖，奥陶系—志留系之交动荡的环境气候条件逐渐趋于稳定，大冰期对全球气候的控制作用逐渐衰弱。仅偶然出现的薄层斑脱岩层表明，这一时期的火山作用无论在强度还是在频率上都明显降低。地球化学数据显示，该段具有相对较高的生产力，氧化-还原条件处于贫氧-氧化环境，陆源碎屑和黏土矿物含量（特别是绿泥石）显著提高，这使得该段有机质含量显著减少。在这一时期，缺少了火山灰持续提供的营养物质，初级生产力逐渐减低并恢复到正常水平。由于四川盆地西部、南部的古陆不断抬升，广西运动由东南向西北持续推进，导致上扬子地区开始出现持续性海退，陆源输入逐渐增强，加快了沉积速率，对有机质有一定的稀释作用。同时，由于流体反复冲刷，使得沉积物-水体接触面充氧，加速了有机质的消耗。

2.3.3 陆源输入主控阶段（⑨小层沉积时期）

龙马溪组⑨小层沉积时，海平面进一步下降，陆源输入量增高，生物生产力进一步降低，底层环境演变为氧化-弱还原为主。该时期页岩中 TOC 含量、硅质均为低值，沉积为低 TOC 含量、低硅质的异地笔石页岩，最终导致该时期以浅水陆棚相的贫有机质的页岩、灰质页岩和浊流形成的粉砂岩沉积为主。该时期页岩中有机碳、硅质均为低值，沉积为低有机碳、低硅质的异地笔石页岩，岩相主要为富硅泥质页岩和少量的硅/泥混合质页岩。

该段下部重新出现的富泥硅质页岩、大量发育的黏土质页岩，反映了海平面先短暂加深后快速变浅的特征。该段观察到层内有向上逐渐增大的沙质透镜体，其体积和数量向上逐渐增加，后直接过渡到上覆的浊积砂岩段。这表明，随着构造快速抬升，波浪或洋流作用增强的重力流显著发育。同时该时期岩石生物潜穴较为发育、生物扰动作用较强（Liu et al.，2017）。地球化学指标显示，该段陆源输入大大增加，随着陆源输入的增强，该段生物硅和有机质大大减少，而黏土矿物显著增加。海洋水体变得较氧化，同时海洋生产力也进一步减小。

此时，四川盆地周缘古陆快速隆升，广西运动已推进到上扬子腹地，构造运动抬升运动控制了该段的沉积过程，导致海平面快速降低。整体而言，有机质含量随着黏土矿物的增加减少。黏土矿物含量随着 TOC 的增大而大大增加。说明环境的突然转暖带来了大量陆源沉积物，导致该段有机质被稀释。由于奥陶纪—志留纪阶段低等植物还未广泛覆盖陆地表面，在温暖的气候条件下，地表大面积暴露的岩石也客观上促进了陆源风化速率，显著提高了陆源输入量。同时，构造快速抬升产生大量重力流沉积，携带了大量粗粒砂质碎屑,增加了陆源输入量,稀释了有机质。另外,该段显示相对较低的生产力、氧化的水体条件,共同导致了该段有机质含量的显著降低。

2.4 本 章 小 结

本章深化了五峰组—龙马溪组富有机质页岩沉积机理,首次提出了"生物-洋流-陆源输入"优质储层成因模式,早期主要为滞留盆地生物化学主控阶段,古生产力高,页岩富含有机碳和自生成因硅质,为有机硅沉积发育阶段,中期为等深流主控与混合硅发育阶段,晚期为陆源主控与陆源硅发育阶段。古生产力、氧化还原条件、生物化学作用、陆源输入、海流作用共同控制了优质页岩储层非均质性。

第 3 章

涪陵页岩气赋存机理

3.1　页岩气赋存状态

前人研究认为，页岩中一般以游离气和吸附气为主，溶解气含量极低(Curtis，2002)，我国南方地区高热演化程度页岩中，溶解气含量可以忽略，页岩气主要是吸附气和游离气。游离气是指以游离状态存储于页岩微裂缝和孔隙中的天然气，吸附气是指吸附于有机质颗粒、黏土矿物颗粒表面上的天然气。解决页岩气赋存机理的问题，关键在于求解储层吸附气与游离气的含量(陈国辉等，2020)。页岩气开发本质上是游离气释放——吸附气解吸转化为游离气进而产出的动态过程，研究页岩气的赋存特征对页岩气的开发实践有重要的指导意义。

3.1.1　涪陵页岩吸附气含量

1. 测井解释法

根据涪陵焦石坝地区页岩储层温压条件(地层温度约 80℃，地层压力约 35MPa)，储层页岩气吸附已达到饱和状态，因此，可以用等温吸附实验测得的含气量来标定吸附气含量。

对非地温条件下测定的吸附气含量，以 Langmuir 等温吸附实验为基础，建立了页岩气等温吸附温度校正公式：

$$含气量校正值 = 0.0256 \times \Delta T - 0.2893 \tag{3.1}$$

式中，ΔT 为实验温度与实际温度的差值。经温度校正后的吸附气含量与有机碳具有良好的相关关系，表明有机质丰度与吸附气含量 V 呈正相关关系。

$$V = 0.6893 \times TOC - 0.3885, \quad R^2 = 0.92 \tag{3.2}$$

模拟地温条件测定的吸附气含量可直接用于吸附气含量的计算：

$$V = 0.7656 \times TOC + 0.0775, \quad R^2 = 0.88 \tag{3.3}$$

用这两种方法计算涪陵页岩气田页岩吸附气含量，结果基本一致(王进等，2019)。

涪陵页岩气田 JY-A 等井测井解释吸附气量的变化范围是 0.93～3.48m³/t(表 3.1)，与室内等温吸附实验结果能够很好地对应，表明吸附气量测井解释模型精度较高。纵向上吸附气量自下而上逐渐降低，①～③小层吸附气量最高，而⑨小层吸附气量最低，结合不同小层从下向上 TOC 逐渐降低的认识，说明页岩的吸附气量明显受到有机质丰度的控制(孟志勇，2016；易积正和王超，2018；刘莉等，2018；王进等，2019）。

表 3.1 JY-A 井吸附气量

样品编号	层位	实测 TOC/%	式(3.2)V计算值/%	式(3.3)V计算值/%
1	龙马溪组	1.11	1.01	0.93
2	龙马溪组	1.62	1.35	1.32
3	龙马溪组	1.47	1.18	1.20
4	龙马溪组	3.59	2.77	2.83
5	龙马溪组	3.46	2.45	2.73
6	五峰组	4.97	3.32	3.48

2. 高压等温吸附实验法

页岩的吸附气量通过甲烷等温吸附实验进行测试，采用静态吸附法测量，即在吸附剂与吸附质气体达到充分吸附平衡后，单位吸附剂所吸附气体的量，该方法是研究气-固吸附的一个常用的方法，静态吸附法又分为质量法和体积法（Krooss et al.，2002；Busch et al.，2006）。本次甲烷等温吸附实验采用质量法，即通过测量吸附过程中质量的变化，计算得到吸附质量。实验设备为德国 RUBOTHERM 磁悬浮天平高压等温吸附仪。

甲烷等温吸附实验设定温度为 30℃，最高压力为 320bar，共设置 21 个点。开展重量法等温吸附实验，获得页岩干样在 30℃条件下甲烷的绝对吸附量。在低压部分，甲烷随着压力的增加而增加，当压力增加到 120bar 左右时，甲烷绝对吸附量几乎不发生变化，因此，达到 120bar 之后，压力对甲烷绝对吸附量的影响几乎没有。不同岩相的甲烷吸附量均随着 TOC 的增加具有升高的趋势，硅质页岩 TOC 偏高，导致吸附气量相对较高（Chalmers et al.，2012b）（图 3.1）。

页岩含水情况下甲烷的吸附量明显降低（Zhang et al.，2012）。页岩孔隙中含有水分，会导致页岩的孔隙表面被水覆盖，从而减少了甲烷吸附的场所，因此会导致甲烷吸附量的降低。不同地区的不同井含水情况下的甲烷吸附量都低于不含水情况下的甲烷吸附量，降低 20%～25%（图 3.2）。

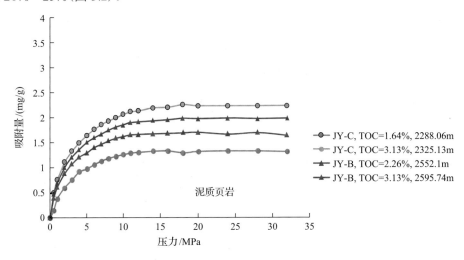

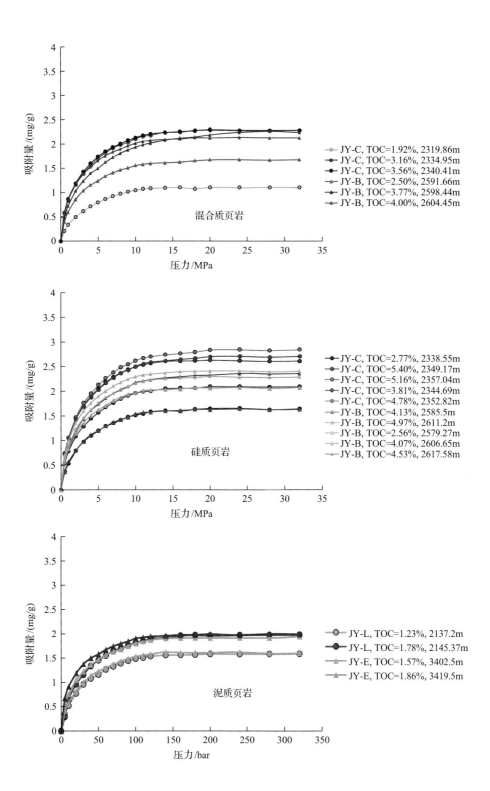

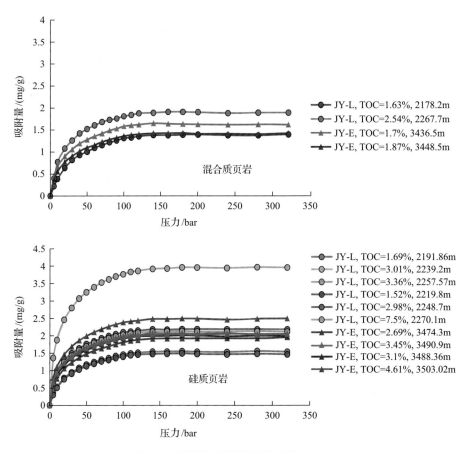

图 3.1　不同岩相页岩甲烷吸附气含量

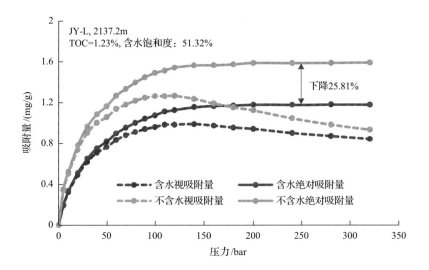

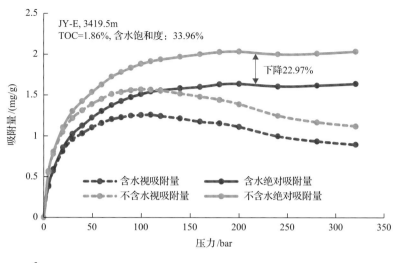

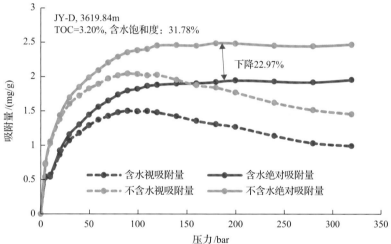

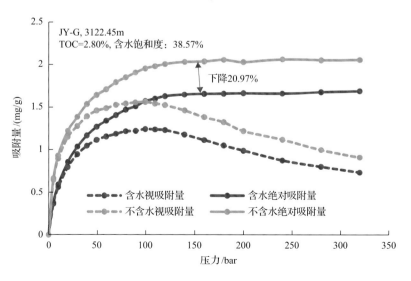

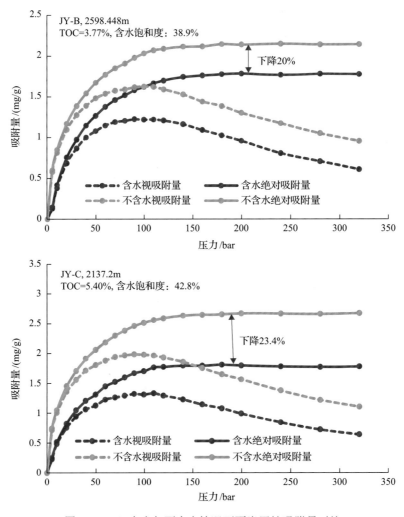

图 3.2　30℃含水与不含水情况下页岩甲烷吸附量对比

　　通过 30℃的甲烷吸附量，基于 Langmuir 方程，考虑实际的地层的温度压力条件，进行实际地层的甲烷吸附量的计算。从图 3.3 可以看出，预测的 30℃甲烷吸附量与实测的甲烷吸附量十分吻合，说明预测模型可靠。实际地层的甲烷吸附量小于实验测试的 30℃的甲烷吸附量。这是由于地层条件下温度较高，温度对于甲烷吸附是负作用，温度越高，甲烷吸附量就越低，因此实际地层的甲烷吸附量要小于实测 30℃的甲烷吸附量。

　　通过前面的计算，可以得出在 30℃情况下甲烷含水与不含水情况下的吸附量，然后计算出含水对页岩甲烷吸附量的影响比例，通过预测的实际地层甲烷吸附量，考虑含水的影响因素，最终得出实际地层的甲烷吸附量。图 3.4 为焦石坝地区不同井在 3 种干样、湿样和实际地层条件的甲烷吸附量图。从整体上看，不同区块甲烷的吸附量差距不大，JY-C 井和 JY-B 井的实际甲烷吸附量为 0.64～1.60mg/g，JY-G 井和 JY-L 井吸附量在 0.78～2.73mg/g，JY-E 井的吸附量在 0.75～1.65mg/g，JY-D 井吸附量在 1.01～2.60mg/g。从岩相来看，整体上表现为硅质页岩的甲烷吸附量大于混合质页岩和泥质页岩。

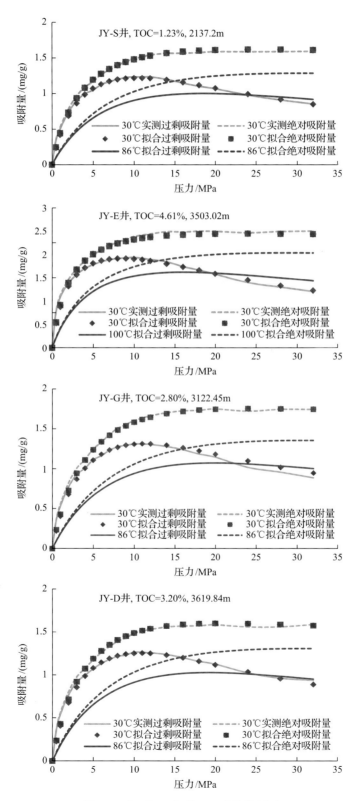

图 3.3　实际温压条件下吸附量的预测

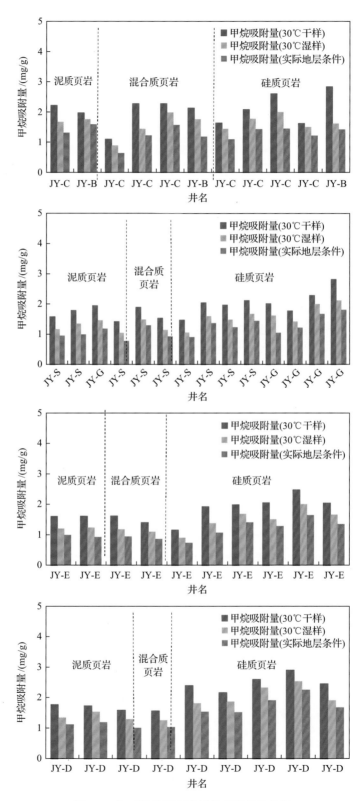

图 3.4　焦石坝地区页岩甲烷吸附量柱状图

3.1.2 涪陵页岩游离气含量

游离气含量与储层的地层压力、温度、孔隙度和含水饱和度有关(张晓明等,2017;翟刚毅等,2017;刘尧文等,2018;李凯等,2018;姜振学等,2020)。焦石坝地区探井实测原始含水饱和度为 20%~60%,分析认为焦石坝地区含气页岩中的水主要以束缚态赋存于黏土矿物的微孔隙中,建立了适用于页岩的含气饱和度解释模型(张晓明等,2017)[式(3.4)和式(3.5)]:

$$S_g = \frac{POR_{有机} + cPOR_{碎屑}}{POR_{总}} \tag{3.4}$$

式中,S_g 为含气饱和度,%;POR 为孔隙度,%;c 为经验系数,焦石坝地区取值 1。

利用孔隙度、气体体积系数、含水饱和度等参数来计算游离气,公式如下:

$$G_{efm} = \frac{1}{B_g} \cdot [\varphi_{eff}(1 - S_w)] \cdot \frac{\psi}{\rho_b} \tag{3.5}$$

式中,G_{efm} 为游离气含量,m^3/t;φ_{eff} 为有效孔隙度,%;B_g 为体积压缩系数,无量纲;S_w 为含水饱和度,%;ρ_b 为页岩密度,g/cm^3;ψ 取值 32.1502。因此,测井解释的总含气量为吸附气含量与游离气含量之和。

涪陵页岩气田 JY-A 井等井的游离气量范围是 0.8~5.6m^3/t(表 3.2),根据测井解释总含气量判断,以 JY-B 井为例,测井解释总含气量从上部⑧、⑨小层的 1.7m^3/t 向下④、⑤小层增加至 4.3m^3/t,①~③小层为 7.2m^3/t,整个含气页岩段含气量自上而下逐渐增加,与实测现场解析的含气量相参照(李凯等,2018),消除了实测含气量中损失气量人为计算导致的误差,通过测井资料综合解释确定富有机质页岩含气量,在北美页岩气勘探开发中普遍应用(Montgomery et al.,2005;Jarvie et al.,2007;Ross and Bustin,2009)。国内也有众多学者提出利用测井解释含气量可以对页岩气进行有效评价(舒志国等,2018;刘莉等,2018;王进等,2019;姜振学等,2020)。纵向上,①~③小层游离气量最高,而⑨小层游离气量最低,结合优质页岩气层段底部的有效孔隙度、压力系数更高,更有利于游离气的富集。

表 3.2 涪陵页岩气田不同小层测井解释赋存状态表

井名	小层号	顶深/m	底深/m	厚度/m	总气量/(m³/t)	吸附气含量/(m³/t)	游离气含量/(m³/t)	吸附气：游离气
JY-A	⑧、⑨	2326.5	2353.5	27.0	2.4	1.2	1.2	50：50
	⑥、⑦	2353.5	2377.5	24.0	3.4	1.4	2.0	41：59
	④、⑤	2377.5	2398.0	20.5	5.6	2.2	3.5	39：61
	①~③	2398.0	2415.5	17.5	8.7	3.1	5.6	36：64
JY-B	⑧、⑨	2519.2	2563.3	44.1	1.7	0.9	0.8	53：47
	⑥、⑦	2563.3	2579.5	16.2	2.9	1.2	1.7	41：59
	④、⑤	2579.5	2599.5	20.0	4.3	1.8	2.6	40：60
	①~③	2599.5	2622.0	22.5	7.2	2.7	4.5	37：63

3.1.3　涪陵页岩吸附气与游离气比例

在定量评价涪陵页岩气田五峰组—龙马溪组的页岩吸附气及游离气含量的基础上，进而确定吸附气与游离气比例，从焦石坝区块的吸附气与游离气所占的比例来看，总体上吸附气与游离气比例为 40∶60，游离气量要显著高于吸附气量，且自上而下吸附气的比例减少、游离气的比例增加(表 3.2)。

涪陵页岩气田平面上不同区块的单井吸附气与游离气比例见表 3.3。总体上，吸附气与游离气比例的平均值为 34%(游离气占比 66%)，显示出游离气对页岩气富集高产的重要贡献。不同区块不同层段吸附气与游离比例差异较大，焦石坝区块和江东区块三段储层页岩气比例(①~⑤小层、⑥、⑦小层、⑧、⑨小层)总体差异不大，均以游离气比例高为特征(吸附气占比 22%~23%)；平桥区块和白涛区块相比焦石坝区块游离气比例降低(吸附气占比 27%~45%)，但仍以游离气为主；梓里场区块和白马区块吸附气占比更高(44%~60%)。根据页岩气赋存特点，游离气更易于从页岩孔隙中散失，结合不同区块的构造特征，表明构造变形较弱的区块，有利于游离气的保存，如焦石坝区块和平桥区块；而构造变形强度大的区块，保存条件较差，游离气大量散失，导致吸附气占比升高，总含气量较低，不利于页岩气富集(郭旭升，2014；胡东风等，2014；魏祥峰等，2016；何治亮等，2017；解习农等，2017；舒逸等，2018；王鹏万等，2018)。

表 3.3　涪陵页岩气田各井吸附气与游离气比例

区块	⑧、⑨小层	⑥、⑦小层	①~⑤小层	平均值
焦石坝	0.23	0.23	0.24	0.23
梓里场			0.60	
白马	0.32	0.33	0.57	0.44
平桥	0.27	0.33	0.42	0.34
白涛			0.45	
江东	0.18	0.21	0.24	0.22
平均值	0.27	0.31	0.43	0.34

3.2　吸附气赋存机理

页岩气主要具有吸附气和游离气两种赋存状态，其中，吸附气在页岩气中占 20%~80%(邹才能等，2017)，页岩气的吸附作用及赋存状态的动态转化对页岩气的成藏和开发都具有重要意义。国内外学者利用甲烷等温吸附实验对页岩吸附能力开展了大量研究，明确了温度、压力、TOC 和黏土矿物等对页岩气的吸附解吸的控制作用，但受实验条件的限制，无法对页岩气的微观吸附机理进行研究(陈国辉等，2020)，给准确评价地质条件下页岩气吸附气含量造成了困难，因此，急需从微观机理角度对页岩气吸附行为进行研究。

3.2.1　甲烷吸附分子动力学模拟

　　针对等温吸附实验在吸附机理研究方面的不足，利用巨正则蒙特卡洛(GCMC)分子
动力学模拟方法，对蒙脱石、伊利石、高岭石和干酪根吸附甲烷的微观机理进行对比研
究(Cygan et al.，2004；Liu et al.，2016)。研究中，首先确定模拟单元在研究页岩气吸附
行为中的适用性，然后通过对模拟结果与实验测试结果的对比，确定模拟的可信性，最
后，通过对比研究矿物孔隙中的气体分布、气体分子与孔隙表面之间的结合能等参数，
揭示页岩气的微观吸附机理。分子动力学模拟研究有助于客观认识页岩气吸附行为，提
高勘探开发过程中对吸附气含量评价的精度(Liu and Wilcox，2012；Mosher et al.，2013；
Zhang et al.，2014，2015，2016a；陈国辉等，2020)。

　　吸附体系由吸附质和吸附剂两部分组成，本次模拟页岩气吸附体系，吸附剂为蒙脱
石、伊利石、高岭石和干酪根，吸附质分子为甲烷。3 种典型的黏土矿物均具有明确的
分子结构，而干酪根的分子结构复杂，模拟过程过于复杂。页岩气产区的页岩通常热
演化程度较高，干酪根芳构化程度很高，因此，国内外学者通常利用石墨烯结构来代
表干酪根结构，对干酪根吸附能力进行研究(Frenkel and Smit，2002)。本次模拟干酪
根孔隙模型的固体壁面由三层石墨烯构成，层间距为 0.34nm，孔径分别为 1nm 和 4nm
(图 3.5)。

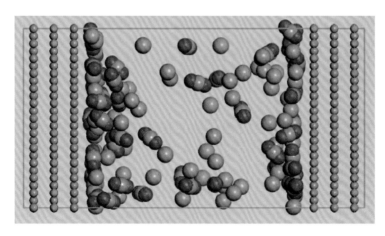

图 3.5　干酪根模拟单元

模拟单元的孔隙中填充物为 CH_4 和 CO_2 气体分子。气体分子由球状符号表示，干酪根结构由球棍模型表示。
O：红色；C：灰色；甲烷联合原子：橙色

1. 表面结合能决定甲烷紧贴孔壁分布

　　首先研究气体分子在矿物孔隙中的分布特征。在蒙脱石、伊利石、高岭石和干酪根
狭缝型孔隙中，利用 GCMC 法模拟温度为 90℃、压力为 30MPa 时甲烷的吸附量，孔径
为 4nm。对甲烷在不同矿物模拟单元中 Z 轴方向的分布曲线进行统计(图 3.6)，结果显示，
紧邻孔隙壁的位置，形成密度强峰，在孔隙中心方向紧邻密度强峰的位置，形成密度相
对较小，但仍高于体相密度的弱峰，孔隙中心位置气体密度基本与该温、压条件下气体

体相密度相同，为游离相气体。整体上，页岩中甲烷的吸附，蒙脱石、伊利石和高岭石中密度强峰相差不大，其中，高岭石中甲烷密度强峰略大于蒙脱石中的密度强峰，但差别不大，而伊利石中甲烷的密度强峰相对较小，但干酪根中甲烷密度强峰明显大于其在黏土矿物中的密度强峰。

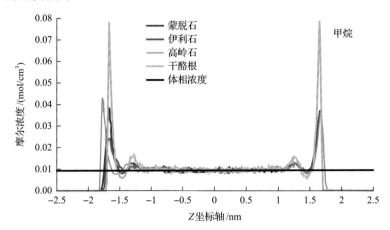

图 3.6　模拟温度为 90℃时，甲烷在 4nm 孔径的不同矿物中密度分布曲线

　　理论上，吸附层密度受控于孔隙表面对气体作用的强弱，即受控于矿物表面与气体分子之间的结合能。结合能的数值越小，说明体系越稳定，二者之间相互作用力越强。如图 3.7 所示，在紧邻孔隙壁的位置，孔隙壁与气体分子之间的结合能最低，因此能量最稳定，气体最容易分布在这个位置，这也是气体在这个位置形成强吸附层的原因。

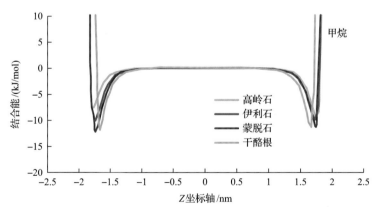

图 3.7　甲烷气体分子与不同矿物表面的结合能对比图

　　甲烷分子沿 Z 轴方向移动时，与干酪根孔隙壁和蒙脱石孔隙壁之间的结合能相差较小(图 3.8)。但甲烷分子沿 X 轴方向移动时，甲烷分子与干酪根孔隙壁之间的结合能非常稳定，位置变化时结合能仅发生微小变化，而甲烷分子与蒙脱石孔隙壁之间的结合能波动非常大，且低值区数量极少。由此可见，虽然在势能最低点时，干酪根和蒙脱石对甲烷分子的作用能力相差不大，但在单位表面积中吸附位的数量上，干酪根远多于蒙脱石，

且在干酪根表面上吸附位分布极其密集，而蒙脱石中吸附位分布分散。因此，尽管吸附位的吸附能力相当，但单位面积的干酪根表面吸附位数量上占绝对优势，导致其中的甲烷密度强峰远高于其他3种黏土矿物。

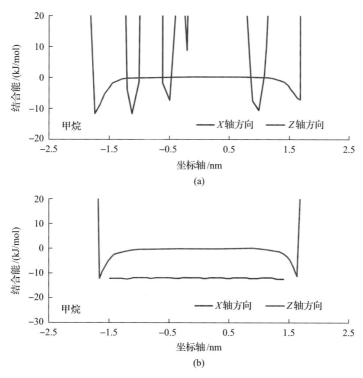

图3.8 蒙脱石和干酪根孔隙中，气体分子沿 X 轴方向和 Z 轴方向移动时与矿物表面之间的结合能对比图
(a)蒙脱石；(b)干酪根

2. 吸附压力决定甲烷吸附层数

为了进一步确定甲烷在各个矿物表面的吸附位特征与吸附层数特征，对90℃、30MPa时蒙脱石、伊利石、高岭石和干酪根孔隙表面垂向和切向的密度场进行对比分析(图3.9)。由甲烷在不同黏土矿物表面垂向上的密度分布[图 3.9(a)，(c)，(e)]可知，甲烷分子以不连续的形式分布在黏土矿物表面形成高密度场。矿物表面有离子存在的地方，由于离子对其周围的分子具有排斥作用，导致离子对周边甲烷分子密度分布产生一定阻隔效应，在近离子表面形成真空层。但随着甲烷分子与离子之间距离的增大，离子对甲烷分子由排斥作用转变为吸引作用，导致在距离稍远的位置形成甲烷的微弱吸附层。该离子表面吸附层与矿物表面之间的距离大于无离子处矿物表面甲烷分子强吸附层与矿物表面之间的距离，因此，离子表面吸附层是甲烷分子在黏土矿物孔隙内的密度分布曲线(图3.6)中形成密度弱峰的原因之一。为了进一步研究黏土矿物孔隙中密度弱峰的成因，对表面无离子分布的高岭石孔隙中的密度分布曲线进行研究，对比 90℃时 1MPa、10MPa 和 30MPa 压力下 4nm 孔径的孔隙中的密度分布曲线[图 3.10(a)]。由密度分布曲线对比结果可知，1MPa 时高岭石表面未形成密度弱峰，但 10MPa 和 30MPa 时，均已产生密度弱

峰。高岭石孔隙表面无离子分布，因此可以断定，黏土矿物孔隙表面在压力较高时，发生双层吸附。

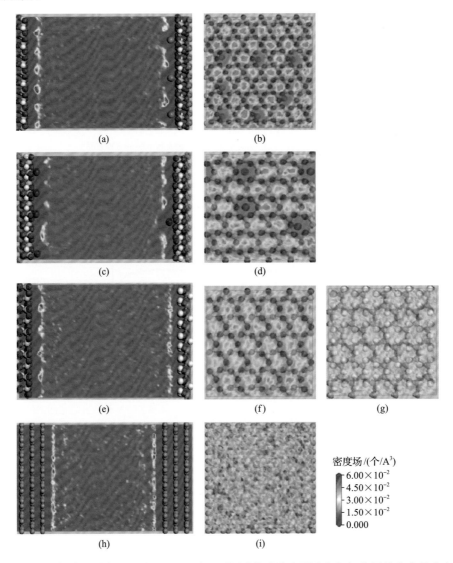

图 3.9　温压条件分别为 90℃和 30MPa 时，不同矿物孔隙表面垂向与切向甲烷密度场分布图

(a)蒙脱石表面垂向图；(b)蒙脱石表面切向图；(c)伊利石表面垂向图；(d)伊利石表面切向图；(e)高岭石表面垂向图；
(f)高岭石铝氧八面体表面切向图；(g)高岭石硅氧四面体表面切向图；(h)干酪根表面垂向图；(i)干酪根表面切向图

3. 吸附位密集程度决定甲烷吸附量

由孔隙表面切向上的密度场分布图[图 3.9(b)，(d)，(f)]可知，在黏土矿物硅氧四面体所形成的表面上，甲烷分子主要分布在氧六元环中心位置，即甲烷分子的吸附位为氧六元环中心。高岭石铝氧八面体表面有—OH 存在[图 3.9(f)]且分布密集，由此推测导致高岭石的吸附层密度大于蒙脱石和伊利石的原因是在高岭石铝氧八面体表面的吸附位数量较多。尽管甲烷分子仍有分布在氧六元环内的趋势，但规律不如硅氧四面体表面明显。

由干酪根表面垂向甲烷密度场分布图[图 3.9(h)]可知，干酪根表面形成比较连续的强吸附层，且在临近强吸附层的位置形成弱吸附层，该弱吸附层与密度分布曲线(图 3.6)中的密度弱峰相对应。为进一步研究压力对弱吸附层的影响，对不同压力下干酪根孔隙内的密度分布曲线进行对比分析[图 3.10(b)]。与黏土矿物孔隙类似，1MPa 时干酪根孔隙表面的甲烷未形成密度弱峰，而 10MPa 和 30MPa 时形成密度弱峰，且要比黏土矿物中的密度弱峰更明显，说明甲烷分子在干酪根孔隙表面从 10MPa 开始形成弱吸附层，且弱吸附层比黏土矿物表面的弱吸附层更明显。

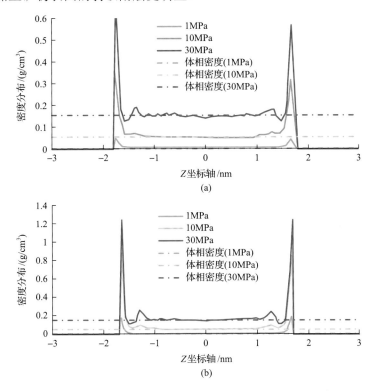

图 3.10　温度为 90℃时不同压力下孔隙中气体密度分布曲线对比
(a)高岭石孔隙中的甲烷气体；(b)干酪根孔隙中的甲烷气体

由干酪根表面切向的甲烷密度场分布图[图 3.9(i)]可知，在干酪根表面甲烷分子并没有像在黏土矿物表面那样，具有明显的吸附位，而是广泛分布于整个表面，换言之，干酪根表面甲烷的吸附位分布极其密集。其原因在于干酪根表面碳原子分布远比黏土矿物表面的原子分布更密集，密集的碳原子对甲烷分子形成更强的吸附作用，这也是干酪根表面上可以形成弱吸附层的原因所在。

综上所述，在黏土矿物表面，甲烷吸附在氧六元环中心。干酪根表面吸附位分布密集，导致甲烷分子在干酪根表面的分布密集。低压时甲烷分子在矿物表面为单层吸附，但在高压时发生双层吸附。

3.2.2 吸附气赋存控制因素

在揭示页岩吸附甲烷的微观机理的基础上，运用分子动力学模拟技术，模拟孔径、有机质、矿物、含水性和温压条件等对页岩吸附气的影响。

1. 孔径分布

利用 GCMC 法在孔径为 1nm 和 4nm 的不同矿物模拟单元中模拟温度为 90℃、压力为 10MPa 时对甲烷和二氧化碳气体的吸附作用。对模拟单元中 Z 轴方向的气体密度和气体分子与矿物表面的结合能进行统计（图 3.11），对比不同孔径中气体的吸附特征（Liu et al., 2016）。

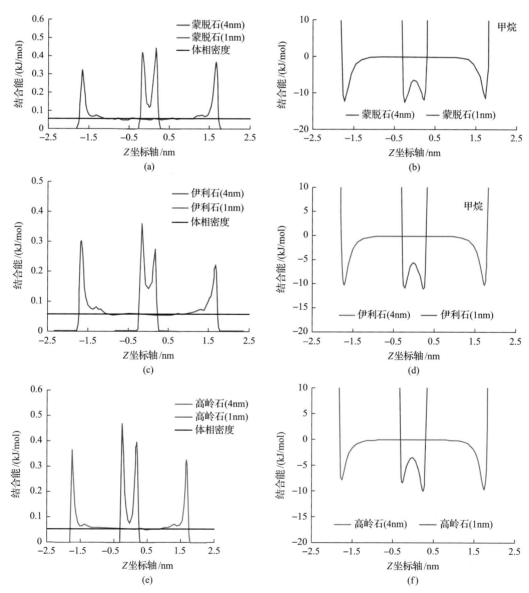

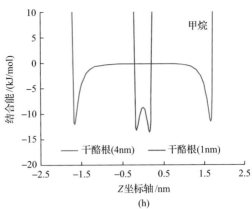

图 3.11 不同矿物的 1nm 和 4nm 孔径中甲烷气体分布与结合能分布对比图

(a)蒙脱石孔隙中的密度分布;(b)蒙脱石孔隙中的结合能分布;(c)伊利石孔隙中的密度分布;(d)伊利石孔隙中的结合能分布;
(e)高岭石孔隙中的密度分布;(f)孔隙中的结合能分布;(g)干酪根孔隙中的密度分布;(h)干酪根孔隙中的结合能分布

从密度分布上看[图 3.11(a)、(c)、(e)、(g)],甲烷气体在 1nm 孔径中的密度强峰均大于在 4nm 孔径中的密度强峰,但差别不大;在 4nm 孔径中,存在密度强峰和密度弱峰,但在 1nm 孔径中,没有密度弱峰的存在,或者说密度弱峰已经叠加成一个,处于孔隙中部,其密度高于气体体相密度,亦高于 4nm 孔隙中游离相气体密度。对比结合能分布来看[图 3.11(b)、(d)、(f)、(h)],1nm 孔径中密度强峰位置所对应的结合能略高于 4nm 孔径中密度强峰所对应的结合能,另外,1nm 孔径中心部位的结合能低于 0,而 4nm 孔径中心部位的结合能为 0。孔径减小,结合能力增强,是由于狭缝型孔隙中两个表面对气体分子作用力的叠加造成的,可以推断,当孔径继续减小时,结合能将进一步叠加,形成一个更强的单峰,吸附层密度也将随之进一步增大,但只产生一个峰。综上可知,当孔径减小到一定值时,两个矿物表面对气体的结合能发生叠加,进而导致气体密度的叠加。

2. 有机质丰度

页岩储层中,起主要吸附作用的是有机质,有机质发育大量的纳米级孔隙,而微孔的比表面积相对较大,页岩气吸附过程主要是吸附在矿物表面(Kuila et al.,2014),因此,有机质的富集为页岩气吸附提供大量的吸附空间(郭旭升等,2014b)。

泥页岩 TOC 含量是衡量烃源岩生烃潜力的重要指标,同时也是控制有机质孔隙发育的主要因素之一。有机质内发育有大量的纳米级孔隙,增加了页岩的比表面积及孔隙体积;并且有机质中发育着大量的有机质孔隙,这些孔隙以微孔、中孔为主,大孔较少,为页岩气的吸附提供了良好的场所。页岩中 TOC 含量越高,比表面积就越高,就能为甲烷提供大量的吸附位,因此 TOC 含量与页岩吸附气有着密切的关系。通过 TOC 含量与实际地层吸附量(图 3.12)的相关性分析,可以看出几口井不同岩相页岩样品的吸附量都与 TOC 含量有着明显的正相关性。由此可见,TOC 含量越高,吸附气的含量越高,TOC 含量是控制吸附气量的重要因素(Romero-Sarmiento et al.,2014)。

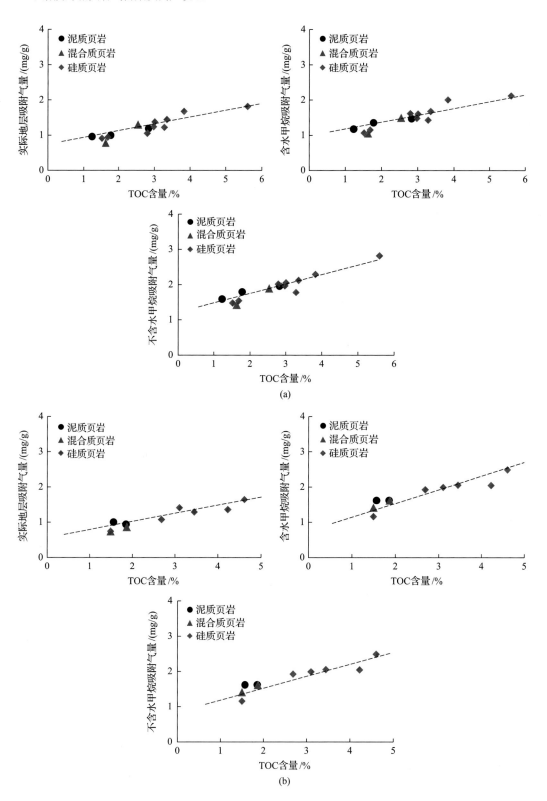

(a)

(b)

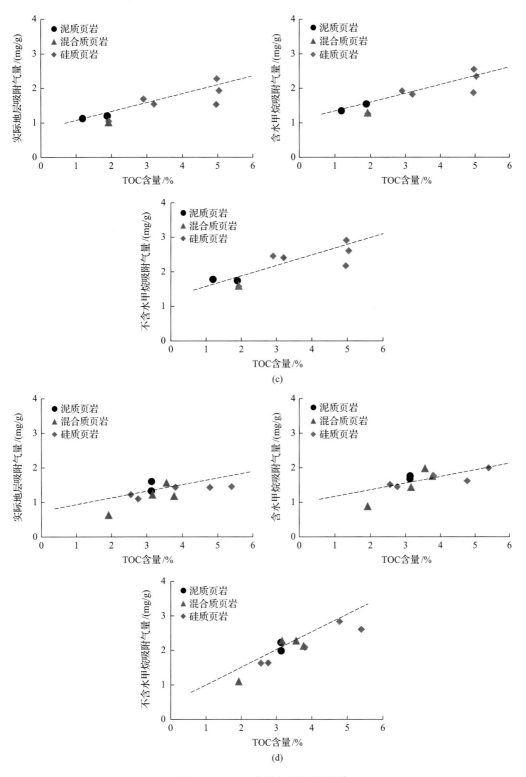

图 3.12　TOC 含量与吸附量关系

(a)JY-B 井；(b)JY-E 井；(c)JY-D 井；(d)JY-C 井

由比表面积与最大吸附量之间的关系[图 3.13(a)]可知,比表面积与最大吸附量成正比,比表面积是影响吸附量的关键因素。TOC 含量是表征有机质丰度的重要参数,由 TOC 含量与比表面积的关系[图 3.13(b)]可知,TOC 含量与比表面积成正比,TOC 含量越大,比表面积越大;因此,在矿物性质差异不大的情况下,比表面积是决定页岩吸附能力的本质原因。如图 3.13(c)所示,由 TOC 含量与过剩吸附量的关系可知,TOC 含量越大,有机质越富集,过剩吸附量越大。TOC 含量与过剩吸附量线性关系的截距代表其他矿物对吸附作用的贡献,因此,TOC 含量对页岩吸附能力起主导作用。

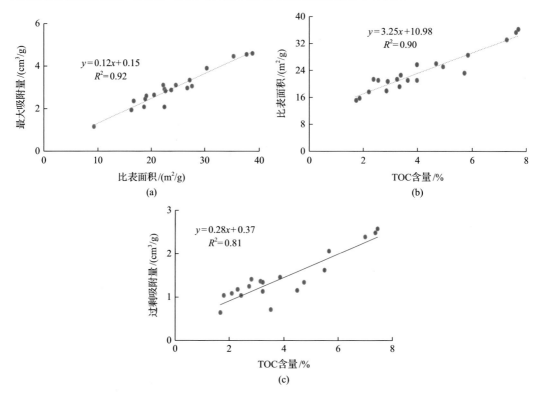

图 3.13　涪陵地区五峰组—龙马溪组页岩 TOC 含量影响因素分析

3. 矿物组分

黏土矿物因具有较高的微孔隙体积和较大的内表面积,所以对甲烷具有较强的吸附能力,各种黏土矿物甲烷吸附容量次序为蒙脱石>伊蒙混层高岭石>绿泥石>伊利石,吸附能力不仅与矿物颗粒的类型有关,也与黏土的成因和演化程度及其相关的结晶体的大小和形态结构密切相关。通过将不同地区的黏土矿物与吸附气做线性相关图发现,JY-D井、JY-E 井黏土矿物与吸附气之间是负相关(图 3.14)。分析认为,焦石坝地区五峰组—龙马溪组地层,上部黏土矿物发育,TOC 含量低;下部黏土矿物较少,TOC 含量高,TOC含量高表明页岩的有机孔越发育,TOC 含量对吸附气的影响较大,大于黏土矿物的影响,因此理论上黏土矿物对吸附气是正相关,但是实际上在该地层呈负相关。

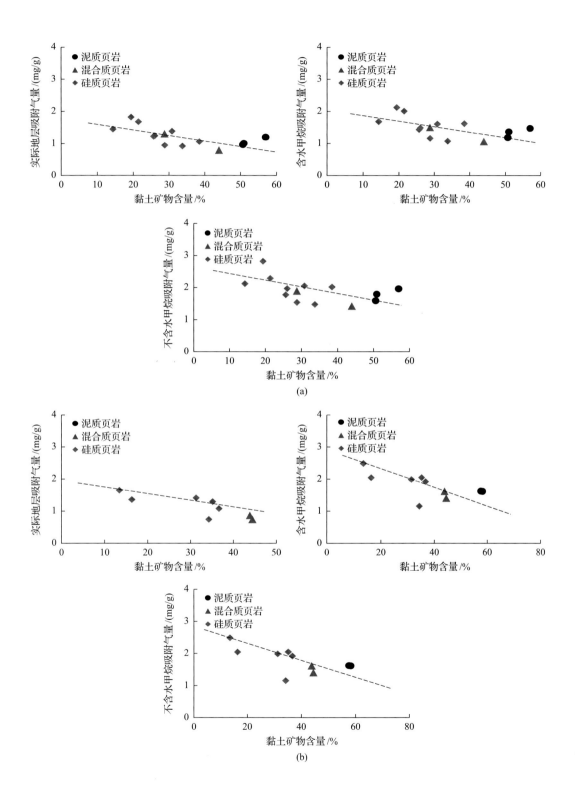

(a)

(b)

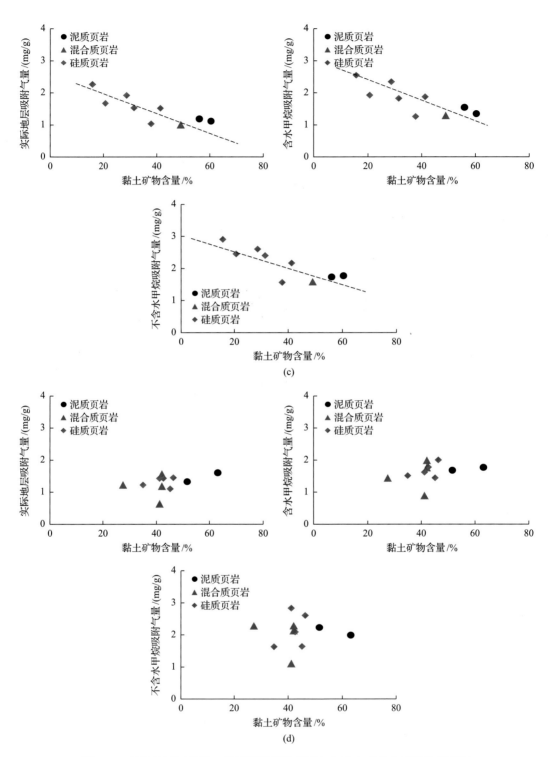

图 3.14　涪陵地区五峰组—龙马溪组页岩吸附气与黏土矿物含量线性相关图
(a)JY-B 井；(b)JY-E 井；(c)JY-D 井；(d)JY-C 井

随着石英含量的增加，页岩吸附气量逐渐减小。对于陆相页岩，石英主要来源于陆源碎屑，当远离物源区时，水动力条件较弱，石英含量变少而黏土矿物含量和 TOC 增多。南方海相页岩石英中硅质含量高，且石英形成的沉积环境有利于有机质的富集。硅质含量与 TOC 含量呈正相关关系，TOC 含量和吸附气量也具有相同关系，所以石英和吸附气量具有一定的正相关性。

对于焦石坝地区五峰组—龙马溪组，通过图 3.15 发现吸附气与石英呈正相关性。焦石坝地区属于海相页岩，石英的形成伴随着有机质的富集，通过图 3.16 发现，石英含量与 TOC 含量呈现正相关性，由此判断石英是属于生物成因。因此焦石坝地区的不同岩相的吸附气与石英呈正相关性。

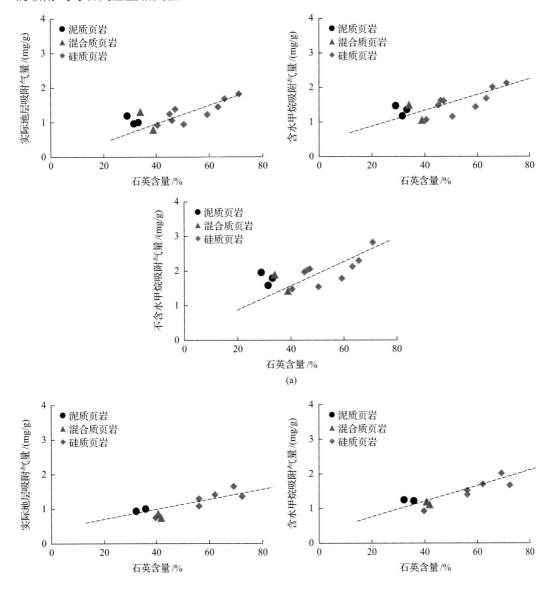

(a)

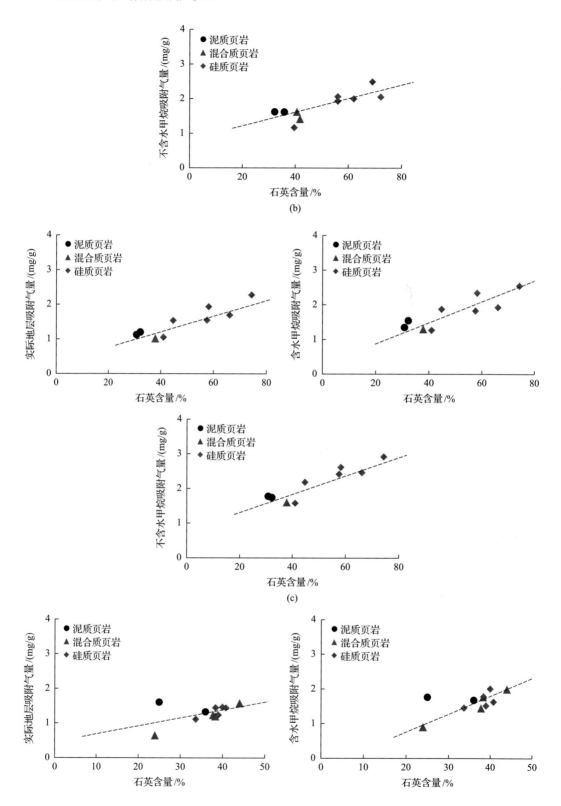

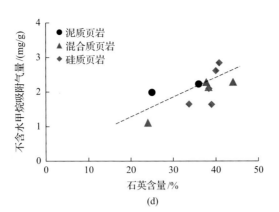

图 3.15　涪陵地区五峰组—龙马溪组页岩吸附气与石英含量线性相关图

(a)JY-B 井；(b)JY-E 井；(c)JY-D 井；(d)JY-C 井

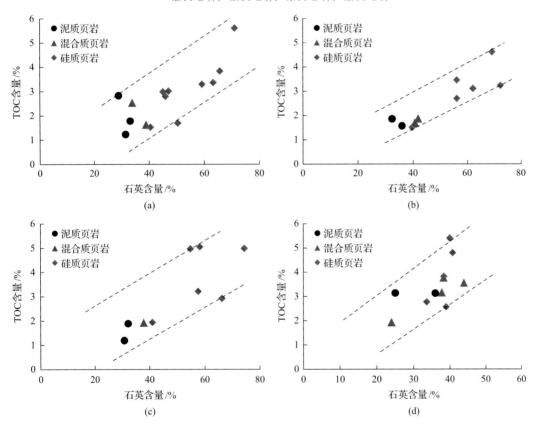

图 3.16　涪陵地区五峰组—龙马溪组页岩 TOC 含量与石英含量线性相关图

(a)JY-B 井；(b)JY-E 井；(c)JY-D 井；(d)JY-C 井

在涪陵页岩气田 JY-K 井和 JY-B 井两口井，由不同深度的页岩的等温吸附曲线对分子模拟的页岩吸附能力模型进行验证。通过不同深度的页岩分子模拟的吸附量和实测值对比发现，分子模拟的等温吸附曲线与实测等温吸附曲线吻合较好，因此，利用分子模拟得到页岩吸附能力评价模型是合理的(图 3.17)。

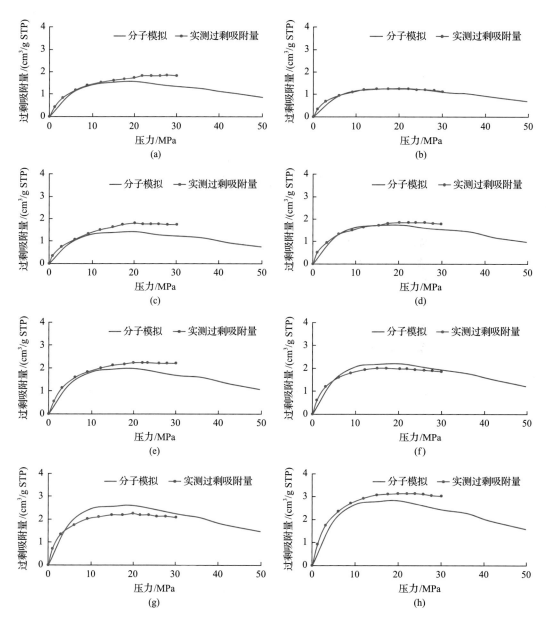

图 3.17　涪陵页岩气田 JY-B 井不同深度页岩等温吸附实验和分子模拟吸附能力模型对比图

(a) 2560.92m；(b) 2567.14m；(c) 2571.31m；(d) 2591.12m；(e) 2557.15m；(f) 2579.19；(g) 2600.5m；(h) 2618.16m

　　利用建立的吸附能力评价模型计算有机质过剩吸附量占总量的百分含量，计算有机质对吸附量的贡献。分子模拟结果表明(图 3.18)，有机质对页岩吸附能力的贡献在 60%～90%，为主要的吸附剂。

　　页岩中的主要矿物包括：有机质、黏土矿物(伊蒙混层、伊利石、绿泥石)、石英、长石、碳酸盐(方解石、白云石)，分子模拟方法与等温吸附实验都能获得过剩吸附量参数，但分子模拟方法获得的是单矿物的吸附能力，且长石、碳酸盐等矿物的吸附能力未

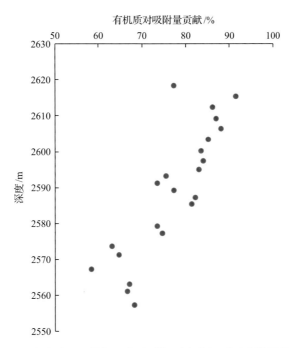

图 3.18 涪陵地区五峰组—龙马溪组页岩有机质对吸附量的贡献

知,因此,对等温吸附实验获得的页岩中不同矿物的物质的量与页岩的吸附量参数建立模型,能够获得表征页岩中不同矿物吸附能力的模型系数,从而将分子模拟的方法与等温吸附实验方法建立吸附能力评价模型进行相互验证。利用等温吸附实验模型为

$$\begin{cases} a_{or} \times n_{or1} + a_{CL} \times n_{CL} + a_{QU} \times n_{QU} + a_{FE} \times n_{FE} + a_{CA} \times n_{CA} = n_{ad1} \\ a_{or} \times n_{or2} + a_{CL} \times n_{CL} + a_{QU} \times n_{QU} + a_{FE} \times n_{FE} + a_{CA} \times n_{CA} = n_{ad2} \\ \qquad\qquad\qquad\qquad \vdots \\ a_{or} \times n_{orn} + a_{CL} \times n_{CL} + a_{QU} \times n_{QU} + a_{FE} \times n_{FE} + a_{CA} \times n_{CA} = n_{adn} \end{cases}$$

式中,a_{or} 为有机质模型系数;n_{or1} 为有机质的物质的量;a_{CL} 为黏土矿物的模型系数;n_{CL} 为黏土矿物的物质的量;a_{QU} 为石英模型系数;n_{QU} 为石英的物质的量;a_{FE} 为长石的模型系数,n_{FE} 为长石的物质的量;a_{CA} 为碳酸盐岩的模型系数;n_{CA} 为碳酸盐岩的物质的量。

根据建立模型计算优化得到表征吸附能力的模型系数(表 3.4),发现有机质的吸附能力最强,其次是黏土矿物,石英、长石和碳酸盐岩的吸附能力很小,模型计算的吸附量与最大吸附量呈良好的线性关系[图 3.19(a)],说明模型计算吸附量与实测吸附量的关系良好,表明模型的合理性;同时,根据模型计算得到有机质对吸附量的贡献分布在 60%~90%,与分子模拟方法计算的结果一致,进一步说明了模型的合理性[图 3.19(b)]。

表 3.4 基于等温吸附实验获得的页岩气吸附能力评价模型系数

a_{or}	a_{CL}	a_{QU}	a_{FE}	a_{CA}
0.254	0.021	0.001	1.35×10^{-5}	1.35×10^{-6}

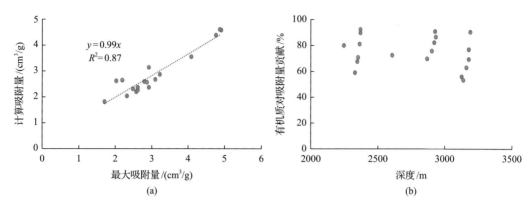

图 3.19 基于等温吸附实验方法，吸附能力评价模型验证
(a)模拟吸附量与实测吸附量关系图；(b)基于等温吸附实验模型，有机质对吸附量的贡献

4. 含水性

页岩中水的存在会充填孔隙吼道，占据黏土矿物和干酪根吸附位，因此页岩含水润湿后会降低吸附气体的能力(Zhang et al.，2012)。

在实验条件下开展的页岩高温高压等温吸附实验大多是在样品被烘干的状态下进行的，而实际地层条件下，页岩孔隙都有水存在并填充孔隙，造成孔隙空间变小、比表面积降低，对页岩吸附甲烷的能力造成极大的影响。将含水与不含水的甲烷吸附量进行对比，这里列出焦石坝地区甲烷含水吸附的影响比例(表 3.5)，根据等温吸附实验的结果，水的存在会导致吸附能力显著下降，含水后涪陵页岩的吸附量降低的比例为 7.15%~36.76%。

表 3.5 30℃含水与不含水情况下页岩甲烷吸附量对比

井名	深度/m	30℃条件下的吸附量(不含水)/(m³/g)	30℃条件下的吸附量(含水)/(m³/g)	含水影响比例/%
JY-B	2579.27	2.14	1.77	17.11
	2595.74	1.98	1.76	10.98
	2598.44	2.84	1.62	22.85
JY-E	3402.50	1.61	1.22	24.52
	3419.50	1.62	1.25	22.97
	3436.50	1.62	1.19	26.51
	3448.50	1.42	1.11	21.38
	3461.27	1.16	0.92	20.98
	3474.30	1.93	1.40	27.59
	3488.36	1.99	1.70	14.93
	3490.90	2.06	1.52	26.11
	3503.02	2.49	2.01	19.34
	3506.27	2.05	1.67	18.63

续表

井名	深度/m	30℃条件下的吸附量(不含水)/(m³/g)	30℃条件下的吸附量(含水)/(m³/g)	含水影响比例/%
JY-D	3565.04	1.78	1.35	24.12
	3579.18	1.74	1.54	11.24
	3592.94	1.60	1.30	18.63
	3606.73	1.57	1.26	19.60
	3619.84	2.41	1.83	24.31
	3628.95	2.18	1.87	13.97
	3637.27	2.61	2.34	10.28
	3642.88	2.91	2.55	12.56
	3647.11	2.46	1.93	21.70
JY-C	2325.13	2.22	1.68	24.58
	2319.86	1.64	1.45	11.63
	2334.95	2.09	1.78	14.94
	2338.55	1.63	1.52	7.15
	2340.41	2.61	2.00	23.32
	2344.69	1.11	0.90	19.39
	2349.17	2.29	1.45	36.76
	2352.82	2.29	1.99	12.83

采用分子动力学模拟方法研究水在矿物表面的吸附特征，发现水在不同矿物表面的最低势能处的结合能明显不同。在黏土矿物中，水在矿物表面的结合能远大于甲烷气体，而在石墨烯表面，甲烷气体的结合能与水的结合能相差不大。在最低势能处，黏土矿物与水的结合能明显大于干酪根与水的结合能，尤其是发生类质同象替换的伊利石和蒙脱石，这是由于极性黏土矿物对水的吸附性远强于非极性的干酪根(石墨烯)，水分子主要占据亲水黏土矿物的吸附位。前人研究认为，泥页岩的湿度会对其吸附性产生较大影响，无水与含水条件下泥页岩吸附性具有很大差别，但当其含水时湿度大小的影响是较小的(Zhang et al.，2014，2016b)。为了验证这一结论，将甲烷气体加载到不同含水量的伊利石孔隙中，发现在干燥条件下，甲烷气体在伊利石孔隙中的加载量高于有水时的加载量，而随着含水量的增加，甲烷气体在伊利石孔隙中的加载量基本不变。因此，无水与含水条件下，吸附性差别较大；而在有水条件下，水含量的多少对吸附量没有太大的影响。根据伊利石表面水分子密度场分布图发现，在矿物表面，水分子主要分布在伊利石表面类质同象替换的位置，这也是水在伊利石和蒙脱石的结合能远大于其他矿物的主要原因，因此黏土矿物表面类质同象替换的位置为水分子的主要吸附位(图 3.20)。

5. 温压条件

温度和压力是影响页岩气吸附行为的重要因素，因此有必要对温度和压力对吸附相

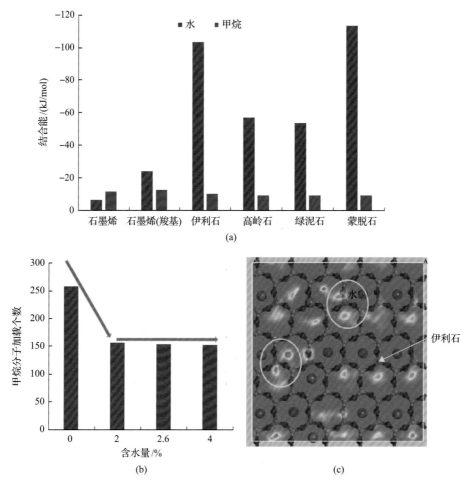

图 3.20　水在页岩中吸附特征的分子动力学模拟成果图

(a)水分子在不同矿物孔隙中最低势能处的结合能；(b)伊利石孔隙中甲烷气体加载个数随含水量的变化图；

(c)伊利石表面水分子的密度场分布图

密度的影响进行研究。地质条件下温压同时随深度增加而增大，但对泥页岩的吸附起相反作用。首先，物理吸附是一个放热的过程，在其他条件不变的情况下，温度升高会导致原本吸附在固体表面的气体解吸，造成吸附气量的减小，而压力的增大将增加吸附质的浓度，从而造成吸附气量的增大，直至达到饱和吸附。本书通过分子模拟的方法研究温压条件的影响。以 4nm 石墨烯孔隙为例(图 3.21)，分别对比分子模拟方法与等温吸附实验方法获得的 60℃和 90℃时过剩吸附量与绝对吸附量。结果表明，随温度的降低，气体的吸附能力逐渐升高，温度较低时，绝对吸附量与体相密度在压力较低时达到平衡，导致过剩吸附量在压力较低时达到峰值。

6. 比表面积

页岩的内表面是吸附气赋存的场所，因此岩石比表面积是影响吸附气含量最直接的因素。前面对页岩气的研究成果表明，甲烷吸附能力与 TOC 含量相关，在相同条件下，随着 TOC 值的增大，甲烷吸附量呈增大趋势，但忽略了黏土矿物及其他矿物对甲烷吸附能力的影响，为将二者综合考虑，选取比表面积这一参数，研究其对甲烷吸附能力的影响。通过低温氮气吸附实验，测出页岩的微孔、中孔及大孔的比表面积，然后通过比表面积与吸附量做相关性分析。

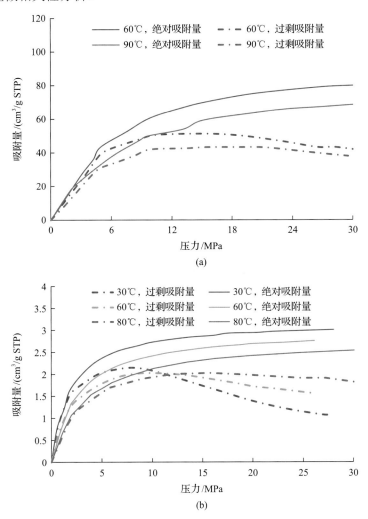

图 3.21　石墨烯孔隙中，分子模拟和等温吸附实验所得甲烷气体不同温度等温吸附曲线

(a)分子模拟所得甲烷气体不同温度等温吸附曲线；(b)实测等温吸附实验所得不同温度等温吸附曲线

　　如图 3.22 所示，微孔和中孔比表面积与页岩气吸附量有明显的正相关性，而宏孔对于吸附量没有明显的相关性，这是由于大孔对于比表面积的贡献极少，不能判断大孔表面积的影响。

　　综上所述，页岩孔径控制页岩气吸附机理(多层吸附和单层吸附)，有机质丰度和矿物组分控制吸附面积，含水性控制吸附位，温压条件控制吸附能量，页岩吸附甲烷能力是这些控制因素共同作用的结果。

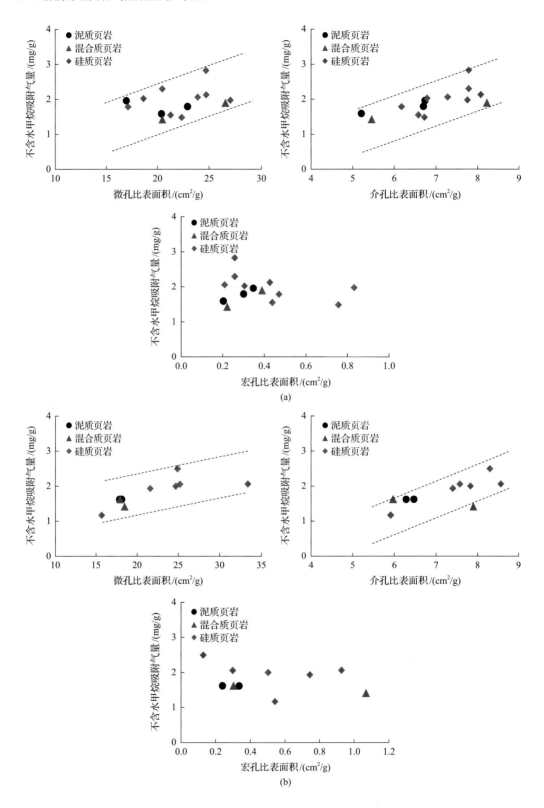

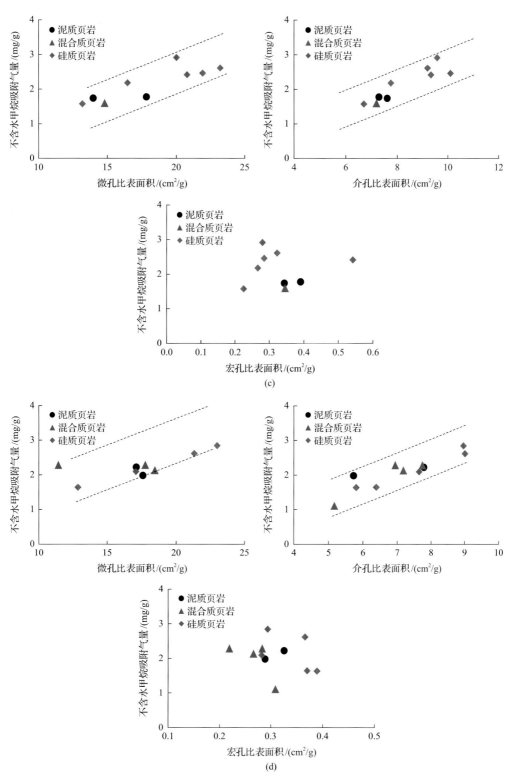

图 3.22 吸附气量与比表面积关系

(a)JY-B 井；(b)JY-E 井；(c)JY-D 井；(d)JY-C 井

3.3 游离气赋存机理

3.3.1 游离气赋存特征

游离气赋存机理是研究吸附气-游离气转化的前提。根据游离气赋存机理，游离气与自由气体一致，根据游离气状态方程，决定游离气含量的关键参数为：温度、压力、气体压缩因子和体积。当气体组分确定时，气体的压缩因子取决于绝对温度和绝对压力，而温度和压力主要是通过地层深度决定的，不同深度的页岩气温压条件不同，游离气含量也存在差异，进而影响吸附气-游离气转化，因此，温压条件对吸附气和游离气的赋存都是重要的外在影响因素。孔隙体积是游离气的赋存空间，在微孔中，没有足够的赋存空间，矿物表面距离较小，导致矿物表面发生势能叠加，不存在游离气，因此，游离气的赋存需要足够的空间，孔隙体积是游离气的重要影响因素。这就意味着需要较大的孔体积，游离气才能存在，当吸附相的含水饱和度较高时，孔隙中体积一定的条件下，水占据较大的体积，导致游离相的赋存空间减小，进而导致游离气量减小，因此，足够的赋存空间是影响游离气含量和赋存机理的重要因素。

根据分子模拟研究发现，游离气是以体相密度赋存孔隙中，并且处于游离状态的气体主要分布于矿物孔隙中间(图 3.23)，不受矿物表面作用力的影响，即游离气不在吸附力场作用范围内，那么游离气体的性质与自由气体一致(Cygan et al., 2004)，因此，游离气赋存遵循气体状态方程：

$$PV = znRT$$
$$n = zRT / PV$$

式中，n 为游离气物质的量；P 为压力；T 为温度；R 为气体常数；z 为气体压缩因子。

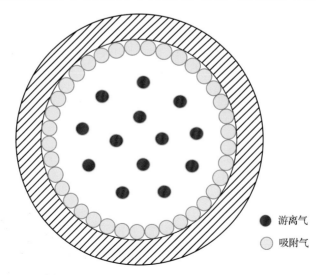

图 3.23　孔隙内气体赋存示意图

游离气是主要保存在页岩孔隙中的天然气，游离气含量的多少，直接关系到页岩气开发的初始产量和最终可采储量。游离气量主要是与页岩的孔隙度及含气饱和度密切相关。

如图3.24所示，通过对比可以看出，JY-N井和JY-G井的游离气含量较低，为0.73～2.27mg/g；JY-E井和JY-D井的游离气含量较高，JY-E井为1.77～3.56mg/g，JY-D井为2.62～4.82mg/g；JY-C井和JY-B井游离气含量为1.19～2.74mg/g。同时，不同岩相之间，游离气的含量也有差异，从整体上来看，硅质页岩的游离气含量相对要偏高一点，泥质页岩的含量要偏低一点。焦石坝地区五峰组—龙马溪组泥质页岩多发育在上半部分，硅质页岩多发育在底部，而底部的有机质含量及脆性矿物含量相对较高，可能会导致游离气的含量要偏高一点。

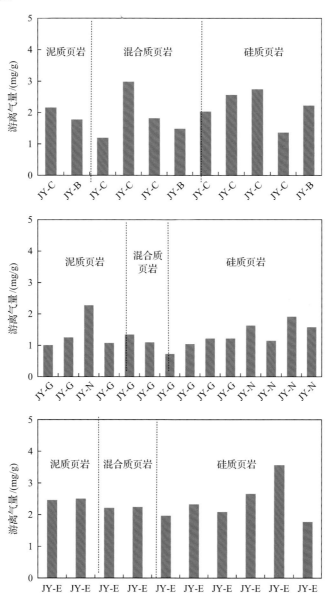

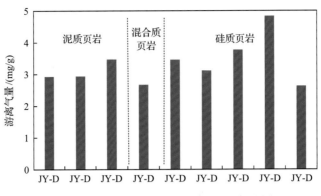

图 3.24　焦石坝地区页岩游离气含量柱状图

3.3.2　游离气控制因素

为了探究游离气的影响因素，对页岩的 TOC、孔隙度、矿物成分进行研究。从图 3.25 可以看出，TOC 含量与游离气呈正相关性，TOC 越高，页岩的有机孔就越发育，相应的微孔、介孔孔隙体积就会增加，便于游离气的富集。从孔隙度与游离气的关系来看，孔隙度越大，游离气的含量越高，也是呈正相关性。石英属于脆性矿物，石英存在容易产生微裂缝，增加游离气的储存空间，也是呈正相关性。因此，TOC 含量、孔隙度及石英矿物控制游离气的富集。

以 JY-A 井为例，该井上、下部气层比表面积和孔体积差异较大，以 15m²/g 为界，上部气层比表面积分布范围为 10.58～15.02m²/g，下部气层为 16.78～27.07m²/g；与之类似，孔体积以 0.02mL/g 为界，上部气层孔体积在 0.012～0.017mL/g，下部气层为 0.021～0.027mL/g。比表面积或是孔体积，随深度的增加都呈现出略增大的趋势。下部①～⑤小层以中孔、微孔为主，证实了涪陵焦石坝地区中孔、微孔对比表面积的贡献率远远大于大孔。除此之外，页岩孔体积大小也直接控制着游离气的含量，孔隙中的空间是游离气主要的赋存场所，因此当页岩孔体积增大时，储集的游离气量也就随之升高，显示了不同大小孔径对应的孔体积变化率，整体表现为随孔径增加，孔体积变化率降低；曲线在孔径小于 1nm 以及 2～3nm 处出现双峰，说明微孔对孔体积的贡献作用最大，其次是中孔，而大孔对孔体积的贡献率微乎其微。图 3.26 显示了总孔隙体积及微孔、中孔、大孔所对应的孔隙体积分别与游离气含量的相关关系，从图中可以看出游离气含量与总孔隙体积存在一定的正相关关系，而与微孔孔隙体积正相关性最高（$R^2=0.60$），其次为中孔（$R^2=0.58$），与大孔相关性较差。随着深度增加，微孔和中孔含量增加，页岩孔隙体积增大，游离气含量呈增加趋势。焦石坝地区目的层页岩的孔隙特征可总结为：自下而上，页岩孔隙类型由有机质孔为主转为无机孔隙为主，伴随页岩孔隙度、孔径、比表面积和孔体积的减小，上部气层含气量明显变低；且由于孔径变化明显（上部气层微孔含量比例升高、孔径变小），中孔和微孔对游离气的影响较大，导致自下而上游离气所占的比例逐渐降低，吸附气和游离气的比例由下部的 40∶60 逐渐转变为上部的 50∶50。

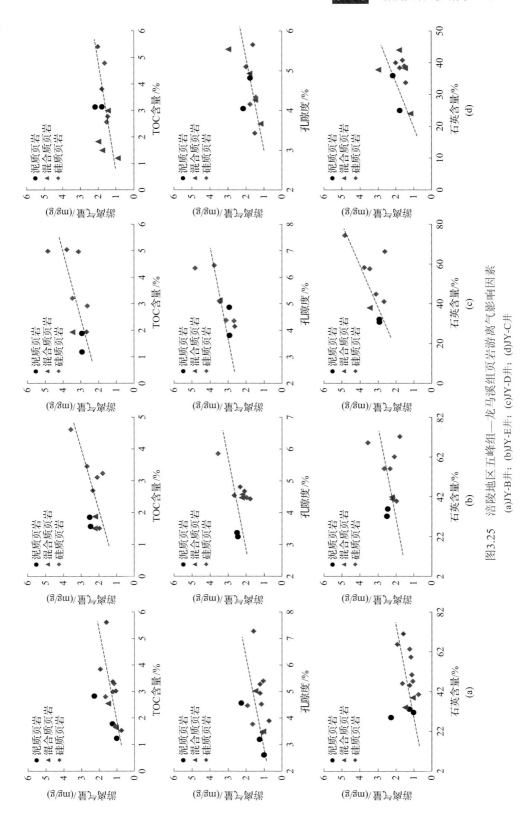

图3.25 涪陵地区五峰组—龙马溪组页岩游离气影响因素

(a)JY-B井; (b)JY-E井; (c)JY-D井; (d)JY-C井

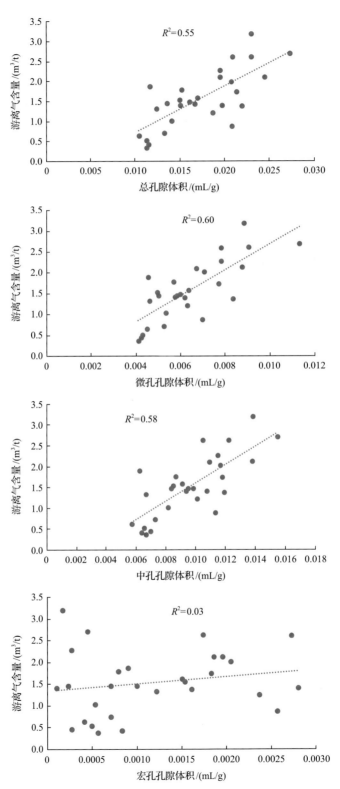

图 3.26　涪陵地区五峰组—龙马溪组页岩游离气含量与孔隙体积的相关关系

3.4 页岩气赋存状态转化机理

在页岩储层中，页岩气以吸附态和游离态为主，而在孔隙中页岩的赋存状态并不是稳定不变的，吸附态和游离态处于动态平衡，研究页岩吸附游离气转化对页岩气开发评价至关重要。

3.4.1 页岩气赋存状态转化模拟

根据涪陵地区目的层基础地质特征，结合上述吸附气量、游离气量的评价过程，需要假定参数以达到控制变量的效果。对同一井段而言，不同深度各黏土矿物含量的差异大，且在成岩作用的影响之下，矿物之间存在复杂的转化，为排除各黏土矿物含量不同所导致的吸附气-游离气量的差异性，统一了主要黏土矿物的平均含量：伊蒙混层为15%，绿泥石为8%，伊利石为17%。同时设定了与涪陵地区目的层整体状况吻合的"一般情况"：孔隙度为3.5%，含水饱和度为40%，TOC含量为4%，地层压力系数为1.55。在假定条件的基础上，主要考虑了孔隙度、含水饱和度、TOC含量及压力系数的变化对吸附气-游离气转化的影响，得到以下几点认识：

(1) 在假定的"一般情况"下，由于地层深度变化，温度、压力随之改变，页岩绝对吸附量随着地层深度的增加而增加，但增加趋势逐渐变缓，增加至一定深度时绝对吸附量不再变化(图3.27)。

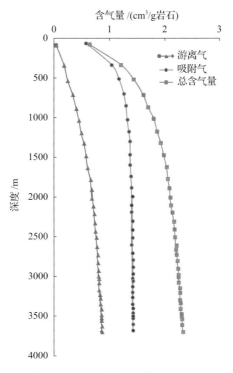

图3.27 含气量随深度变化剖面

(2)孔隙度改变(从 2%、3.5%、5%、到 6.5%)而其他参数保持不变时(含水饱和度为40%，TOC 含量为 4%，地层压力系数为 1.55)，随着孔隙度增大，吸附气比例逐渐降低，游离气比例逐渐升高。相对吸附气，孔隙度改变对游离气的影响更显著(图 3.28)。

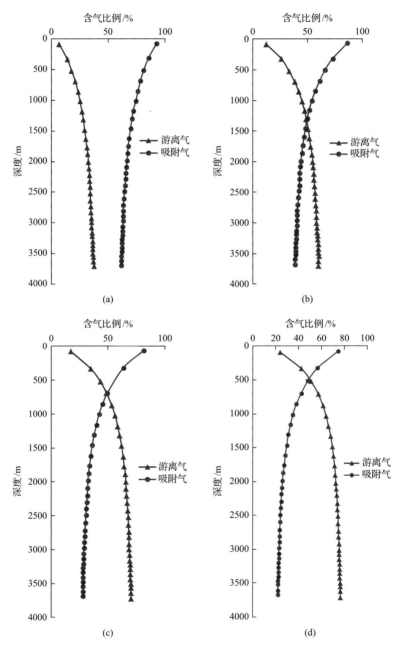

图 3.28　孔隙度对吸附气-游离气比的影响

(a)φ=2%；　(b)φ=3.5%；　(c)φ=5%；　(d)φ=6.5%

(3)TOC 值改变(从 2%、4%、6%到 8%)而其他参数保持不变，吸附气比例随着 TOC含量的增加而上升，TOC 含量对游离气比例的影响不明显(图 3.29)。

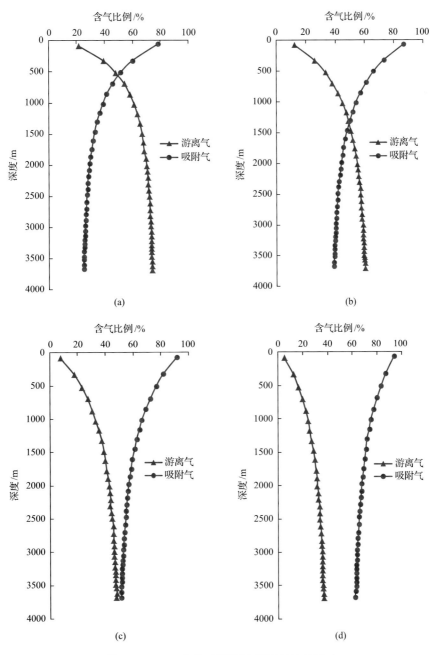

图 3.29 TOC 含量对吸附气-游离气比的影响

（a）TOC=2%； （b）TOC=4%； （c）TOC=6%； （d）TOC=8%

（4）含水饱和度值改变（从 30%、40%、50% 到 60%）而其他参数保持不变，吸附气比例随着含水饱和度增加而上升，主要是由含水体积增加而游离气所占空间减少所导致（图 3.30）。

（5）改变压力系数，吸附气比例随着压力系数增加而降低，游离气比例随压力系数增加而升高（图 3.31）。

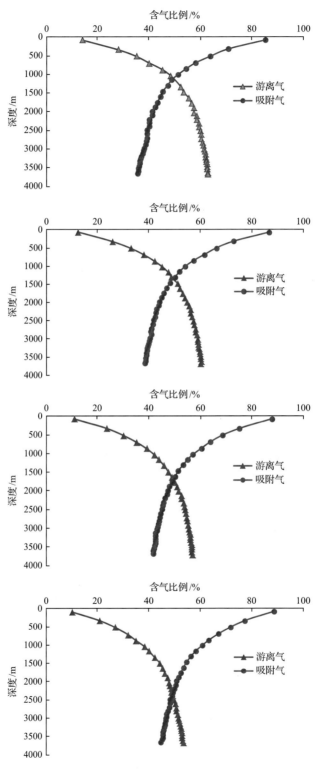

图 3.30　含水饱和度对吸附气-游离气比的影响

(a) S_w=30%；(b) S_w=40%；(c) S_w=50%；(d) S_w=60%

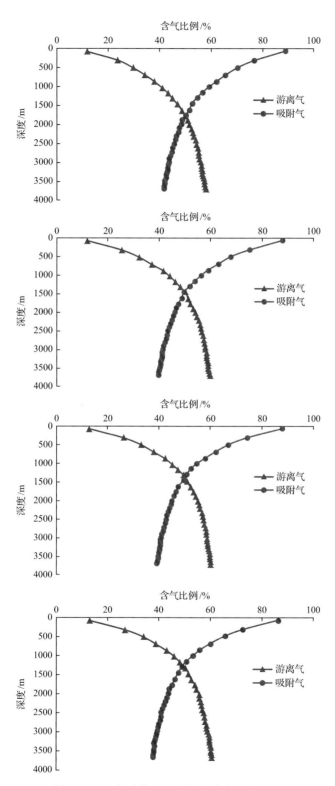

图 3.31　压力系数对吸附气-游离气比的影响

(a)压力系数为 1.35；(b)压力系数为 1.45；(c)压力系数为 1.55；(d)压力系数为 1.65

涪陵地区勘探井目的层在 2000～3500m 深度范围内，因此单独讨论了在此深度范围内的页岩吸附气-游离气转化，综合对比反映吸附气-游离气转化的主控因素，直观揭示页岩吸附气-游离气转化机制。

吸附比例演化图版如图 3.32 所示。图版表明，孔隙度、TOC 含量的变化对吸附比例有十分显著的影响，含水饱和度对吸附比例的影响相对较小，而压力系数差异所造成的吸附比例变化最小(图 3.32)。这与目的层深度大，而在与深度所对应的高压范围内，压力对吸附量和游离量的影响变小有关。由此看来，孔隙度、TOC 含量是决定涪陵页岩气田五峰组—龙马溪组页岩吸附气-游离气转化的主控因素，含水饱和度对吸附气-游离气转化的影响次之，压力系数的影响最弱。

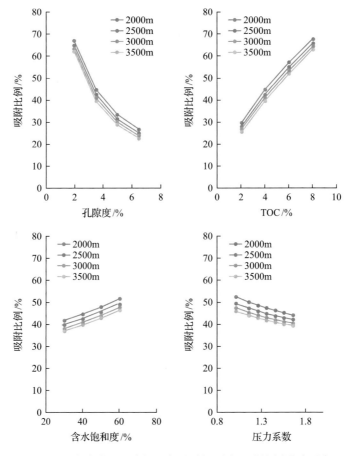

图 3.32　涪陵地区五峰组—龙马溪组页岩吸附比例影响因素

根据涪陵地区页岩吸附比例演化图版，可以利用较少的参数快速直观地得到吸附气比例理论值。在页岩气勘探初期地质情况尚不明晰的情况下，可为快速评价页岩气资源潜力和合理预测有利区提供依据。

3.4.2　页岩气赋存状态演化过程重建

利用前文建立的海相页岩吸附气 Langmuir 扩展方程[式(3.2)、式(3.3)]及游离气预测模型，基于龙马溪组地层埋藏史，模拟重建龙马溪组页岩气赋存状态演化过程。恢复假设条件如下：TOC 含量为 2%，孔隙度为 3%，静水压力梯度，地温梯度为 3℃/100m，地表温度为 15℃。恢复结果显示(图 3.33)，龙马溪组页岩起始阶段快速沉积，埋深迅速增加，页岩赋存吸附气与游离气能力迅速增加，吸附能力迅速达到最大值 2.1m³/t，大于游离气含量 1.3m³/t，总含气能力为 3.3m³/t，随后地层发生微弱的抬升与沉降，地层埋深分布于 1000～1500m，页岩吸附能力保持在 2.1m³/t 左右，游离气含量波动较大。中晚二叠世，地层开始迅速沉降，页岩吸附能力开始迅速降低，游离气含量增加；直至早白垩世晚期(约 100Ma)，龙马溪页岩达到最大埋深 5400m，吸附气含量达到最低 1m³/t，吸附气解析转化为游离气，游离气含量达到最大值 3.2m³/t，总含气能力为 4.2m³/t；晚白垩世以来，地层迅速抬升，生气终止，页岩吸附能力增加，页岩中游离气转化为吸附气；现今龙马溪组页岩吸附能力达 2.1m³/t，游离气含量为 0.8m³/t，吸附气含量占 70%。

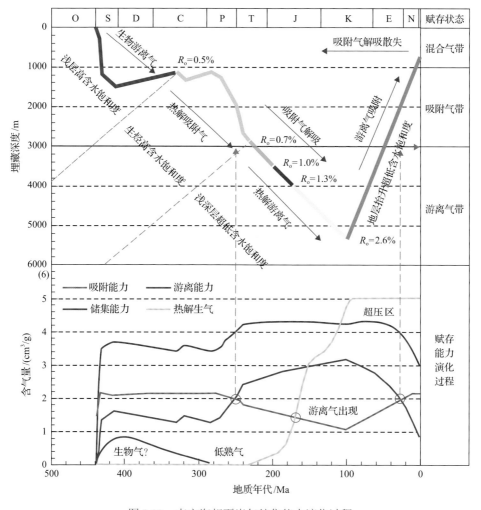

图 3.33　南方海相页岩气储集能力演化过程

根据地下页岩储层吸附气、游离气赋存特征，结合南方海相页岩地层埋藏演化特征及生烃史,恢复了不同地区南方海相页岩气赋存状态演化模式(Slatt and Rodriguez, 2012),如图 3.33 所示。纵向上,根据吸附气与游离气赋存比例,从上到下可依次划分出混合气带、吸附气带、游离气带。浅部混合气带(0~1000m)吸附气、游离气含量均较低,吸附气与游离气含气量相近,并含有一定量的水溶解气;中深部地层(1000~2000m),吸附气含量显著增加,游离气含量增加缓慢,吸附气含量远大于游离气含量,页岩气主要以吸附的方式存在,并含有少量油溶解气;深部地层(2000m 以下),由于地层温度高,页岩吸附能力开始大幅度降低,地层压力不断增加,游离气含量继续增加,游离气含量开始超过吸附气含量,页岩气中游离气占主要部分(胡东风, 2019)。

四川盆地龙马溪地层具有早期浅埋—早中期长时间隆升频繁—晚期快速抬升特点。结合有机质生烃过程,可以将南方海相龙马溪页岩气赋存演化过程划分为 4 个阶段:①早期生物游离气阶段,这个阶段深度范围是从沉积界面到 1200m 左右,温度介于 10~60℃,此时有机质处于未成熟阶段,镜质体小于 0.5%,在缺乏游离氧的还原环境内,厌氧细菌非常活跃,有机质在生物化学作用下生成大量的甲烷,此阶段地层埋藏较浅,富有机质页岩中生成的天然气以吸附和游离的形式赋存,地层含水饱和度较高,部分天然气以水溶气的形式存在;②热解吸附气阶段:此阶段深度范围 1200~3000m,有机质经受的低温升至 60~100℃左右,镜质体反射率小于 0.7%,液态石油是这个阶段的主要产物,页岩吸附能力达到最大,生成的天然气主要以吸附气的形式存在,并伴随有一定量的油溶解气;③热解游离气阶段,此阶段埋深从 3000m 到最大埋深处,此阶段经历了干酪根热裂解生气、液态石油裂解生气及深部高温生气阶段,生成的天然气主要以游离气的形式存在,吸附气开始不断解吸,部分天然气进入大量生成的液态石油中以溶解气的形式存在,随液态石油的不断裂解,油溶解气不断消失,深部页岩地层普遍具有超低含水饱和度特点,随深度的增加,页岩中主要天然气均以游离气的形式赋存与富有机质页岩微纳米孔隙中;④游离气吸附阶段,地层达到最大埋深后开始抬升,生烃过程停止,页岩吸附能力开始逐渐增加,游离气开始在富有机质页岩孔隙表面发生吸附作用,直至现今页岩吸附能力达到最大,随地层抬升,游离气含量不断减少,若页岩地层保存条件差,游离气将不断散失,页岩储层中将以吸附气为主,若页岩储层保存条件好,游离气得以保存,将形成超压,页岩气将以游离气为主。

吸附气与游离气的产生及演化过程是一个复杂又十分漫长的过程,它与地层的埋藏史、有机质的演化过程、生烃及排烃、有机孔的演化等过程密不可分。通过结合焦石坝地区的埋藏史图、生烃演化史,可以得出吸附气与游离气的演化过程的趋势图(图 3.34)。

JY-A 井五峰组—龙马溪组页岩距今 420Ma 左右开始生烃,生烃门限温度约为 90℃,门限深度约 1660m;二叠纪中后期,进入中成熟阶段($R_o>0.7\%$),温度为 120℃;由于受晚二叠世初期—中三叠世地层快速沉降和晚二叠世初邻区峨眉山玄武岩喷发共同影响,页岩在早三叠世初期由中成熟阶段经历晚成熟阶段,快速进入生湿气阶段,所对应深度和温度分别约为 4000m 和 140℃;之后页岩热演化程度快速增高,由高成熟阶段快速进入过成熟阶段,至中侏罗世末期,R_o值增大到 2.6%以上,生气基本终止;晚白垩世(85Ma),页岩达到最大埋深约为 6000m,R_o演化到最大值 2.9%,热演化基本停止。由于晚白垩世以来受板块碰撞挤压应力影响,地层强烈抬升剥蚀,剥蚀量约 3500m。模拟获得五峰组—

龙马溪组镜质体反射率(R_o)为 2.5%～2.9%。

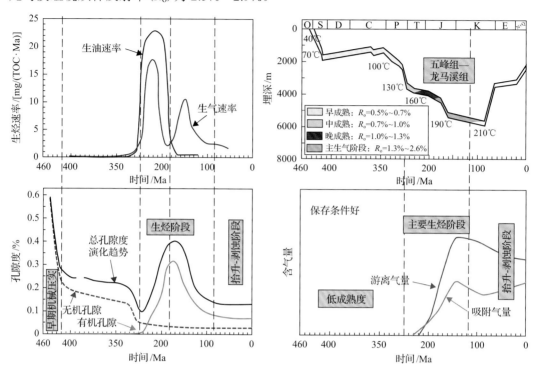

图 3.34　涪陵地区五峰组—龙马溪组页岩吸附气与游离气演化过程

在 460～250Ma 这个时间段，属于未成熟阶段。页岩热演化程度低，还未开始生烃，其有机质含量是最高的。此阶段地层埋藏较浅，无机孔比较发育，而有机孔此时还未产生，吸附气、游离气都还没有产生。

在 250～180Ma 这个阶段，属于中—晚成熟阶段，此时有机质开始大量生烃，产生大量的页岩油和页岩气。同时，有机质生烃也产生大量的有机孔，有机孔的数量随着时间逐渐增加，而这个阶段无机孔不发生明显的变化。由于产生了有机孔，此时产生的页岩气一部分就会吸附在有机孔的表面，成为吸附气；还有一部分页岩气就储存在页岩无机和有机孔中，形成游离气。随着生烃量的增加，此阶段的吸附气就会越来越多，当达到生烃峰值的时候，吸附气的增速是最快的，随着生烃速率的降低，吸附气的增速变缓，吸附量慢慢增加。在此阶段，游离气的含量也是快速增加，当生烃速率下降时，游离气的增速变慢。

在 180～85Ma 这个阶段，属于主生气阶段。这个阶段有机孔隙度开始下降，无机孔含量不怎么变化。此时是第二次生气阶段，生气速率小于第一次的生气速率，页岩由于孔隙度的下降，吸附气和游离气含量有一个先慢慢上升再缓慢降低的过程。

在 85～0Ma 这个阶段，页岩不再生油而产生较少的页岩气。同时无机孔和有机孔也不发生大的变化，随着地层的抬升剥蚀，游离气会因地层压力的降低，导致游离气的减少；由于此时还在产生少量的页岩气，页岩的吸附气量有一个缓慢增加的过程。

3.5 本章小结

揭示了页岩中吸附气/游离气赋存机理，联合宏观尺度等温吸附实验和微观尺度分子模拟，阐明了矿物表面与气体分子之间的范德华力和库仑力是产生吸附作用的本质原因。页岩孔径分布广，页岩气吸附机理复杂，微孔填充和表面多层吸附并存，适用 SRD 模型评价页岩气吸附量，页岩的吸附能力取决于矿物的比表面积、表面上的吸附位密度和吸附位强度，在微孔中所发生的吸附势能叠加导致吸附相密度产生叠加效应，游离气的赋存主要取决于孔隙空间和温压条件。

第 4 章

涪陵页岩气保存机理及模式

我国南方构造运动复杂，海相页岩层系年代古老，热演化程度高，生排烃高峰期早，而后期构造抬升过程中生气作用停止，页岩气散失时间长，因此，保存条件是海相页岩气富集高产的关键控制因素(郭旭升，2014；胡东风等，2014；王志刚，2015；郭彤楼，2016a，2016b；聂海宽等，2016；魏祥峰等，2016；何治亮等，2017；舒逸等，2018)。本章以涪陵页岩气田不同区块的顶底板、自封闭、构造样式、抬升时间及幅度等保存条件的深入分析为基础，明确页岩气保存关键控制因素，揭示涪陵页岩气保存机理，建立典型区块页岩气保存模式。

4.1 涪陵页岩气保存条件

4.1.1 区域盖层

区域盖层是常规油气关键成藏要素，也是页岩气富集的关键控制因素之一，良好的区域封盖条件有利于页岩气保存，获得工业性页岩气产能需保证区域盖层的封盖能力(郭旭升，2014；聂海宽等，2016；何治亮等，2017)。区域盖层对页岩气层所处温压场保持等具有重要的意义，封盖能力具有时效性，即盖层形成的时间和质量影响其封盖的好坏，评价页岩气保存条件，需分析区域盖层形成时间的配置关系。

以涪陵页岩气田为例，四川盆地及邻区的三叠系膏岩盐层分布广泛(图 4.1)，其发育的差异性也是五峰组—龙马溪组页岩气保存条件差异的重要因素。膏盐岩可以作为良好封盖层的原因一方面是由于膏岩盐基本不发育孔隙，物性封闭能力较强；一方面是其具有较强的韧性，在构造变形过程中不易发生破裂。三叠系膏盐岩厚度主要为 70～250m，局部地区厚度甚至达到 500m 以上，总体上，具有总厚度和单层厚度大、硬石膏与盐岩纵向厚度稳定和横向连续性好等特点，同时其具有良好的封盖能力，其孔隙度一般小于 2%，渗透率一般小于 $0.01 \times 10^{-3} \mu m^2$，突破压力一般大于 60MPa。深部的膏盐岩由于可塑性的增高，封闭性能改善，对天然气的封闭能力则会进一步增强，从而达到对页岩气层良好的封闭作用(郭彤楼，2016a，2016b)。

在焦石坝地区，构造演化史模拟表明，五峰组—龙马溪组页岩之上的三叠系膏盐岩在距今 5～0Ma 的时候被剥蚀掉，JY-A 井地层压力系数为 1.55。膏盐岩地层遭受剥蚀可能是导致焦石坝地区五峰组—龙马溪组页岩地层压力系数不如长宁地区和永川地区高的原因。在渝东南地区，构造抬升时间早，构造幅度强，三叠系膏盐岩均被剥蚀，页岩气藏压力系数更低，基本为常压甚至负压，可见膏盐岩发育的地区，页岩气散失作用较弱，反之，页岩气散失作用较强。三叠系膏盐岩的发育对五峰组—龙马溪组页岩气的保存具有重要影响。

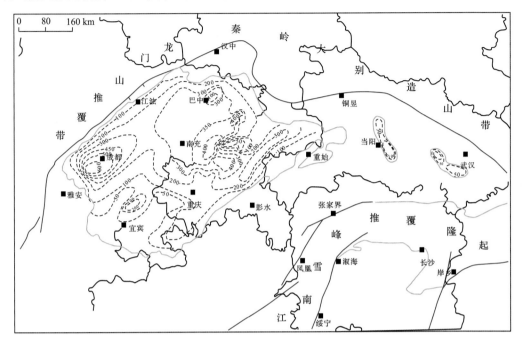

图 4.1　四川盆地及邻区三叠系膏盐岩区域盖层厚度图(单位：m)

　　龙马溪组之上的石牛栏组和韩家店组也是较好的封盖层。有研究表明,韩家店组粉砂岩孔隙度介于 0.48%~2.90%,平均为 1.55%,致密粉砂岩的孔隙度介于 0.4%~1.1%,平均为 0.64%,这明显小于四川盆地五峰组—龙马溪组页岩的孔隙度,指示龙马溪组之上的石牛栏组和韩家店组亦可充当页岩良好的封盖层,有利于页岩气的保存和减缓页岩气的散失(郭旭升,2014;郭彤楼和张汉荣,2014;郭旭升等,2017)。

4.1.2　顶底板条件

　　顶底板为直接与含气页岩层段接触的上覆及下伏地层,可以是泥岩、页岩、致密砂岩、碳酸盐岩等任何岩性,其与页岩气层间的接触关系和其性质的好坏(厚度、横向连续性、物性和突破压力等)对含气页岩的保存条件非常关键(姜振学等,2020)。优越的顶底板条件是页岩气层具有良好保存条件的基础,其在页岩气生成时即对页岩气的富集保存起到重要的作用(胡东风等,2014)。

　　涪陵页岩气田五峰组—龙马溪组页岩气层的顶板、地板与页岩气层为连续沉积,顶、底板厚度大、岩性致密、展布稳定、突破压力高,封隔性好,为典型的"上盖下堵"型,有利于页岩气保存,其顶板为龙马溪组二段发育的灰色、深灰色中-厚层粉砂岩、泥质粉砂岩和薄层粉砂质泥岩[图 4.2(a)],厚度 50m 左右,据 JY-G 井岩心突破压力实验分析显示,该段粉砂岩孔隙度平均值为 2.4%,渗透率平均值为 $0.0016×10^{-3}μm^2$,在 80℃条件下,地层突破压力为 69.8~71.2MPa,显示出非常致密、封堵性较好的特点;五峰组—龙马溪组页岩气层底板为涧草沟组和宝塔组连续沉积的灰色、深灰色含泥瘤状灰岩、泥灰岩、灰岩、浅灰和灰色灰岩、泥灰岩等[图 4.2(b)]，总厚度 30～40m，区域上分布稳定，空间展布范围较广，岩性致密，孔隙度平均值 1.58%，渗透率平均值为 $0.0017 \times 10^{-3} \mu m^2$，在 80℃条件下，地层突破压力为 64.5～70.4MPa，裂缝不发育，且与页岩气层无沉积间断，显示出封堵性好的特点，反映了五峰组—龙马溪组一段页岩气层顶底板条件对其具有较好的封隔效果。

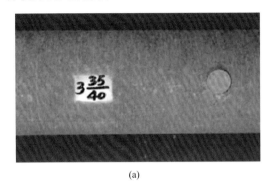 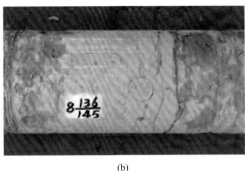

(a)　　　　　　　　　　　　　　　　　(b)

图 4.2　JY-A 井顶底板条件综合评价图

(a)顶板深灰色粉砂岩，龙二段；(b)底板深灰色瘤状灰岩

4.1.3　自封闭条件

五峰组—龙马溪组一段海相泥页岩在生成大量页岩气的过程中具有较大的比表面积，且亲烃性的有机质孔大量形成，而页岩气首先吸附在这些孔隙表面，之后才会呈游离状态储集在孔径较大的孔隙或裂缝内，因此相对于常规天然气脱离常规储层，同样气量的页岩气若逸散出页岩，还需要克服此吸附阻力，而吸附阻力不仅与岩性有关，还明显与岩层的厚度有关。通常 TOC 含量越高、粉砂质含量越少、页岩(或泥岩)越纯，此吸附阻力越大；厚度越大，页岩气脱离整个页岩气层所需克服的吸附阻力越大，同时厚层泥页岩也越容易形成欠压实。

页岩除了其吸附能力有利于页岩气在其储集空间内发生滞留，另外其物性封闭能力相对较强也是一个重要的原因(董大忠等，2016)。研究发现，在深埋条件下，页岩的物性封闭能力明显增强，孔隙度和渗透率都明显降低，尤其渗透率变化更为敏感。覆压物性试验显示，涪陵页岩气田五峰组—龙马溪组一段优质页岩在有效压力从 3.5MPa 升高到 40MPa 过程中，渗透率降低两个数量级(图 4.3)。从上述实验可以判断，在断裂不发育加之埋深较大的地区，页岩渗透性相对较差，对页岩气具有自我封闭能力。

现今涪陵页岩气田产层均发育超压，表明五峰组—龙马溪组现今油气保存条件好，晚燕山期—喜马拉雅期中扬子区的构造挤压隆升剥蚀作用对该区并未产生明显的影响。晚白垩纪早期，五峰组—龙马溪组烃源岩演化进入过成熟阶段，生气作用基本终止，生气作用产生的超压需保存 90Ma。液态烃热裂解所产生的天然气体积远远大于液态烃本身的体积，产生最为显著的效应就是压力增加。在焦石坝页岩气田中发现的密度高达 $0.254～0.290 g/cm^3$ 的甲烷包裹体，经热力学计算，高密度纯甲烷包裹体捕获压力高达 102.6～147.8MPa，对应的地层压力系数达到 1.65～2.38，说明甲烷包裹体捕获于超压环境。高密度甲烷包裹体形成的温度-压力条件揭示了五峰组和龙马溪组烃源岩中干酪根生成的未排出液态烃在深埋过程中受高温裂解作用产生的超压现象。超压特征的存在，充分说明在页岩中未排出的液态烃热裂解成天然气及页岩油藏向页岩气藏转化过程中，焦石坝页岩气田五峰组和龙马溪组具有较好的自封闭条件(图4.4)。而古压力恢复结果显示，构造抬升剥蚀到现今，气层压力系数相对降低，表明页岩气在剩余压力驱动下由超压封存箱向周围岩层渗透，造成了超压的散失。

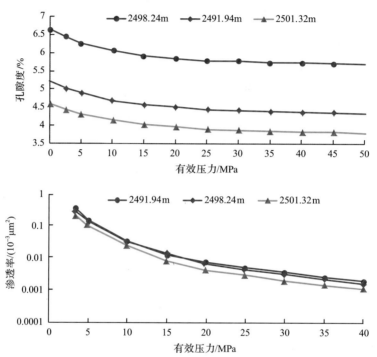

图4.3　涪陵页岩气田 JY-A 井龙马溪组页岩物性-有效压力关系图

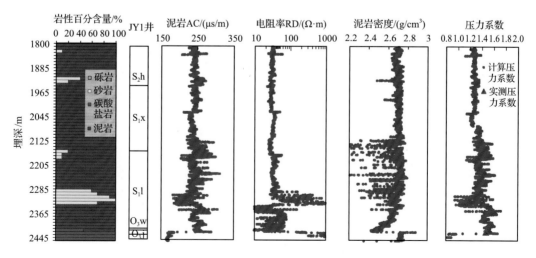

图4.4　JY-A 井单井地层压力预测图

4.1.4　构造保存条件

构造作用是影响页岩气保存的关键因素，构造抬升时间、期次、方式、类型、强度等都会对页岩气保存有不同程度的影响。涪陵地区没有岩浆岩分布，目的层页岩有机质演化程度（R_o）普遍在 2%～3%，地层尚未变质，因此不存在岩浆作用和变质作用对页岩气保存条件的破坏。川东地区构造形成演化总体遵循由东南向北西的递进式变形隆升规律，晚期叠加由北西往南东的反向滑脱冲断。涪陵地区整体呈现前展式逆冲推覆薄皮构造样式，局部构造主要表现为断层传播褶皱、断层转折褶皱、断滑褶皱、叠瓦构造、三角带构造、冲起构造、构造楔等。

断层传播褶皱的基本特点是，其褶皱体底部的逆断层仅有后断坪和下盘断坡两部分。在其逆冲运动过程中，其上盘会形成显著的不对称背斜。背斜前翼陡，甚至直立和倒转，后翼与下盘断坡断面平行，倾角较缓，一般小于 30°。背斜核部呈尖棱状，顶部为平顶状。具有平顶的断层传播褶皱背斜也有两个轴面。随着逆冲断层位移量的加大，下盘断坡变长，导致背斜翼部变长，高度变高。典型代表为金坪断层西侧褶皱变形，以志留系泥岩为滑脱层系，上下发育两套断裂，向上断至地表残留三叠系，向下滑脱至中寒武统膏盐岩层。志留系以下，主断层断面较平缓，表现为断弯褶皱样式；志留系以上，主断层断面相对较陡，表现为断展褶皱样式，断层较发育，断层出露地表（图 4.5）。

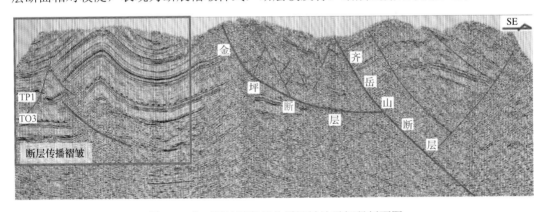

图 4.5　焦石坝地区断层传播褶皱地震解释剖面图

断层转折褶皱也称断层弯褶皱，其重要特点是褶皱体底部的逆断层由后断坪、下盘断坡、中断坪、上盘断坪、前断坪 5 个部分组成。断层转折褶皱中出现的背斜具有平板状的前翼、后翼和顶。背斜后翼与断坡的倾向平行，后翼倾角一般小于 30°，前翼的倾角稍陡。背斜的横断面呈梯形，因而具有两个轴面。在断层转折褶皱的形成过程中，如逆断层位移加大，背斜的两翼就会加宽，导致背斜的高度增大。典型代表为平桥西断层上盘，石门 1 号断层，平桥 1 号、2 号断层控制的背斜，背斜两翼断裂发育，翼部以志留系塑性地层为界，上下发育两组断裂，向上断至三叠系，向下断至奥陶系层（图 4.6）。

逆冲断层一般是自后陆向前陆方向进冲的，即逆冲断层向造山带方向倾斜。也有些逆冲断层是向前陆方向倾斜、向后陆方向逆冲的，称为"反冲断层"。背冲逆断层的位移会使它们中间的公共上盘断块相对向上抬升，或者说逆冲断层破裂时的弹性应变能使公共上盘断块向上弹出，因而这种构造组合也称为"冲起构造(pop-up)"；相反，如果两条逆冲断层相向倾向，这种逆冲构造组合称为对冲构造。对冲逆断层的位移将它们各自的上盘断块逆冲到它们公共的下盘断块之上，使它们中间的公共下盘断块相对向下陷落，对冲的逆断层可能会有一条深层的近水平的逆断层将它们连接在一起，构成"逆冲三角带构造"。典型代表为石门1号断层和吊水岩断层控制的双重背冲箱状背斜构造，背斜核部构造变形较弱，地层平缓，断裂不发育；翼部以志留系塑性地层为界，上下发育两组断裂，向上断至三叠系，向下断至震旦系层；主断层断面较陡(最大 70°)，断距较大(最大 300m)，次级断裂发育(图 4.7)。

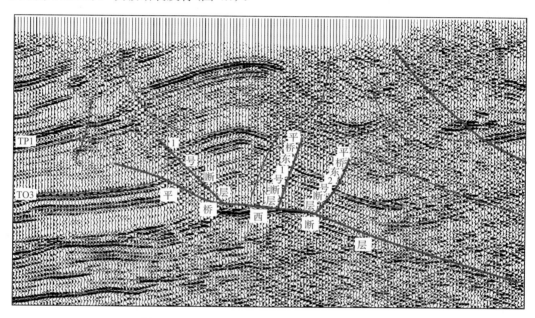

图 4.6　焦石坝地区断层转折褶皱地震解释剖面图

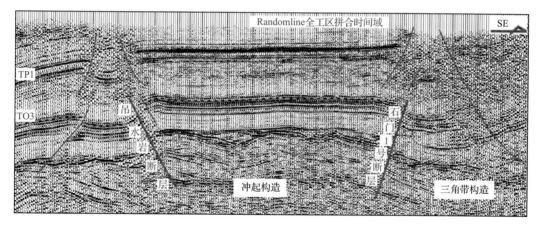

图 4.7　焦石坝地区背冲背斜地震解释剖面图

　　两条或两条以上的同向倾斜的铲式逆冲断层向深层收敛为一条低角度逆冲断层(或拆离断层)，构成逆冲"叠瓦扇(imbricate fan)"或叠瓦扇状逆冲构造，叠瓦扇构造中的逆冲断层的发展可以是有序的，也可以是无序的。铲式逆冲断层依次在断层下盘发育和向前扩展而形成叠瓦扇构造，称为"前展式叠瓦扇"；铲式逆冲断层依次在断层上盘发育和呈后退式扩展而形成叠瓦扇构造，称为"后退式叠瓦扇"。楔冲构造表现为逆冲断层呈前展式依次冲断、楔入对冲断层下降盘，形成的楔状冲断体发育在乌江断层北段、石门断层沉积盖层下部，在大耳山西冲断层前部也见发育(图 4.8)。

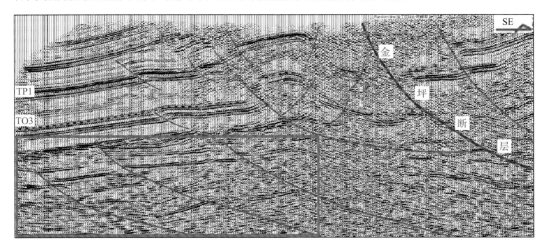

图 4.8　焦石坝地区叠瓦构造地震解释剖面

涪陵地区受多期构造应力作用影响，发育了 30 多条不同等级断裂(图 1.9)，均为逆断层，北北东向为主，部分北西西向(仅乌江断裂一条)和近南北向(大耳山-齐岳山断裂)，它们都是早燕山期形成的，但北北西向的乌江断层略晚。受上下两套滑脱层的影响，断裂向上大多消失于下二叠统，向下消失于寒武系内部，垂直短距 130～2000m，延伸长度 10～50km，其中马武断层、乌江断层、大耳山西断层、齐岳山断层、山窝断层和石门-金坪断层等 6 条是影响该地区页岩气成藏保存最主要的大断裂(武加鹤等，2018)。因此，石门-金坪断裂以西地区属于相对稳定的构造区块，断裂分布也相对较少，而在石门-金坪断裂以东地区，相对稳定区块面积偏小、区块内诸多深大断裂直通地表是制约页岩气保存条件的关键因素。

综上所述，涪陵地区处于四川盆地内缘，构造变形强度、地层破碎程度明显比齐岳山断裂以东的盆地外围地区弱，不受岩浆作用和变质作用的破坏，但涪陵页岩气田各区块也有很大的差异。平面上，涪陵页岩气田呈现"整体东西分带、西带南北分块"的格局(图 4.9)。以石门-金坪断裂为界，可划分为东带和西带(罗兵等，2018)。东带变形较为强烈，以断裂褶皱为主，可细分石门-金坪断背斜及白马向斜等多个次级构造单元，发育北东向断裂系统(大耳山断层、石门-金坪断层、吊水岩断层、天台场断层等)。东南部断层最为发育，基本为北东走向，主控断层规模大，断距最大达 1500m 以上，纵向上切穿寒武系、奥陶系、志留系、二叠系，向上断至地表，构造变形较强烈的背斜带发育大量断距 100m 以下的小断层，纵向上从奥陶系断至下志留统，将背斜构造带严重破碎化。西带变形相对较弱，主体为背向斜褶皱为主，又可细分为焦石坝"箱状"背斜、江东斜坡及乌江断背斜、梓里场断背斜、平桥断背斜等。焦石坝断背斜主体表现为一平缓宽阔、轴向北东的箱状背斜，受北东向和近南北向两组断裂控制，地层平缓，断裂基本不发育。西带整体上往西、西北方向，构造变形和断层活动逐渐减弱，除乌江断层断距超过 1000m 外，其余主控断层断距均小于 500m，向下终止于寒武系膏盐层，向上断至中—下三叠统膏盐层，而且背斜带断层明显减少，背斜主体构造较完整，仅在主控断层周缘伴生一些小断层(图 4.9)。

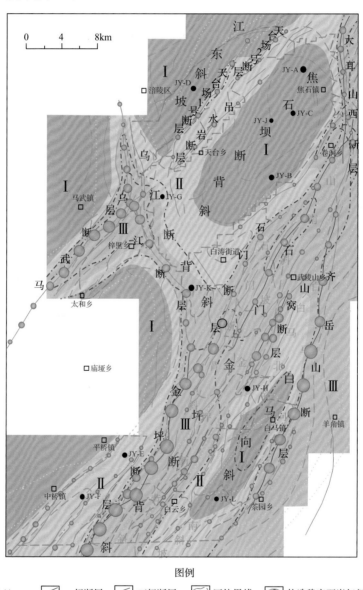

图 4.9　涪陵地区构造作用与页岩气成藏保存条件评价图

4.2　涪陵页岩气保存机理

4.2.1　持续散失与相对封闭控制动态保存

页岩气藏中泥页岩自身既是烃源岩又是储层同时还是盖层，具有"自生自储"的成藏模式(郭旭升等，2016b)。泥页岩作为页岩气储集层，发育大量纳米级有机微孔，一般具有致密储层低孔、低渗的特点，从而降低了天然气渗流、运移、散失的速率；与"常规气藏一旦保存条件不好，气藏便被破坏"不同，页岩气藏中 16%～80%的天然气是以吸附状态赋存于富有机质泥页岩中(Busch et al.，2006)，即使游离气有损失，如果纵向保存条件未被破坏，吸附气也可较好地保存下来。岩心现场含气量实测结果显示，JY-A 井龙马溪组优质泥页岩中吸附气量高达 35%以上。页岩气藏为连续性气藏，构造改造、应力的改变对吸附气具有解析作用，有利于持续供气、连续聚集。泥页岩本身具有良好的塑性，在压应力作用下泥页岩的涂抹封闭作用仍然能够封存、遮挡页岩气。

勘探实践和实验对比分析认为，页岩气的逸散主要与三个方面的地质因素有关：①沿层理面发育的层理缝、纹层缝和滑动面使页岩的水平渗透率增大。页岩经过压实作用，水平层理缝往往比垂向上的裂缝更为发育，因此，同一地层的顺(沿)层渗透率(简称水平渗透率)普遍是垂(穿)层渗透率的 3～8 倍，甚至一个数量级以上(郭旭升等，2017)。后期挤压滑动产生的镜面擦痕面也是良好的渗透缝。②地层倾角大更容易造成页岩气的顺层逸散。③张(扭)性断裂(裂缝)是页岩气垂向逸散的关键因素。页岩气的逸散主要有两种基本模式：侧向运移和垂向运移，结合地质条件，可以划分为三种漏失作用类型：顺层侧向漏失作用、断裂向上漏失作用、向下排烃漏失作用。实际上，这三种漏失类型通常会呈复合作用模式。

1. 侧向运移与散失作用

这种模式以盆外残余向斜中的页岩气较为典型，受造山运动和构造挤压变形的影响，页岩层系被抬升至近地表甚至剥蚀或出露，导致盖层不完整或者盖层在地表遭受风化和淡水淋滤作用，使页岩气沿页岩层理大量逸散。与涪陵相邻的彭水地区，五峰组泥岩(塑性)和下伏奥陶组泥灰岩(刚性)之间存在岩性突变面，钻井揭示五峰组泥页岩揉皱非常明显，类似是一个页岩气运气通道，可以造成龙马溪组页岩气大量侧向运移。这种情况要选择距离剥蚀区或地层露头远的、埋深较大、地层压力系数较高的向斜核心区进行勘探。

2. 断裂垂向运移与散失作用

1) 沿张性断裂向上散失

焦石坝断背斜是由两个高陡冲断断裂夹持的箱状构造，高陡断裂直达地表，带有压扭的特征，即使在这种压力环境下，断裂对焦石坝的压力系数和产量也有明显影响，JY-K 井位于南北向的乌江断裂 1.9km，产量仅 $2 \times 10^4 \mathrm{m}^3/\mathrm{d}$。钻井统计数据表明，东部裂缝发育带、西南裂缝发育区目前已测试井 18 口，平均最大油嘴测试产量为 $17.08 \times 10^4 \mathrm{m}^3/\mathrm{d}$，只有主体区的 49.01%, 产能低的原因可能与裂缝发育带地层压力较低、保存条件较差有关, 说明页岩在这种压性断裂附近也会发生一定程度的垂向逸散。

2) 沿张性断裂向下散失

涪陵地区五峰组—龙马溪组一段黑色页岩具有沉积速度快、连续沉积厚的特征, 易于在欠压实状态下形成超压。同时, ①～⑤小层 38～50m 厚页岩具有较高的有机质含量, TOC 含量一般在 2%～5%, 有的甚至达到 6% 以上。丰富的有机质是泥页质烃源岩体中超压体系形成及破裂的有利条件。

涪陵地区五峰组—龙马溪组页岩最大埋深超过 6000m, 超过 210℃ 的高地温条件对促进有机质的成熟及烃类的生成起了重要作用。因此, 涪陵地区泥页岩具有压实不均衡和生烃作用的双重效应, 这些条件为超压泥页岩层发生幕式排烃奠定了基础。

前人实验研究认为, 超过 30m 的泥页岩通常会在下部发育欠压实和超压, 而且泥页岩层越厚超压特征越显著。当欠压实带地层流体压力系数超过 2.4 时, 泥岩上下面产生微裂缝, 超压带流体会发生幕式排出; 如果泥页岩连续厚度超过 50m, 方向为中上部流体往上覆相邻储层排出, 下部流体(通常为欠压实超压带)则往下部相邻储集层排出, 随着超压带流体的排出, 其能量逐渐减弱, 压力下降, 裂缝重新愈合, 形成一次幕式排液(烃)过程。当生烃能量又增加到压力系数为 2.4 时, 就开始下一次的幕式排液(烃)。

因此, 泥(页)质烃源岩初次排烃理论说明厚层泥页岩底部流体向下部相邻储层扩散也是油气垂向散失的主要类型, 尤其是在变形较强的向斜底部, 张(扭)性断裂发育, 页岩气漏失作用更突出(图 4.10)。

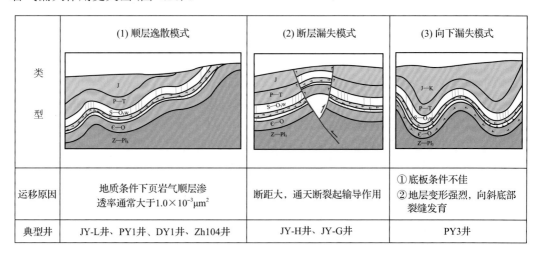

类型	(1) 顺层逸散模式	(2) 断层漏失模式	(3) 向下漏失模式
运移原因	地质条件下页岩气顺层渗透率通常大于 $1.0×10^{-3}μm^2$	断距大, 通天断裂起输导作用	①底板条件不佳 ②地层变形强烈, 向斜底部裂缝发育
典型井	JY-L井、PY1井、DY1井、Zh104井	JY-H井、JY-G井	PY3井

图 4.10 涪陵地区页岩气散失方式和破坏机制模式图

3. 裂缝散失作用

勘探实践证明, 裂缝对页岩气藏具有建设和破坏正反两个方面的作用(Zeng et al., 2016)。裂缝对页岩气的保存和破坏程度与发育的位置、规模和性质等有关。一方面, 裂缝使页岩渗透率增大, 增加页岩孔隙的连通程度, 影响气体的流动速度, 对页岩气藏的储能和产能具有控制作用(郑爱维等，2020)。另一方面，裂缝比较发育的地区，特别是区域性大断裂多期次、长时间的活动，导致页岩中的游离气往往散失殆尽，其附近区域的页岩气保存条件急剧变差，部分地区还叠加了大气水下渗的影响，页岩中吸附气也明显变少，烃类气体含量降低，二氧化碳、氮气含量较高，如涪陵页岩气田 JY-C 井，其氮气含量也超过 5%，页岩气保存条件有一定程度的破坏。

首先，页岩气沿地层中连通的孔隙和微裂缝扩散漏失是普遍现象(王超等，2017)，尤其是经历了强烈的燕山—喜马拉雅运动，涪陵地区上覆区域性盖层残留分布，构造不同程度变形；在一些变形强度较大的构造部位，微裂缝发育密集，形成页岩气弥散性扩散漏失，相对而言，随着埋深增加，其弥散性扩散漏失作用减弱，埋深越浅或越靠近(深大通天)开启性断裂，弥散性扩散漏失作用越明显增大，这也是焦石坝"箱状"背斜翼部、边部井漏现象普遍发生的主要原因，而且底板裂缝发育也是页岩气漏失的主要途径。涪陵地区龙马溪组取心段自上而下，有两个值得注意的现象：一是下部在泥页岩裂缝面可见明显的划痕、阶步或光滑平整的镜面特征(图 4.11)；二是下部高角度裂缝不同程度发育，尤其在石门-金坪断裂带以东地区，在焦石坝主体区域，底部裂缝也有不同程度发育，可见不同尺度的(微)裂缝，部分充填、部分未充填。垂直缝缝长为 20～150mm，主要发育于五峰组，焦石坝南部局部地区龙马溪组中上部也有发育(缝长为 60～250mm)；水平缝多贯穿岩心，其中除页理缝发育外，滑动缝也较发育，在裂缝面可见明显的镜面和擦痕现象，裂缝宽度以 0.5～1.0mm 居多，最宽可达 6mm。多数层段裂缝密度主要介于 0.1～4.0 条/m，仅五峰组裂缝密度较大，可达 12.8 条/m；裂缝多被方解石充填，另外还可见少量被沥青、泥质、黄铁矿等充填物半充填或完全充填。涪陵地区五峰组—龙马溪组一段页岩裂缝发育具有两个明显特征：①五峰组较龙马溪组发育；②岩性变化段高角度裂缝和水平裂缝最为发育。

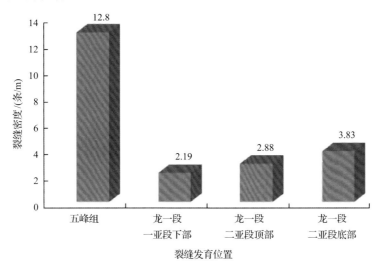

图 4.11 涪陵页岩气田典型井岩心裂缝密度与地层关系统计图

其次，长期顺着地层沿上倾方向和通天断裂漏失，是页岩气漏失的主要方式。泥岩垂向渗透率一般是很低的，并且随着埋深、地层压力加大，其垂向渗透率又会减小两个数量级以上,但其顺层渗透性普遍很高,尤其是页岩,通常可以比垂向渗透率大两个数量级以上。深大通天断裂的强开启性非常普遍,它与泥页岩顺层渗透系统可以形成很好的天然气输导或漏失体系。石门-金坪断裂带以东地区构造变形强烈、地层破碎严重、深大断裂发育,综合导致了页岩气保存条件的整体不佳。

从焦石坝地区取心井岩心描述观察结果来看,五峰组—龙马溪组一段岩心中主要发育高角度缝(垂直缝和斜交缝)、低角度缝(水平缝、层间滑移缝和层间页理缝)(图4.12)。高角度缝在页岩气层段均可观察到,多数为方解石半充填-全充填,少数未充填;水平缝多贯穿岩心,多被方解石充填;其中除见到发育的层间页理缝,还见到层间滑移缝,在裂缝面见到明显的镜面和擦痕现象(王超等,2017)。两类裂缝在五峰组—龙马溪组一段底部同时发育,从而形成相对发育的网状缝。裂缝宽度以0.1~1mm居多,最宽可达3mm;高角度缝缝长5~100mm,裂缝密度主要介于0.1~4条/m。

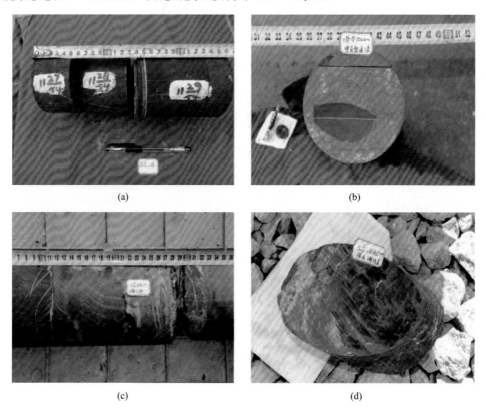

图4.12 涪陵页岩气田五峰组—龙马溪组页岩岩心裂缝发育情况
(a)JY-A井五峰组—龙马溪组斜交缝,方解石全充填,横向切穿整块岩心;(b)JY-H井垂直缝,部分方解石全充填;
(c)JY-L井网状缝,方解石全充填;(d)JY-F井层间滑移缝,见镜面擦痕

4. 绝对散失与相对封闭控制页岩气动态保存

区域盖层、顶底板条件和泥页岩本身都可以对页岩气起到很好的封存作用。但其由于裂缝等地质因素的存在,封盖保存作用是相对的,扩散漏失作用是绝对的,因此页岩气藏的形成和保存也是一个动态过程。天然气成藏富集是聚集与逸散的动态平衡过程,

常规天然气藏是这样，非常规(致密砂岩、页岩)气藏也是如此。天然气藏形成后，会因扩散、渗漏作用不断散失，只有当补给量大于或等于散失量时，气藏才能得以有效保存。页岩气生成和储藏于页岩本身，页岩内部不存在常规气藏所具有的断层、不整合面、大范围连通的孔隙性储集层等油气输导体系，因而一般认为页岩气只经历了较短距离的运移。对焦石坝页岩气田进行解剖，认为页岩气在页岩中可以通过相邻孔缝的接力传递，实现大范围的页岩气运移，从而造成高部位的油气富集。个别直井、水平井经射孔后，直接放喷，基本不产气，但经水力压裂后，即有中、高产页岩气产出，表明在大型水力压裂作用下，页岩中的孔、缝连通，人工裂缝连通天然裂缝，从而扩大了井筒周围的供气面积，增加了气产量。地质历史中的地震、构造运动也必然会在页岩中产生裂缝，目前在页岩岩心中即可观察到多期裂缝及其充填物，通过流体包裹体分析，也证实存在不同时期形成的天然气。

涪陵地区自晚白垩世以来开始区域性抬升剥蚀，五峰组—龙马溪组一段黑色页岩的生烃基本停止。五峰组—龙马溪组一段黑色页岩下段呈微层理构造，有机质纹层发育，尤其是大量笔石呈纹层状分布，层间距 0.4mm 左右，且每一层面上有多个笔石堆积式分布，这种独特的有机质大量聚集使得后期构造抬升过程中页理缝更易开启，同时与碎屑矿物之间发育更多的有机质收缩缝和层理缝等，这些顺层微裂缝具有储集能力之外，更重要的是其与有机质-无机质孔隙之间相互连通形成页岩气流动的优势通道(邱振等，2018)。正由于页岩具有这种优越的顺层渗透能力，因此横向运移使得页岩气会在构造高部位继续侧向动态充注成藏。这就是焦石坝"箱状"背斜页岩气现今之所以得以持续保存和富集的主要原因。涪陵页岩气田焦石坝构造 100 余口钻井试气资料证明，构造主体单井产量高、地层压力梯度高，构造低部位产量、地层压力梯度明显变低，说明存在页岩气由低部位向高部位运移富集的过程。因此，涪陵页岩气田具有明显的"早期原位滞留成藏—后期动态差异保存"的两期特点，并且散失性的模式排烃作用贯穿整个页岩气的成藏保存过程。

4.2.2 良好封闭性抑制页岩气散失

页岩的封闭条件包括顶底板和自封闭两方面，其机理与常规盖层相同，包括物性封闭、烃浓度封闭、超压封闭等。

1. 烃浓度封闭

由于天然气与石油相比，分子小，结构简单，重量轻，活动性强，其在地下不仅会以游离相和溶解相运移散失，还会呈分子扩散相运移散失。由此，盖层能否封闭住呈分子扩散相运移的天然气，对于天然气聚集与保存有着重要意义。烃浓度封闭作用只能存在于具有生烃能力的盖层中。当盖层为生烃岩，并进入生烃门限时，其生成的天然气足以使其内的孔隙水(油)处于饱和，甚至孔隙充满游离气，则其含气浓度增大(与非烃源岩对比)，从而降低了地层剖面中的天然气浓度梯度，这就减弱了天然气向上的扩散作用，尤其是当盖层本身又具有异常高的孔隙流体压力时，会造成盖层含气浓度的进一步增大，而出现天然气浓度向下伏储层递减的现象，则可完全阻挡下伏天然气向上扩散作用的发生,特别是盖层欠压实段的流体压力异常值高于其饱和压力值时。地层环境中,天然气通过泥岩盖层扩散的现象是以浓度差为主要的作用因素,轻烃分子在充满地层水的毛细管孔道中扩散移动,其扩散过程符合菲克定律,天然气在地下的扩散速率大小,主要取决于天然气的扩散系数和浓度梯度的大小。在盖层内,烃浓度的分布很大程度上受烃类化合物扩散系数的影响,扩散系数一般可以通过实验室直接测得,也可以按理论公式进行计算。在地下天然气藏的储盖组合中,盖层的孔隙空间远小于储集层的孔隙空间,而其他条件(如扩散组分、扩散介质的性质、扩散系统的温度、气体组成等)相差不大,这样就使得盖层中烃分子扩散速率比储集层中慢得多。通常情况下,地层水中的天然气溶解量是随其所处的温度、压力的增加而增大的,即随埋藏深度的增加,地层水中的溶解气量是逐渐增大的。然而,倘若储集层的直接盖层或上覆盖层本身是生烃岩,且已进入生烃门限,其内有机质演化生成的天然气足以使其地层孔隙水中的含气浓度增大,造成烃浓度向上减小甚至出现向下递减的浓度梯度,此种情况下可减弱或阻止下伏岩层孔隙水中天然气的向上扩散运移,即该盖层对下伏呈分子扩散相向上运移的天然气起到了烃浓度封闭作用。

2. 超压封闭

超压封闭机理与物性封闭机理明显不同。它是在沉积盆地中,由于沉降作用和沉积物沉积速率的不均衡性造成沉积盆地内某些地层中或多或少地存在着不同程度的泥岩欠压实现象。这种泥岩具有高或异常高的地层孔隙流体压力,可以阻止其下伏储集层中的油气逸散,从而对呈游离相和水溶相运移的油气构成压力封闭。欠压实泥岩包括上、下压实段和中间欠压实段。由于上、下压实段为正常压实,其孔隙度和渗透率明显低于中间欠压实段的孔隙度和渗透率,即有上、下压实段泥岩的孔喉半径小于中间欠压实段泥岩的孔喉半径。由毛细管压力定义可得,上下压实段泥岩的毛细管阻力应大于中间欠压实泥岩段的毛细管阻力。当下伏储层中油气的剩余压力小于其下压实段泥岩的毛细管阻力时,则其不能突破下压实段泥岩向上运移散失,此时泥岩仍然是靠毛细管阻力在起封闭作用,但是当下伏储集层中油气的剩余压力大于下压实段的泥岩毛细管阻力时,依靠下压实段泥岩的毛细管阻力则不能封闭油气。虽然欠压实泥岩中间的欠压实段毛细管阻力较上、下压实段低,但其内存在异常高的孔隙流体压力,两者之和大于下压实段泥岩的毛细管阻力,故其仍然能封闭住穿过下压实段向上继续运移的油气,此时泥岩是依靠孔隙流体压力封闭的。由此可见,超压封闭明显要优于物性封闭。因为欠压实泥岩内部存在着高孔隙流体压力的异常高压孔隙流体压力,这种较高的孔隙流体压力不仅对下伏呈游离相运移的油气构成封闭,而且可以对呈水溶相运移的油气构成封闭(郭彤楼,2016b)。因此,超压封闭在盖层封闭油气中起着非常重要的作用。

从涪陵页岩气田五峰组—龙马溪组一段页岩 TOC 含量的纵向分布来看,①～⑤小层和⑧小层是富含有机质的深度段,而⑥、⑦小层和⑨小层 TOC 值普遍小于 1.5%。因此⑥、⑦小层和⑨小层分别是①～⑤小层和⑧小层的直接盖层(顶板)。⑧小层更为特殊,本身既含丰富的页岩气,同时超压也发育,因此⑧小层同时会对下部①～⑤小层的页岩气起到超压封闭和烃浓度封闭的耦合作用。

4.2.3 弱构造活动抑制页岩气持续散失

涪陵页岩气田五峰组—龙马溪组一段页岩层段的厚度、矿物成分和有机碳含量等原始品质平面展布稳定，该区平面含气性的主要差异取决于保存条件(方栋梁和孟志勇，2020)。涪陵地区受多期构造应力作用，构造变形较为强烈，其差异性导致了焦石坝不同区块保存条件的变化(舒逸等，2018)。构造变形所产生的大断裂及其破碎作用，切穿储层至盖层的所有层系，并在周围形成大量小断裂和裂缝，成为油气散失的主要通道。同时，构造变形对盖层的封盖有极大的影响。构造作用形成的强烈抬升导致盖层暴露遭受剥蚀，也能在盖层中产生大量裂隙、微裂隙，破坏原封盖层的整体塑性，使其封盖性能大大降低，甚至失去封盖作用。总体而言，构造变形越强烈，对页岩气的保存影响越大。

1. 构造活动强度对页岩含气性影响

川东-雪峰褶皱-冲断带是典型的"侏罗山式"褶皱，发育晚中生代以来的多层次滑脱构造，具有显著的南东向变形强、北西向变形弱，南东向变形早、北西向变形晚的递进变形特征。该褶皱-冲断带在漫长的地质演化过程中，经历了多次构造运动的叠加和改造，呈现出不同的构造变形样式和地质结构特征，以齐岳山断裂为界，可将其分为西部隔挡式褶皱带和东部隔槽式褶皱-冲断带。焦石坝是位于齐岳山以西的隔挡式褶皱带，其基底埋深在 7000～9000m，在构造变形过程中，仅有上、下组合海相层轻微卷入，呈背斜狭窄、向斜宽缓的构造组合形式，属于薄皮式滑脱推覆变形区，整体变形较弱；而齐岳山以东隔槽式褶皱带靠近雪峰山隆起，构造变形强，构造变形过程卷入元古界基底，呈背斜宽缓、向斜狭窄的构造组合形式，属于厚皮式逆冲推覆变形带。研究分析表明，包含焦石坝地区的齐岳山断裂带以西的大片区域构造改造强度较齐岳山断裂以东的湘鄂西一带要弱，更有利于页岩气的保存。

涪陵页岩气田石门-金坪断层以东，构造变形较强烈，表现为冲断构造变形特征，发育大量北东向的逆断层及其相关褶皱，且断层的规模大、断距大，平面延伸较长，主控断层断至地表，以叠瓦状逆冲、反冲、挤出构造、三角带构造为主；从保存条件来看，东带强烈的构造变形对页岩气藏保存带来不利影响。东带整体地层压力系数低于 1.2，也反映东带整体保存条件较差，仅在构造变形相对较弱的斜坡部位地层压力系数超过 1.3，因此，东带页岩气藏勘探开发的有利区带不是背斜构造，而是构造相对简单且埋藏适中的斜坡部位。

涪陵页岩气田石门-金坪断层以西，包括焦石坝背斜带、平桥背斜带、梓里场背斜带、乌江背斜带、江东向斜带、凤来向斜带、白涛向斜带、涪陵向斜带和双河口向斜带共 9 个次级构造带。但需要注意的是，西带中北西走向的乌江断裂带形成时期相对较晚，明显改造北东向构造，主控断层规模较大，向上沟通地表，周缘 6～9km 派生多条北西向断层，切割背斜构造，地层产状变化大，使整个乌江断裂带构造变形相对较强。而乌江断层南段正处于涪陵页岩气田东西构造带的过渡部位，受到石门-金坪断层强烈逆冲的影响，页岩气勘探效果较差(图 4.13)；而北段整体位于涪陵构造西带，变形较弱，且受到其他断层的影响小，因此页岩气勘探效果较好(图 4.14)。

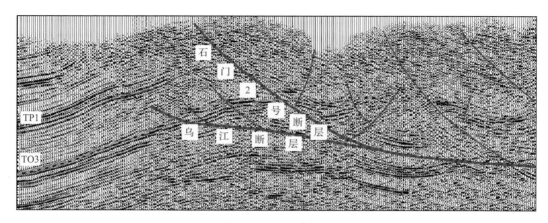

图 4.13　乌江断层南段地震剖面解释图

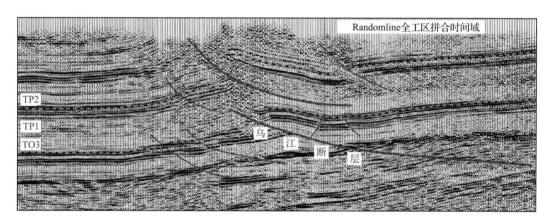

图 4.14　乌江断层北段地震剖面解释图

　　而对于乌江断层和大耳山断层来说，乌江断层两侧页岩气产量低，但大耳山西侧的焦石坝背斜区页岩气产量却很高。经过构造分析和地震资料解释，可以从断层断距的影响范围和断层倾角的角度大小来看。当断层断距大的时候，如乌江断层的断层断距为 6～9km，断层损伤带宽度越大，断层影响页岩气产量的范围就越大，因此乌江断层两侧页岩气产量会受到影响。而当断层断距较小时，如大耳山断层的断层断距约为 2km，断距比乌江断层小了很多，断层损伤带宽度也相对较小，断层影响页岩气产量的范围也就相对乌江断层小了很多。

　　从断层倾角来看，在乌江断层北段地震剖面解释图上可以看到，乌江断层储层倾角较小（图 4.14），在 15°～20°左右，切割了寒武系、奥陶系，截断至三叠系，从横向的角度来看，断层影响页岩气产量的范围大。在大耳山西断层地震剖面解释图上可以看到，大耳山断层错断储层的断层倾角较大，近 70°（图 4.15），上断至三叠系中。因此，大耳山断层在横向上影响页岩气产量的范围小，大耳山断层西侧的页岩气产量相对高产。

　　从主断层两侧错断储层的次级断层的级别与密度来看，乌江断裂带两侧错断储层的次级断层的级别与密度较大（图 4.13），乌江断层两侧发育大量逆冲断层，部分级次断层

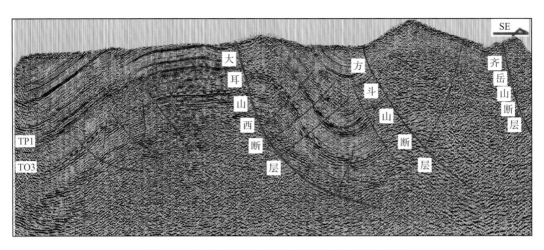

图 4.15 大耳山断层断距影响范围地震剖面解释图

错断地层的断距较大。因此，断层损伤带宽度大，断层影响页岩气产量的范围就大。而大耳山断层两侧错断储层次级断层的级别与密度相对小了很多。在大耳山断层的西侧，仅在远离大耳山断层的奥陶系与寒武系中发育少量次级断层，断层的规模较小(图 4.15)。因此大耳山断层的断层损伤带宽度相对较小，断层影响页岩气产量的范围也相对较小。

齐岳山以西的川东地区在地质历史演化过程中一直处于挤压状态，但改造强度弱，断层发育较少，且断层多为逆断层，断裂带闭合，页岩气以顺层运移为主，断层封堵性较好；齐岳山以东的湘鄂西一带，构造改造强度大，发育较多规模大、延伸长的断层，且"通天"断裂较多，在晚白垩世—古近纪受中国东部伸展构造活动影响，由挤压状态变为伸展状态，导致区内逆断层在伸展作用下由闭合状态变为开启状态或直接反转为张性正断层，页岩气在开启的断层处沿断裂向外逸散，并与附近气层产生浓度差，从而得到附近气层的补充，在区域盖层不足的情况下，这一伸展运动进一步加强了气态烃散失过程(郭旭升等，2016a)(图 4.16)。

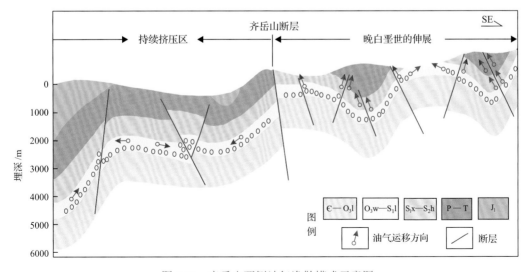

图 4.16 齐岳山两侧油气逸散模式示意图

2. 构造抬升幅度对页岩含气性影响

通常构造活动越强烈，保存条件越差。构造运动引起地层隆升剥蚀、褶皱变形、断裂切割及压力体系的破坏等，同时还因为构造动力和应力作用使盖层失去塑性，导致封闭保存条件破坏(郭旭升等，2017)。

抬升剥蚀造成页岩气层段以上岩层厚度减薄，甚至页岩气层段出露地表，上覆压力减小而打破原有的平衡，在构造应力、孔隙流体压力的作用下，闭合的裂缝又重新开启，页岩气渗流散失；另外，剥蚀造成页岩孔隙负荷减小而反弹，孔隙度增大，同时天然气扩散速率增大。因而抬升剥蚀也导致页岩气扩散加快，对页岩气保存不利，如四川盆地东南缘地区在多旋回构造改造过程中，整个海相构造层形变较强，剥蚀量相对较大，基本大于4500m，很多地方的海相页岩气勘探目的层出露，甚至背斜核部大量剥蚀。抬升剥蚀使页岩气层段、顶板或上覆盖层的连续性受到破坏，页岩气沿着页理面或层间缝侧向散失，保存条件遭到破坏，但局部向斜区残留三叠系—侏罗系，上覆盖层相对完整，页岩气层段埋藏地下，经过若干距离后才暴露地表，保存条件会随这个距离的增大而相对变好，到向斜核部最好。

在具刚性基底、构造稳定的齐岳山以西的大片区域，整个海相构造层变形微弱，区域地层在纵向和横向上连续性好，构造抬升剥蚀作用弱，地层剥蚀量相对较小，其中焦石坝地区晚白垩世以来地表剥蚀量为4500m左右，地表出露早—中三叠世地层；而齐岳山以东湘鄂西一带，构造改造强度大，抬升剥蚀作用强，剥蚀量大于4500m，区内地层连续性较差，大部分地区出露古生界地层。因此，不同强度的构造抬升剥蚀导致区域盖层的差异性，其中涵盖焦石坝地区的川东范围内的烃源岩盖层明显优于湘鄂西一带，具有更好的保存条件。

四川盆地五峰组—龙马溪组页岩埋藏和抬升程度在不同地区存在明显的差异。川东南地区跟川东地区类似，自盆内到盆外抬升时间变早，抬升幅度变大(图4.17)，如渝东南地区YC-8井等在侏罗纪中期已经开始抬升，而JY-1井在白垩纪晚期才开始抬升。由于页岩地层抬升之后基本不再生烃，页岩地层原始含气量不再增加。盆缘地区抬升较早导致页岩过早的停止生气，且抬升剥蚀改造持续时间长，导致页岩地层停止生气之后要经历更加漫长的扩散运移和散失。盆缘地区地层抬升幅度大且具有边褶皱边抬升的特征，部分地区五峰组—龙马溪组页岩已被抬升至地表，导致页岩气封存能力变差。此时如果页岩气藏没有构造低部位气源补充，该气藏的规模将逐渐减小，甚至完全散失殆尽。地层由深层抬升到浅层，会有一个释压的过程，导致地层裂缝的形成，进而加速页岩气的散失。此外，地层抬升如发生剥蚀(抬升至地表)，可造成页岩气的完全散失。从盆内到盆外，五峰组—龙马溪组埋深整体变浅，上覆地层减薄，含气量也随之出现由高到低的变化。目前发现的商业气藏均是埋藏大于1500m的地层。埋深小于1500m的钻井基本都达不到商业性。因此，强烈的构造抬升导致地层埋深太浅对页岩气具有明显破坏作用。

3. 断层对页岩含气性影响

断层的性质、规模及发育的期次是影响页岩气聚集的重要因素，能够决定页岩渗透率的大小,控制页岩的连通程度,进一步控制气体的流动速度、气藏的产能(胡东风,2019)。断层的性质、规模、发育期次及所派生的穿层裂缝是影响页岩气层保存条件的重要因素。本书根据断距将断层分为大型断裂(断距大于 100m)、小型断层(断距小于 100m),主要从断层规模即尺度的角度考虑其对页岩含气性的影响。

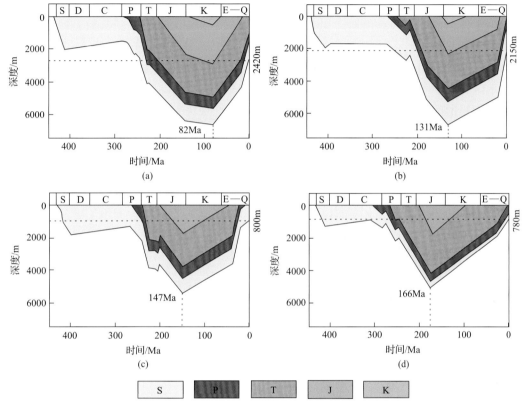

图 4.17 焦石坝-彭水地区地层发育及断裂分布图
(a)JY-1 井;(b)PY-1 井;(c)YC-6 井;(d)YC-8 井

油气勘探的实践表明,盖层只有在空间上分布连续,才能在区域上有效地封闭油气,使油气大规模聚集成藏,反之则不利于油气大规模聚集成藏,但盖层在空间上分布是否连续,更重要的是取决于后期是否被改造和破坏。断裂的断距小于盖层的厚度,断裂未将盖层完全错开,盖层在空间分布上仍保持连续性,对油气聚集和保存是有效的;断裂的断距大于盖层的厚度,断裂将盖层完全错开,盖层出现"天窗",空间分布不连续,油气从天窗向外散失,不利于油气聚集与保存。

涪陵地区位于川东南构造褶皱带上,由于经历多期构造运动,五峰组—龙马溪组地层的构造样式发生了多期改造,造成断裂系统非常发育,主要发育北东向和北西向两组方向的断层,且均为逆断层,构造陡峭、断距较大,对页岩形态及后期页岩气储层的形成有较大的破坏作用(郭彤楼和张汉荣,2014)。断距大于 100m 的断裂主要分布于涪陵地区边界,包括北东走向的吊水岩断层、石门断层及北西走向的大耳山断层、乌江断层,这些断裂规模大、延伸距离长(>10km)、断距大(>300m),错断寒武系—三叠系。因此,涪陵地区构造单元边界断裂发育区是保存条件较为不利的构造部位。焦石坝构造主体周边大断层也指示出随着断层规模增大钻井液漏失更严重，其中西北翼的吊水岩断层、天台场断层的断距、长度最小，附近钻井液漏失明显较弱；而随着石门断层、大耳山断层和乌江断层的断距、延伸长度的依次增大，附近钻井液漏失逐渐严重，含气性变差，单井测试产量变低(郭旭升等，2016a)。焦石坝背斜主体部位断裂不发育，两翼发育北东向断层，主要形成期为晚燕山期，其中东翼主控断层多为通天断层，断至地表，页岩气的散失更为明显。

断距小于 100m 的小型断层多与主干断裂伴生分布于涪陵地区构造斜坡带，在构造平缓地区也有少量分布。该类断层自身对于页岩气的散失相较大型断层小，但断层是构造运动积累的应力释放而导致地层破裂的结果，往往伴生大量构造裂缝，形成断层-裂缝系统从而引起页岩气的散失。西南部乌江断背斜发育北东向和北西向两组断裂，除乌江主干断层外，断距多小于 100m，但该地区地层变形强度大，小型断层与裂缝密集发育，易形成裂缝网络，从而使赋存于泥岩孔隙中的吸附气解吸变成游离气。当这些裂缝网络与主断裂连通时，呈游离态的气散失，而不能成藏(Loucks et al.，2012)。更为重要的一点是，天然裂缝发育区尤其是断层附近，易于地层水或后期开采过程中压裂液的注入，使产能降低。根据大量的钻井统计，焦石坝背斜主体地区断距大于 50m 的断层附近的井，含气性与产量普遍较低，断距小于 50m 的地区则影响较小。由此可见，当小型断裂断距较小且其伴生裂缝不发育时，其对页岩气的散失作用较小。

基于各井位断裂剖面分布特征，识别出高产井(JY-A 井、JY-C 井、JY-B 井)位于构造活动稳定区，目的层五峰组—龙马溪组地震同相轴连续性整体较好，地层倾角较缓，为 5°～15°，顶、底板厚度稳定，无明显断裂或裂缝发育。而高产井(JY-D 井)位于断背斜核部边缘，地层倾斜发育，倾角为 25°～30°，目的层西北部发育间断性蓝色相干体，表明裂缝发育但规模较小，东南部被大型断层截断，其顶、底板仅可见少量小型断裂或裂缝。中产井(JY-E 井、JY-G 井、JY-K 井)位于构造活动相对强烈区，目的层周缘往往被大型逆断层截断，地层相对抬升、隆起和倾斜，倾角为 30°～40°，内部仅可见零星的点状蓝色相干体，表明页岩储层发育小型断裂，其顶、底板发育少量断裂和裂缝。低产井位于构造活动强烈变形区，目的层西北、东南两侧被大型断层截断，地层发生严重错位变形，倾角为 50°～60°，目的层及其顶底板发育大量聚集连片的蓝色相干体，表明断裂和裂缝较发育且规模较大(图 4.18)。

4. 多尺度裂缝对页岩含气性影响

1)裂缝类型

涪陵页岩气田页岩裂缝按地质成因类型可分为构造裂缝、成岩裂缝、异常高压相关裂缝三大类，其中构造裂缝根据其与层面的关系又可分为层内裂缝、穿层裂缝及顺层裂缝，成岩裂缝可分为页理缝与收缩裂缝。不同成因类型的裂缝由于其基本特征及发育规模的差异，对页岩含气性的影响也不同，总体上可分为富集、保存及基本无影响三大类(表 4.1)。层内裂缝及页理缝可增加页岩自身的储集能力，作为页岩气的储层空间主要影响页岩气的富集；穿层裂缝及顺层裂缝主要影响页岩气的排出和运移，造成页岩气的散失，对保存条件起破坏作用；收缩裂缝和异常高压相关裂缝一般发育规模较小且多被后期矿物充填，因此对页岩气的富集与保存基本无影响。

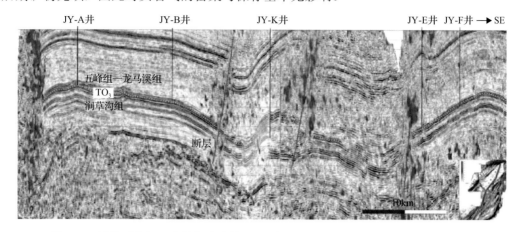

图 4.18　涪陵页岩气田南北向地震剖面图（过 JY-A、JY-B、JY-K、JY-E、JY-F 井）

表 4.1　不同成因类型裂缝对页岩含气性影响

裂缝类型	裂缝名称	基本特征	对含气性影响
构造裂缝	层内裂缝	层内发育	富集
	穿层裂缝	切穿页岩层	破坏
	顺层裂缝	顺层面滑动	保存
成岩裂缝	页理缝	顺页理面发育	富集
	收缩裂缝	延伸短，无规律	基本无影响
异常高压相关裂缝	异常高压相关裂缝	规律性差	基本无影响

依据裂缝产状划分裂缝类型，可分为低角度缝、斜交缝和高角度缝。低角度缝的形成往往与区域顺层滑脱构造作用有关，而斜交缝和高角度缝通常形成于区域剪切应力作用。涪陵页岩气田发育的裂缝以低角度缝为主，并且在主体区、江东区块、梓里场区块、平桥区块和白马区块都有发育（图 4.19）。岩心中低角度缝普遍被方解石所充填，且可见明显的擦痕，反映了涪陵页岩气田曾经历了强烈的顺层滑脱构造作用；斜交缝和高角度缝在涪陵页岩气田发育则相对较少，但同样在各区块也都可见（图 4.20），均普遍被方解石所充填，但擦痕并不明显，反映了涪陵页岩气田还经历了区域剪切作用，但强度稍弱。

2）不同构造单元裂缝发育的差异性

涪陵页岩气田五峰组—龙马溪组下段发育的裂缝中，低角度缝较斜交缝和高角度缝更为发育，斜交缝和高角度缝整体发育较少，不同类型裂缝的发育部位在不同构造单元有所不同（王超等，2017）。在主体区（以 JY-B 井为例），低角度缝在目的层段普遍发育，斜交缝主要发育于中上部，高角度缝主要发育于上部和下部；在平桥区块（以 JY-E 井为例），低角度缝在目的层段普遍发育，但以下部为主，斜交缝少见，高角度缝主要发育于中部和下部（图 4.19 和图 4.20）。

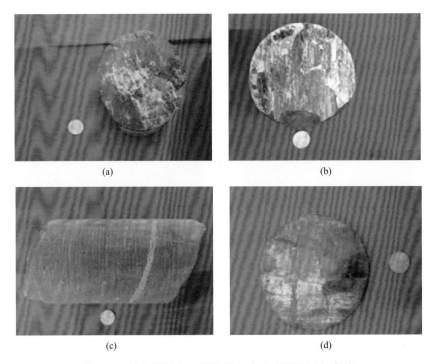

图 4.19　涪陵页岩气田页岩岩心中观察到的低角度缝
(a)JY-B 井，主体区，⑨小层；(b)JY-G 井，主体区，①小层；(c)JY-E 井，平桥区块，浊积矿岩段；
(d)JY-D 井，江东区块，①小层

图 4.20　涪陵页岩气田页岩岩心中观察到的斜交缝和高角度缝
(a)JY-B 井，主体区，③小层；(b)JY-G 井，主体区，浊积矿岩段；(c)JY-E 井，平桥区块，③小层；
(d)JY-D 井，江东区块，①小层

焦石坝主体区和江东区块整体位于断背斜核部，属于构造稳定区。该区五峰组—龙马溪组页岩连续性好，断裂和裂缝发育程度低，仅发育少量水平裂缝（多被黄铁矿等矿物充填）和高角度裂缝（多被方解石充填），压力系数介于 1.3～1.6，含气量为 5.03～6.57m³/t，平均为 5.82m³/t，压裂获得高产（单井产能为 15.4×10⁴～17.22×10⁴m³/d）（图 4.21）。

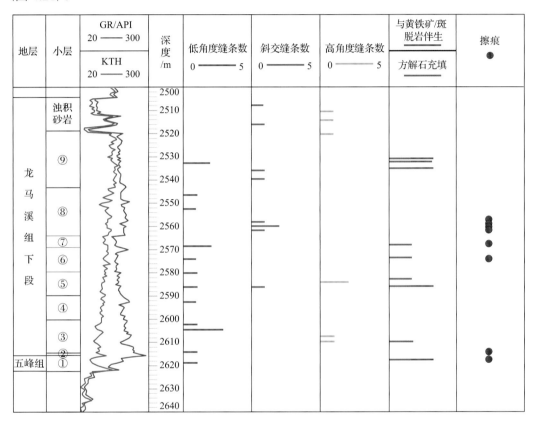

图 4.21　焦石坝地区主体区 JY-B 井岩心中观察到的裂缝垂向分布

白涛区块和平桥区块位于焦石坝背斜南段，该区构造活动相对较强，五峰组—龙马溪组页岩连续性较差，呈挤压断展褶皱变形，断裂和裂缝发育，地层倾角约为 30°。上覆地层沿着目的层顶部滑脱形成台阶状弯曲褶皱或坡状断层，并伴随发育少量次级裂隙，页岩储层封闭能力降低。在中等保存条件下，白涛区块和平桥区块超压程度较低，压力系数介于 1.0～1.5，含气量为 4.5～5.18m³/t，平均为 4.77m³/t，压裂获得中等产能（单井产能为 4.5×10⁴～6.0×10⁴m³/d）（图 4.22）。

白马区块和梓里场区块位于焦石坝背斜东西两翼，属于构造变形强烈区。五峰组—龙马溪组页岩两侧被大型断层截断，目的层内部断裂和裂缝较发育，地层发生倾斜或变形，倾角为 50°～60°。基底卷入叠瓦冲断和反冲断作用较强，盖层强烈滑脱，形成大规模滑脱剪切缝和逆冲断裂，断裂褶皱贯穿中生界、古生界，页岩储层保存条件较差。该区域压力为常压或负压，压力系数介于 0.96～1.0，含气量为 4.27～4.49m³/t，平均为

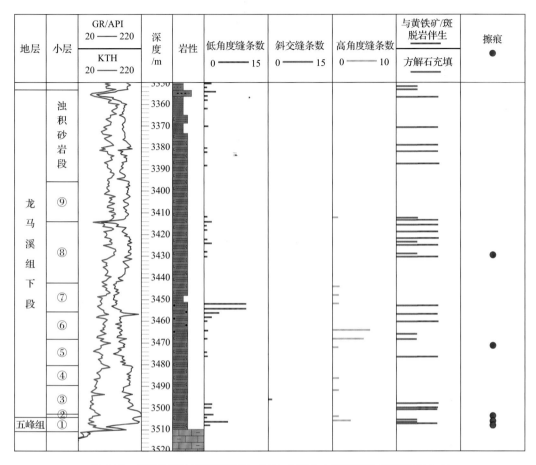

图 4.22　涪陵页岩气田平桥区块 JY-E 井岩心中观察到的裂缝垂向分布

4.38m³/t，压裂产能低(单井产能为 0～0.2×10⁴m³/d)(图 4.23)。

3)裂缝对页岩气富集的影响

在常规油气藏中，裂缝对油气主要起到疏导运移作用，但由于页岩气自生自储的成藏特征，天然裂缝既是页岩气最有利的运移通道，更是其重要的储集空间，对于页岩气的富集具有重要影响。页岩气主要有吸附态和游离态两种赋存方式，游离态气体主要赋存于页岩基质孔隙和天然裂缝当中(王超等，2017)。层内裂缝与页理缝由于其小规模及高密度的特征，通常密集发育在页岩储层内部，可作为游离气的良好储集空间。

层内裂缝分为张性裂缝和剪性裂缝两种(张士万等，2014)。张性裂缝通常表现为缝面弯曲不平整，延伸规模较小，倾角及长度值范围跨度很大，但整体发育程度远低于剪切裂缝且充填程度较高，对于页岩气的富集影响较小；剪性裂缝一般与层面垂直，大多数顶底被层面限制，充填程度较低，有效地沟通了页岩基质孔隙，增加了页岩储层内部的连通性，促进游离气从微小的基质孔隙中向大孔隙乃至裂缝作扩散运动，从而利于游离气的聚集(Chalmers et al.，2012a)。同时内层裂缝的发育还引起页岩储层内部局部地层压力的变化，增加了吸附气的解吸，进一步促进页岩气的富集。一般来说，页岩储层中层内裂缝越发育，气藏的富集程度愈高(图 4.24)。

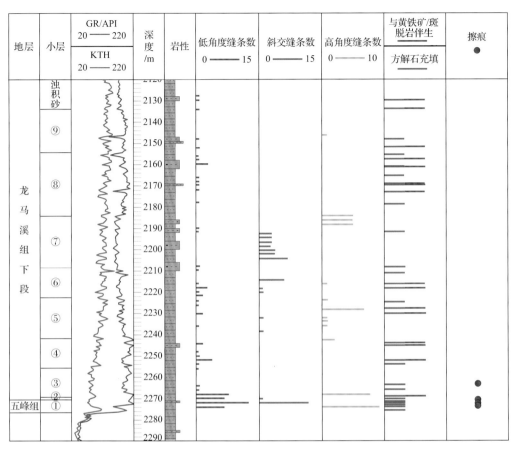

图 4.23 涪陵页岩气田白马区块 JY-H 井岩心中观察到的裂缝垂向分布

图 4.24 涪陵页岩气田五峰组—龙马溪组页理缝扫描电镜照片分析（JY-C 井，2337.2m）

页理缝主要指发育在层间或纹层间并沿着剥离线理破裂的裂缝,其产状与层理纹层界面相互平行或近似平行(张士万等,2014)。页理缝密度较大,在岩心上通常平行于层面呈断续状分布,充填程度较低,开度小于1mm,密度在1条/cm左右。大量发育的页理缝为页岩气的富集提供了良好的储集空间,在未被充填的情况下,其对页岩含气性的影响与层内裂缝基本相似。通过对页理缝进行扫描电镜分析,我们发现部分页理缝存在充填现象,通过探针能谱分析,其充填物主要为沥青。在这些沥青质中我们发现大量的有机质孔,其有机质孔孔径通常大于页岩基质中的有机质孔,可达几十至几百纳米,这些有机质孔不仅是游离气良好的储集空间,也为吸附气提供了必要的储集场所。在后期开发过程中,这些储存在沥青质中的天然气更利于沿着页理缝运移,为页岩气的开采提供便利。页理缝在未被充填的情况下可作为游离气有利的储集空间;在被沥青等有机质充填后,其填充物中的有机质孔又为吸附气的富集提供了便利条件;页理缝的发育程度与页岩含气量及产气量有着直接的关系。

4)裂缝对页岩气保存的影响

虽然页岩气的储集机理与常规气藏不同,但依旧需要致密的岩层来对其加以封存,包括顶底板及上覆盖层,而规模较大的裂缝的存在会使天然气排出并运移至上覆岩层,导致天然气散失。在焦石坝地区,穿层裂缝及顺层裂缝发育规模较大,发育程度较高,是影响页岩气保存的主要裂缝类型(王超等,2017)。穿层裂缝和顺层裂缝的特征不同,其对页岩气保存条件的影响主要分为两种:在低角度页岩层系地区,如焦石坝背斜核部,顺层裂缝呈近似水平方向分布,由于上覆地层压力的影响,其裂缝开度较小、连通程度较差,而穿层裂缝呈高角度分布沟通上覆地层,造成页岩气的散失,其发育规模则控制着页岩气的保存;反之,在页岩层系呈高角度地区,如平桥区块及白涛区块,穿层裂缝为低角度缝,在上覆岩层压力下呈闭合状态,而顺层滑脱缝呈高角度,造成页岩气的散失,则顺层滑脱缝对页岩气的保存起主要作用(图4.25)。

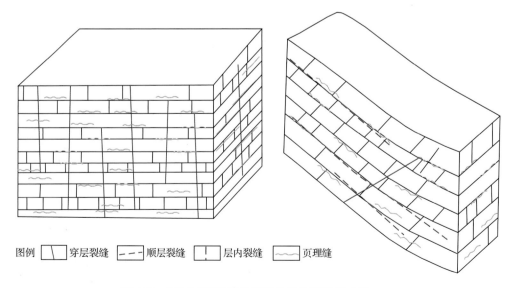

图例 ☐穿层裂缝 - - -顺层裂缝 ☐层内裂缝 ～页理缝

图4.25 不同成因裂缝对页岩含气性影响模式图

4.3 涪陵页岩气保存模式

涪陵页岩气田页岩气保存条件差异显著。结合典型井解剖，由江东斜坡往齐岳山断裂带方向可以划分为：A、B、C、D、E、F 和 G 7 个区带（表 4.2、图 4.26）。

表 4.2 涪陵页岩气田不同区块页岩气条件评价表

特征		A 带构造稳定带	B 带构造弱变形带	C 带构造稳定带	D 带构造变形带	E 带构造强变形带	F 带构造变形带	G 带构造强变形带
构造单元		江东斜坡	天台复向斜	礁石坝"箱状"背斜	白涛复向斜	石门复背斜	白马复向斜	齐岳山复背斜
地层分布		出露 T_3—J，埋深大于 3000m，倾角小于 10°	出露 T_2—T_3，埋深大于 4000m	出露 T_1—T_2，埋深大于 2000m，倾角小于 10°	出露 T_1，埋深大于 4000m	出露 S—P，埋深小于 1500m，倾角大于 30°	出露 T_1—J，埋深大于 2000m，倾角大于 20°	出露 S—P，埋深小于 1500m，倾角大于 50°
构造变形特征		平缓	弱变形	平缓	变形	强烈变形	强烈变形	变形冲断
流体作用	温泉	无						低-中温
	地层水化学	基本不受大气水下渗作用影响，上覆 P—T_1 地层，水矿化度通常在 80g/L 以上，$CaCl_2$ 水型				受大气水下渗作用不同程度影响，上覆 P—T_1 地层水，矿化度在 35g/L 以下，$NaSO_4$ 水型、$NaHCO_3$ 水型，甚至下部奥陶系水也为低矿化特征		
	地层压力	超压	弱高压	超压	常压或弱高压	低压或常压	弱高压或常压	低压
	水动力特征（大气水下渗）	小于 800m	局部大于 2500m	小于 1500m	局部大于 3000m	大于 3000m	大于 2500m	大于 4000m
主要破坏因素		长期漏失作用	断裂破碎作用、长期漏失作用	长期漏失作用	断裂破碎作用、长期漏失作用	抬升剥蚀作用、断裂破碎作用、大气水下渗作用、长期漏失作用	抬升剥蚀作用、断裂破碎作用、长期漏失作用	抬升剥蚀作用、断裂破碎作用、大气水下渗作用、长期漏失作用
综合评价		持续保存	部分破坏	持续保存	残留保存	严重破坏	残留保存	完全破坏

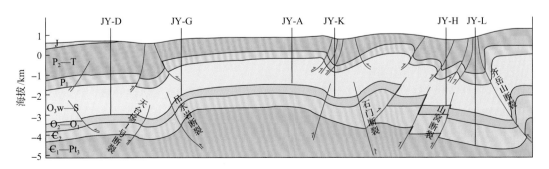

图 4.26 涪陵页岩气田不同区块页岩气保存模式图

4.3.1 持续保存型

1. A 构造稳定带

构造单元属于江东斜坡。构造相对稳定、变形弱，地层平缓且连续分布，黑色泥页岩埋深超过 3500m，断裂基本不发育，没有大气水下渗作用，页岩气漏失作用较弱，地层超压，压力系数超过 1.60，具有良好的页岩气保存条件，页岩气保存单元类型属于持续保存型。

该区带有 JY-D 井等典型井。JY-D 井主力气层段埋深为 3610～3650m，上覆厚层二叠系、三叠系，地表出露 J_1。西侧没有断裂(图 4.27)，东侧天台场断层涂抹系数在 2～4，顶底板条件和 JY-A 井相似，裂缝较不发育(非常有规律的水平缝和垂直缝形成 "十" 字型网状缝体系，有部分斜交缝)，封闭性好。测试日产量 $21.11 \times 10^4 m^3$，孔隙度为 4.79%，地层压力系数为 1.67，有机孔占比大于 80%，含气饱和度高达 70%。

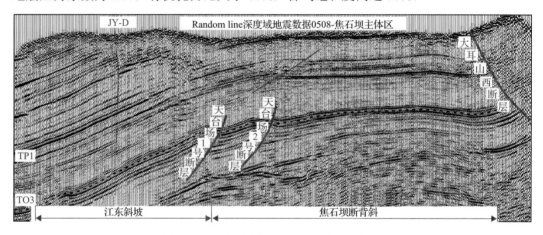

图 4.27　涪陵页岩气田过 JY-D 井地震剖面

2. C 构造稳定带

C 带与 A 带类似，属于焦石坝箱状背斜(图 4.28)。构造相对稳定、变形弱，地层平缓且连续分布，黑色泥页岩埋深超过 2300m，主体区断裂不发育，背斜四周有不同程度变形，中小断裂(裂缝)发育，钻井过程中存在井漏现象，没有大气水下渗作用，页岩气漏失作用较弱，地层超压，压力系数为 1.40～1.60，具有良好的页岩气保存条件，页岩气保存类型属于持续保存型。

该区带是涪陵的主力产气区。典型井有 JY-A 井、JY-C 井、JY-C 井等，JY-A 井是涪陵地区的功勋井，它的成功突破打开了涪陵页岩气田页岩气商业性勘探的序幕。

涪陵页岩气田五峰组—龙马溪组页岩气产层埋深 2300～3500m(平均 2645m)，上覆三叠系。地层温度 82℃，压力 38MPa，地层流体压力系数 1.55，天然气以甲烷为主，含量高达 98%。焦石坝地区异常高压条件下，页岩气以游离气为主，占总气量的 52.2%～

72.9%，平均为 65.7%，吸附气占 27.1%～47.8%，平均为 34.3%。焦石坝地区 3 口井采用氮气稳态法测得龙马溪组龙一段孔隙度介于 1.17%～8.61%，平均值为 4.78%，渗透率主要介于 0.01～10mD。测试日产量 $20.3 \times 10^4 \text{m}^3$，孔隙度为 4.90%，地层压力系数为 1.55，有机孔占比大于 80%，含气饱和度大于 60%。

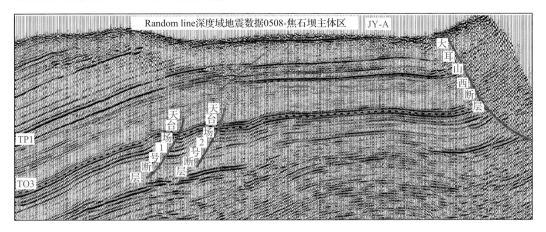

图 4.28　涪陵页岩气田过 JY-A 井地震剖面

4.3.2　断裂散失残存型

1. B 构造弱变形带

构造单元属于天台复向斜(图 4.29)。构造相对稳定、地层一定变形至较强，黑色泥页岩埋深超过 3800m，两侧受天台场 1 号断裂和吊水岩断裂控制，不受大气水下渗作用影响，页岩底部裂缝发育，页岩气有一定的断层垂向漏失，地层(弱)高压，压力系数可能超过 1.30。页岩气保存条件有一定的破坏，页岩气保存类型属于断裂散失残存型。

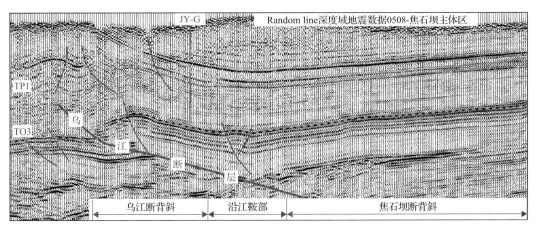

图 4.29　涪陵页岩气田过 JY-G 井地震剖面

2. D 构造变形带

构造单元属于白涛复向斜。构造相对稳定、地层变形较强，黑色泥页岩埋深超过3000m，受石门、乌江等大断裂控制，并受大气水下渗作用影响，页岩底部裂缝发育，页岩气通过断层垂向漏失，地层弱高压或常压，压力系数为0.9～1.30。页岩气保存条件破坏明显，页岩气保存类型属于断裂散失残存型。邻近的 JY-K 井保存条件可类比，其地层压力系数为0.98，测试日产量仅 $4.48 \times 10^4 m^3$。

JY-K 井主力产气层埋深超过 3040m，地表出露上三叠统；构造较弱变形，地层产状较陡，断裂较发育(图 4.30)，断层涂抹系数为 6～8，总体属于断背斜、断鼻构造；顶底板的裂缝较发育，封闭条件中等，孔隙度为 3.79，地层压力系数为 0.98，有机孔占比为70%～80%；含气饱和度为 40%～60%。

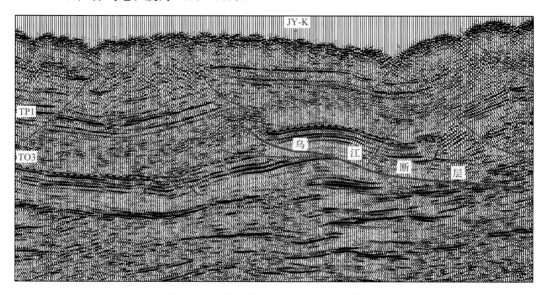

图 4.30 涪陵页岩气田过 JY-K 井地震剖面

3. E 构造强变形带

构造单元属于石门复背斜。页岩气保存条件破坏严重。晚燕山—喜马拉雅运动使得石门-金坪断裂深大断裂发育，地层倾角普遍大于 30°，大气水下渗作用强烈，页岩气漏失作用明显，地层压力为低压或常压。同时强烈的剥蚀作用又使得二叠系裸露于地表，一些构造高部位甚至志留系出露，因此区域封盖条件已被破坏。五峰组—龙马溪组一段页岩连续性较差，顶底板条件被破坏，页岩气保存类型属于断裂影响散失残存型，该区带钻有 JY-H 井。

JY-H 井主力产气层埋深超过 3230m，地表出露中三叠统；构造复杂，地层产状陡，构造较破碎，断裂发育(图 4.31)，断层涂抹系数为 4～6，总体为狭窄断背斜、复杂断裂带；顶底板裂缝发育，封闭条件差；测试日产量 $3.0 \times 10^4 m^3$，孔隙度为 2.22%，地层压力系数为 0.97，有机孔占比小于 70%，含气饱和度介于 50%～60%。

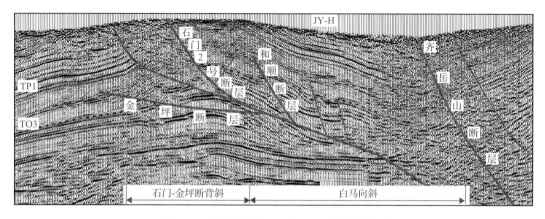

图 4.31　涪陵页岩气田过 JY-H 井地震剖面

4.3.3　侧向漏失残存型

F 构造变形带属于白马复向斜，构造相对稳定，地层变形较强，黑色泥页岩埋深超过 4000m，受山窝断裂、齐岳山断裂等大断裂带控制，并受大气水下渗作用影响，页岩底部裂缝发育，页岩气通过断层垂向漏失，地层弱高压或常压，压力系数为 0.9～1.40；页岩气保存条件被破坏明显，属于侧向漏失残存型。该区带目前钻有 JY-L 井。

JY-L 井主力产气层埋深大于 3530m，地表出露中三叠统，构造弱变形，地层产状较平缓，断裂较发育(图 4.32)，涂抹系数大于 2，总体属于狭窄复向斜。顶底板的裂缝有发育，封闭性较好，但侧向漏失。测试日产量仅 $6.27 \times 10^4 m^3$，孔隙度为 3.72，地层压力系数为 1.3 有机孔占比介于 70%～80%，含气饱和度介于 40%～60%。

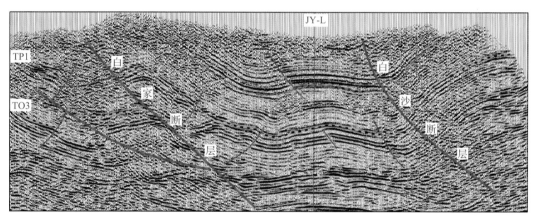

图 4.32　涪陵页岩气田过 JY-L 井地震剖面

4.3.4　破坏散失型

G 构造强变形带属于齐岳山逆断复背斜，页岩气保存条件被破坏严重。受齐岳山断裂的影响，构造变形强烈，地层破碎严重，地层倾角普遍大于 30°；大气水下渗作用强烈，页岩气漏失作用明显，地层压力为低压或常压；五峰组—龙马溪组一段页岩连续性较差，顶底板条件被破坏，页岩气保存类型属于断裂影响破坏散失型。

4.4 页岩气保存定量评价

根据物质平衡原理，页岩气聚集量与散失量之差即为页岩气的保存量，实际评价中需要动态恢复的参数较多，误差较大，因此，可利用页岩排烃量近似估计页岩的散失损失量，排烃量可通过页岩生烃量与残烃量之差计算(腾格尔等，2017)。对 JY-A 井的井位分层数据分别进行统计整理，运用生烃动力学软件搭建沉积埋藏史、热史格架，再与四川盆地抽提物油成气的化学动力学参数结合，即可得到不同埋深页岩层的生烃转化率。JY-A 井现今目的层位介于 2300～2500m，由于页岩热演化程度高，生烃近乎完全，成气、油成气、总气及净油转化率在较浅层段就已大于 0.5，且在 2500～3000m 逐渐趋向完全转化(转化率为 1)。大比例的油性干酪根在较早时期就进入生烃门限，因此在现今浅部地层显示成油转化率高，直至深层成油转化率近乎为 1。将 JY-A 井的生烃剖面在涪陵地区各井剖面予以应用，即可得出各井不同埋深页岩层的生烃转化率，进而得到各井目的层段的生烃剖面(图 4.33)。

在恢复单井的有机质丰度和页岩原始生烃潜力，并得到不同埋深对应的初始残留烃后，结合不同埋深页岩层的生烃转化率，可计算其单井生气潜力(图 4.34)。

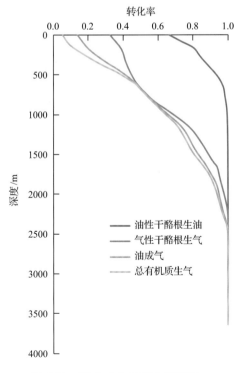

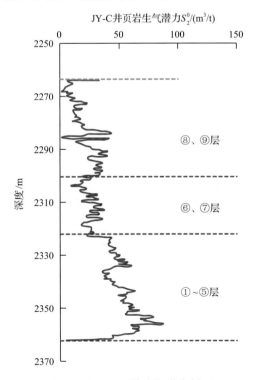

图 4.33 JY-A 井生烃转化率剖面   图 4.34 JY-C 井生气潜力剖面

结合沉积埋藏史和热史，对生烃过程进行了动态评价，①～⑤小层、⑥和⑦小层及⑧和⑨小层的生气量分别为 $7.5 \times 10^{12} m^3$、$2.6 \times 10^{12} m^3$ 和 $3.2 \times 10^{12} m^3$，根据物质平衡原理得散失率为 90%以上。

4.5　本 章 小 结

页岩层系封闭性和构造变形强度与页岩气散失的动态匹配是涪陵页岩气保存机理。保存条件是复杂构造区页岩气地质评价的关键因素，封盖条件是页岩气得以富集的基本保障。涪陵页岩气田发育良好的"上盖下堵"型顶底板条件，具有整体封存条件。涪陵页岩气田含气性差异主要取决于保存条件，而构造变形强度是影响油气藏保存条件的重要因素，合理评价构造变形强度有利于页岩开发区块的优选。本章结合涪陵页岩气田实际开发效果，采用分级评价方法，从不同尺度逐级对页岩气构造进行分区。其中一级评价指标包括：大尺度断层规模、构造变形样式，断层损伤带分布；二级评价指标包括：中小断层密度、地层倾角、应变量大小；三级评价指标包括多尺度裂缝系统、水平差应力。研究发现具有背斜背景，宽缓的构造样式；构造变形强度弱，断层不发育，同时地层抬升剥蚀程度弱的地层最有利于页岩气保存。

第 5 章
涪陵页岩气富集机理及模式

涪陵页岩气田是北美地区以外首个实现商业化开发的页岩气田，近年来，中石化江汉油田在涪陵气田的开发建设中完成了焦石坝区块外围的江东区块、平桥区块、白马区块、白涛区块等的评价工作，取得了一系列新发现，同时也遇到了新的难题。涪陵页岩气田不同区块页岩储层地质特征的具有显著差异，导致页岩气富集程度的差异，而页岩气差异富集控制因素不明，亟待开展深入研究揭示涪陵页岩气富集机理。前人研究指出，高演化背景下，适中热演化程度的深水陆棚相页岩是优质烃源岩，控制了页岩的有机质类型和丰度、生烃潜力和储集层性质(郭旭升等，2016b；邹才能等；2016)。页岩气的形成一般经历了超深埋藏和后期抬升才具备适宜压裂改造和工业开采的埋藏深度，抬升和多期构造运动的改造会造成页岩气赋存环境产生变化，必然导致页岩气的逸散甚至破坏，保存条件对页岩气藏的形成和富集至关重要。本章从涪陵页岩气富集特征入手，在前述优质页岩储层发育机理、涪陵页岩气赋存和保存机理的基础上，进一步深化生烃、成储、保存综合匹配效应研究，揭示涪陵页岩气富集机理，为涪陵页岩气高效开发提供理论依据。

5.1 涪陵页岩气差异富集特征

涪陵页岩气田富集程度具有差异性，主要表现为不同区块之间和同一区块内部的页岩气井不同层位产量差异大。从平面上看，下部优质页岩段(①～⑤小层)和上部含气页岩段(⑥～⑨小层)平面展布基本稳定，下部优质页岩段平均厚度约 40m，在南部白马向斜处略有增厚，TOC 含量、硅质含量、黏土矿物和碳酸盐岩含量南北分布也较稳定(郭旭升，2017)(图 5.1)。五峰组—龙马溪组页岩中下部①～⑤小层为深水陆棚相沉积，主要为富碳高硅黑色页岩，厚 38～40m，TOC 含量平均值为 3.13%，硅质含量介于 40%～76%，具有较好的含气性及可压性，属优质页岩段；上部⑥～⑨小层为深水陆棚沉积，水体相对下部气层变浅，以中碳中硅混合页岩和低碳中硅黏土页岩为主，厚 50～55m，TOC 含量平均为 1.28%，硅质含量相对减少，黏土质含量显著增加，其含气性和可压性品质相对较差(胡德高和刘超，2018；张梦吟等，2018)。

从涪陵页岩气田导眼井实测含气量来看(表 5.1)，JY-A 井 89m 页岩层段总含气量在 1.44～3.7m³/t，优质页岩①～⑤小层含气量基本在 2m³/t 以上，其中南部 JY-K 井-JY-L 井

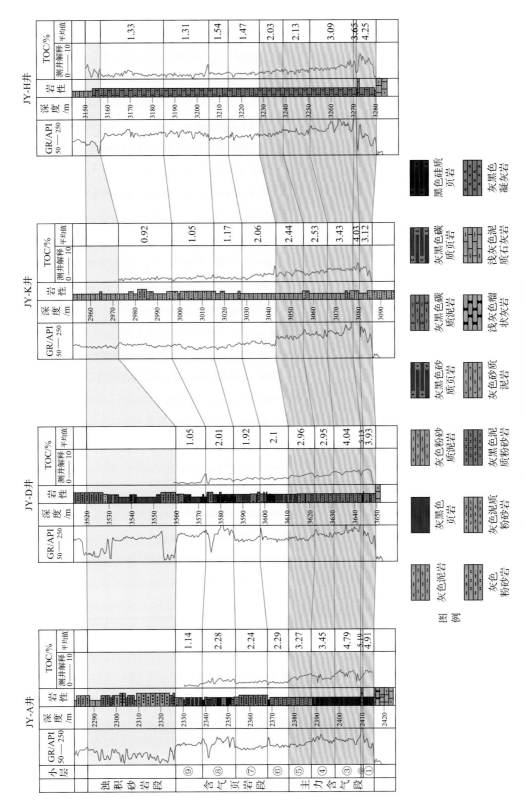

图5.1　涪陵页岩气田典型钻井连井剖面对比图

表 5.1   涪陵地区页岩气储层实测总含气量分层统计数据表   （单位：m³/t）

小层	JY-A 井	JY-C 井	JY-K 井	JY-H 井	JY-L 井	JY-F 井	JY-D 井
①～⑨	1.87	2.69	3.55	3.65	3.10	2.40	3.70
⑥～⑨	1.23	1.72	2.06	2.67	2.22	1.70	2.27
①～⑤	2.37	3.47	4.30	4.43	3.99	3.11	5.12

井区及西部 JY-D 井井区总含气量在 4m³/t 以上，属于高含气段。从南北向对比情况，中南部的 JY-L 井井区实测含气量整体高于北部及最南部的 JY-F 井井区；从东西向对比情况，西部的 JY-D 井井区实测含气量高于东部。

5.2   涪陵页岩气富集机理

在涪陵页岩气田勘探阶段，郭旭升(2014)针对中国南方海相页岩气提出了"二元富集"机理，即深水陆棚相优质泥页岩具有高的生烃能力、适中的热演化程度和良好的页岩储层品质，是页岩气"成烃控储"的基础条件，保存条件决定页岩气藏破坏程度、是否具备商业价值以及产量高低，是"成藏控产"的关键要素，对指导南方海相页岩气选区和评价发挥关键作用。在后续的涪陵页岩气田开发过程中，陆续发现了平桥窄陡背斜、江东斜坡断裂发育等与焦石坝宽缓背斜样式不同的页岩气富集区(王志刚，2015；郭旭升，2019；王志刚，2019)，其页岩气富集机理仍然不明确，亟待深入分析涪陵页岩气田页岩气差异富集的控制因素，揭示涪陵页岩气富集机理。

5.2.1   联合供气保障充足气源

1. 涪陵页岩气生成过程

涪陵地区五峰组—龙马溪组龙一段页岩有机质类型主要属于Ⅰ型，有机质热演化程度高，根据笔石和沥青反射率换算的等效镜质体反射率显示焦石坝地区五峰组—龙马溪组一段黑色页岩 R_o 值为 2.21%～3.10%，处于过成熟、高温裂解生气阶段。涪陵页岩气气体组成以烃类气体为主，烃类气体中又以甲烷为主，其他烃类气体很少。甲烷含量平均为 98.53%。甲烷碳同位素值为–30.7‰～–28.5‰（平均为–29.7‰），且具有甲烷同系物碳同位素负系列特征。因此，涪陵页岩气田五峰组—龙马溪组一段富有机质页岩层段经历了干酪根热解及残留的液态烃、湿气高温裂解和直接生气等不同热演化阶段、不同生气机制的天然气形成演化过程，并在原地滞留、持续聚集形成了现今的页岩气(腾格尔等，2017；王进，2018；姜振学等，2020；杨威等，2020)(图 5.2)。

单井埋藏史和热演化史模拟结果显示，石炭纪末期之前，涪陵地区整体处于沉积压实阶段，由于埋深始终较浅，有机质处于未成熟阶段；晚石炭世末，页岩热演化程度明显增大，R_o 达到 0.5%～0.7%，进入初始生烃阶段。早三叠世初期(245Ma)，五峰组—龙马溪组总体处于构造沉降阶段，埋深约 3200m 有机质热演化程度迅速增高。至中三叠世末(225Ma)，埋深处于约 4000m，地层温度为 130℃，R_o 值达到 1.3%，开始进入生油高

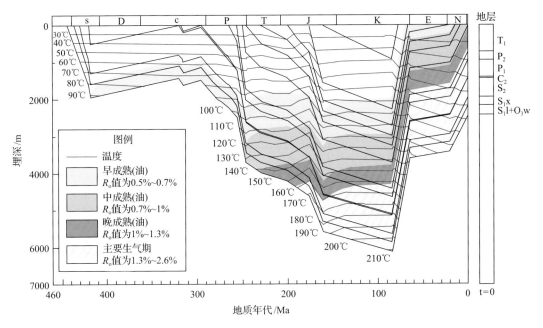

图 5.2 涪陵页岩气田 JY-A 井生烃埋藏史图

峰期并且原油开始热裂解生气(湿气)。中侏罗世后,龙马溪组持续快速深埋,R_o 演化至 1.3%~2.0%,有机质演化至高成熟阶段,生成大量的湿气及油裂解气。早白垩世,R_o 值大都超过 2.0%,进入过成熟演化阶段,处于干气阶段,液态烃裂解为天然气。晚白垩世以后,涪陵页岩气田处于整体改造抬升阶段,页岩由埋深约 6200m 抬升剥蚀至目前的 2000~3500m,生烃停止。

2. 页岩气成因类型

1) 页岩气化学组成及碳同位素组成

涪陵页岩气田已发现的天然气为优质烃类气体,以甲烷为主,甲烷含量在 97.22%~98.47%,商业价值较高。二氧化碳、氮气等非烃气体含量较低,不含硫化氢气体。$C_1/(C_2+C_3)$ 比值在 101.98~188.81。$\ln(C_1/C_2)$ 和 $\ln(C_2/C_3)$ 分别分布在 4.81~5.18 和 0.92~4.69。

焦石坝地区甲烷的碳同位素分布在-30.71‰~-28.36‰,乙烷的碳同位素分布在-34.68‰~-34.1‰,丙烷的碳同位素分布在-37.14‰~-35.03‰,乙烷与丙烷的碳同位素具有明显的"倒转"特征(表 5.2)。气体的同位素分布特征明显不同于常规天然气的特征,具有明显的 $\delta^{13}C_1>\delta^{13}C_2>\delta^{13}C_3$ 分布特征(Hao and Zou, 2013)。

根据 $\ln(C_1/C_2)$ 与 $\delta^{13}C_1-\delta^{13}C_2$ 差值的分布可以判断天然气的次生变化。这两个参数均随热演化程度的增加而增大,沿一定的趋势延伸,遭受次生改造的天然气会偏离正常趋势。遭受散失作用的天然气会表现出 $\ln(C_1/C_2)$ 相对变低和 $\delta^{13}C_1-\delta^{13}C_2$ 相对变高;生物降解成因甲烷混合作用会导致天然气 $\ln(C_1/C_2)$ 相对变高和 $\delta^{13}C_1-\delta^{13}C_2$ 相对变低。焦石坝地区表现出相对降低的 $\ln(C_1/C_2)$ 与相对增高 $\delta^{13}C_1-\delta^{13}C_2$ 差值(图 5.3)。这些特征表明焦石坝地区的天然气可能存在一定程度的散失。焦石坝地区龙马溪组干酪根主要为腐泥型干酪根，焦石坝地区天然气明显接近Ⅲ型有机质演化趋势，反映其甲烷碳同位素组成特征偏重或甲烷含量偏低，暗示其可能有富含 ^{12}C 甲烷的散失。

表 5.2　涪陵页岩气田天然气碳同位素组成

井名	气体组分(摩尔分数)/%					稳定碳同位素 δ¹³C(PDB)/‰			R_o/%	
	CH_4	C_2H_6	C_3H_8	CO_2	N_2	CH_4	C_2H_6	C_3H_8	R_{o1}	R_{o2}
JY-A	98.47	0.62	0.02	0.22	0.67	−30.3	−34.3	−36.4	5.66	3.97
JY-A	98.58	0.7	0.02	0.22	0.48	−29.6	−34.6	−36.1	6.27	4.28
JY-A	98.35	0.63	0.02	0.2	0.8	−28.36	−34.18	−36.72	7.52	4.88
JY-A	98.26	0.68	0.02			−29.3	−34.1		6.55	4.42
JY-A	98.41	0.68	0.01			−29.57	−34.59	−36.12	6.30	4.29
JY-F-2	98.37	0.54	0.02	0.25	0.82	−29.07	−34.34	−37.14	6.78	4.52
JY-A	98.31	0.6	0.02	0.32	0.75	−30.51	−34.10		5.49	3.88

注：R_{o1}：戴金星油型气，$\delta^{13}C_1 = 15.81\lg R_o - 42.2$；$R_{o2}$：沈平油型气，$\delta^{13}C_1 = 21.72\lg R_o - 43.31$。

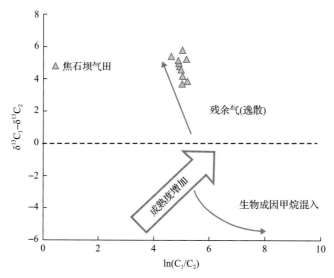

图 5.3　涪陵页岩气田天然气 $\ln(C_1/C_2)$ 和 $\delta^{13}C_1 - \delta^{13}C_2$ 相关图

2）页岩气成因类型分析

天然气具有多种成因类型，包括有机成因气和无机成因气。有机成因气按有机质类型又可分为煤成气和油型气，按照热演化程度可分为生物成因气、生物-热催化过渡带气、热解气和裂解气。不同成因的天然气其化学组分和稳定碳同位素组成都不同，利用天然气组分和同位素资料来判别天然气来源和成因。

焦石坝地区的天然气 $\delta^{13}C_1$ 主要分布在−28.36‰～−30.71‰，绝大部分样品 $C_1/(C_2+C_3)$ 比值在 101.98～188.81（图 5.4）。根据 Bernard 图版可以判断，这些天然气都属于热成因气且演化程度均较高。焦石坝地区的 $\ln(C_1/C_2)$ 和 $\ln(C_2/C_3)$ 分别分布在 4.81～5.18 和 0.92～4.69，$\ln(C_1/C_2)$ 保持相对稳定，而 $\ln(C_2/C_3)$ 则迅速升高，从 0.92 升高至 4.69，具有明显的二次裂解气的特征。

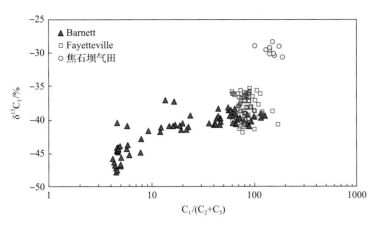

图 5.4 焦石坝地区甲烷碳同位素与 $C_1/(C_2+C_3)$ 相关图

图 5.4～图 5.6 反映了焦石坝地区天然气乙烷、丙烷碳同位素有"倒转"特征，页岩封闭体系中乙烷、丙烷碳同位素的"倒转"，主要与原油与湿气的裂解有关。因此，焦石坝地区的乙烷、丙烷碳同位素"倒转"可能与原油与湿气的裂解有关（Hao and Zou，2013）。

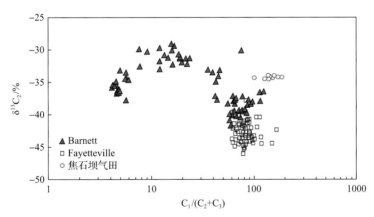

图 5.5 焦石坝地区乙烷碳同位素与 $C_1/(C_2+C_3)$ 相关图

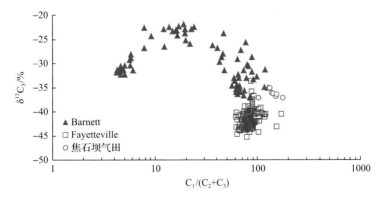

图 5.6 焦石坝地区丙烷烷碳同位素与 $C_1/(C_2+C_3)$ 相关图

根据前人研究，人们在 Barnett 和 Fayetteville 页岩产出的页岩气中发现了碳同位素的倒转现象，既有 $\delta^{13}C_2<\delta^{13}C_1<\delta^{13}C_3$ 和 $\delta^{13}C_2<\delta^{13}C_3<\delta^{13}C_1$ 的不完全倒转，也有 $\delta^{13}C_3<\delta^{13}C_2<\delta^{13}C_1$ 的完全倒转(Hao and Zou，2013)。对大量已发现天然气的系统研究，发现随着热演化程度的逐渐增加，甲烷、乙烷和丙烷的碳同位素特征逐渐有 $\delta^{13}C_1<\delta^{13}C_2<\delta^{13}C_3$ 的正碳同位素序列，经过不完全倒转，最后演化为 $\delta^{13}C_3<\delta^{13}C_2<\delta^{13}C_1$ 的完全倒转的碳同位素序列(图 5.7)，并且认为封闭系统是形成倒转的重要条件。焦石坝地区的天然气也具有 $\delta^{13}C_3<\delta^{13}C_2<\delta^{13}C_1$ 的完全倒转的碳同位素序列，暗示了焦石坝地区的天然气可能也是在封闭体系下，经过原油和湿气裂解等高演化阶段而形成。这也与其较高的地层压力系数和气体成分的研究具有一致性。

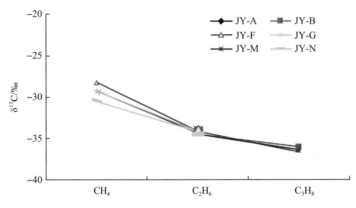

图 5.7　焦石坝地区天然气碳同位素分布特征

天然气主要来自干酪根的热降解与热裂解，因此，天然气的碳同位素组成与干酪根有一定的继承性。因此可以通过天然气的同位素特征来确定可能的天然气的来源。尽管天然气成藏后可能会受到次生作用影响，如生物降解、氧化，扩散等。根据现有资料，并未发现焦石坝地区天然气有生物降解与氧化作用。根据对样品的分析测试，焦石坝地区的天然气的主要成分为甲烷气体，含量均超过97%，甲烷的碳同位素分布在–28.36‰～–30.71‰之间。根据焦方正等(2015)对四川盆地不同层位烃源岩干酪根同位素特征的研究，发现甲烷的碳同位素特征与龙马溪组和中—下二叠统的干酪根碳同位素特征最为相似。根据地层压力的相关数据，龙马溪组的主要产气普遍发育超压，压力系数为1.35～1.55，而中—下二叠统地层不发育超压，因此中—下二叠统烃源岩生成的天然气不可能运移至龙马溪组地层中并形成超压。因此龙马溪组的天然气，应该为龙马溪组自生、自储的天然气，为典型的页岩气。

3. 干酪根和液态烃联合供气机理

由于中国南方海相页岩普遍达到高过成熟阶段(翟刚毅等，2017；王进，2018；杨威等，2020)，缺乏低成熟的海相页岩样品，为研究海相页岩生烃演化过程，选取华北中元古界下马岭组低熟海相页岩开展实际地层温压条件生排烃热模拟实验，恢复海相页岩生烃演化过程，研究热演化程度对页岩气差异富集的影响。所选样品与四川盆地及周缘五峰组—龙马溪组页岩在有机质类型、矿物组成等方面具有可比性，其演化过程可作为五峰组—龙马溪组页岩生烃演化的参考。

在有机质生气过程中，生气母质和生气时机会随热演化程度的增高而发生转变。含 I 型、II 型有机质的烃源岩先由干酪根热降解生气，在生油窗大量生油，在高-过成熟阶段（$R_o > 1.6\%$），已经生成的液态烃和沥青发生裂解形成天然气。干酪根热解和液态烃裂解两个过程保证了烃源岩在高-过成熟阶段仍可具有一定的生气潜力和富集潜力。

通过华北下花园地区中元古界下马岭组低熟海相页岩模拟实验得到的不同产物产率随镜质体反射率变化曲线，液态烃、气态烃、总烃产率的变化具有如下特征：①成熟阶段，$R_o < 1.6\%$ 时，干酪根主要生成液态烃，生液态烃高峰期为 $1.0\% \sim 1.3\%$，排出油产率最高可达 200kg/tC。这一阶段干酪根也有供气，但供气量不大，气态烃产量大多低于 60kg/tC；②高成熟-过成熟阶段，$R_o > 1.6\%$ 时，总油产率、残留油产率下降，气态烃开始快速增加，液态烃开始裂解生气。$R_o > 2.5\%$ 时，干酪根生气量减少至趋于停止，干酪根热解气对总生气量的累计贡献逐渐降低。滞留烃继续大量生气，并一直持续到 $R_o = 3.5\%$，液态烃裂解的总生气量累计贡献率不断升高（图 5.8）。

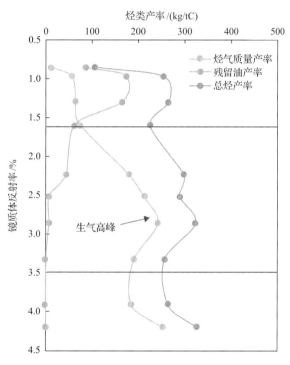

图 5.8　下花园地区下马岭组低熟海相页岩热模拟不同产物产率变化特征

页岩生烃过程中，生烃产物主要经历了以下几个阶段：生物气—未熟油及过渡带气—成熟原油及伴生气—干酪根降解气—原油裂解气—气态重烃裂解气—甲烷裂解。根据不同演化阶段的产物及对应的热演化程度，建立了南方海相页岩生气模式（图 5.9）。随生气母质变化存在几个关键的时间点，$R_o < 1.6\%$ 时，主要为干酪根供气，干酪根裂解气是主要的气源；$R_o > 1.6\%$ 后干酪根生气逐渐衰竭，滞留在页岩内的液态烃和沥青的裂解成为气源的主要供给,并一直持续到 R_o=3.5%,极大地拓宽了生气的热演化程度下限。干酪根、液态烃和沥青的裂解两个生气环节接替匹配,保证了高-过成熟海相页岩生气的高效性。

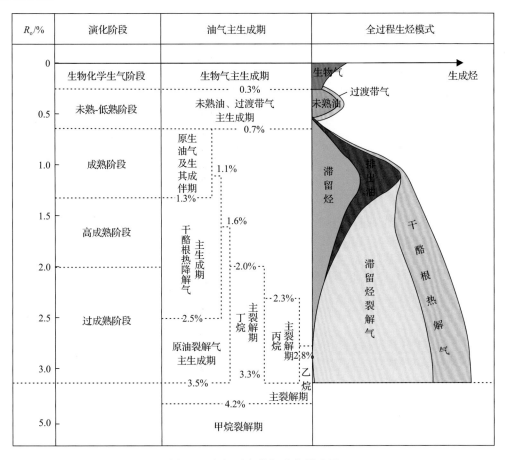

图 5.9　海相页岩供气演化模式图

5.2.2　生烃成孔贡献赋存空间

1. 生烃作用控制孔径演化

华北地区下古生界的下马岭页岩和海相页岩的矿物组成相似,选择华北中元古代的低成熟下马岭页岩进行热模拟实验,以获取不同热演化程度的页岩样品。下马岭页岩样品的镜质体反射率(R_o)约为 0.68%,处于相对较低的热演化程度。中元古代下马岭组(下马岭)页岩原始样品的 TOC 含量为 6.64%,等效镜质体反射率(R_o)为 0.68%,处于低成熟阶段。矿物成分主要是石英和黏土,分别占 52.8%和 39%,其次是长石,占 5.9%,其他矿物仅占 3.3%。黏土矿物主要是伊利石和伊利石/蒙脱石混合层(方栋梁和孟志勇,2020)(图 5.10)。

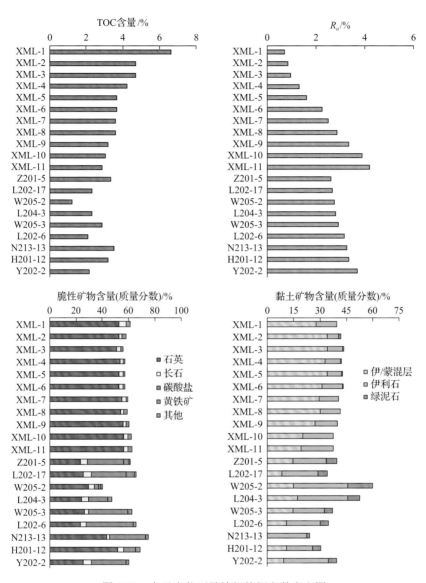

图 5.10　中元古代下马岭组特征参数直方图

1）孔隙结构表征

低压二氧化碳吸附用于定量表征页岩气的微孔。下马岭页岩（编号 XML）和龙马溪页岩的低压二氧化碳吸附等温线似乎具有相似的变化特征和趋势，其中之一属于 IUPAC 的 Ⅰ 型（Rouquerol et al.，1994；Sing，2009）。根据 DFT 方法从二氧化碳吸附数据计算出直径最大为 1.5nm 的微孔孔径分布。TOC 含量大于 5.0% 的下马岭页岩的孔径分布曲线，分别对应于 0.44～0.63nm 和 0.82nm 的孔径［图 5.11（a）、（d）］。TOC 含量小于 5.0% 的下马岭页岩的孔径分布曲线中，所有样品测试结果均显示 3 个稳定的峰，其孔径分别为 0.35nm、0.44～0.63nm 和 0.82nm［图 5.11（b）、（c）、（e）、（f）］。该结果表明，直径相对较小的孔对微孔比表面积的贡献很大，而直径较大的孔对微孔孔径分布的贡献很大。

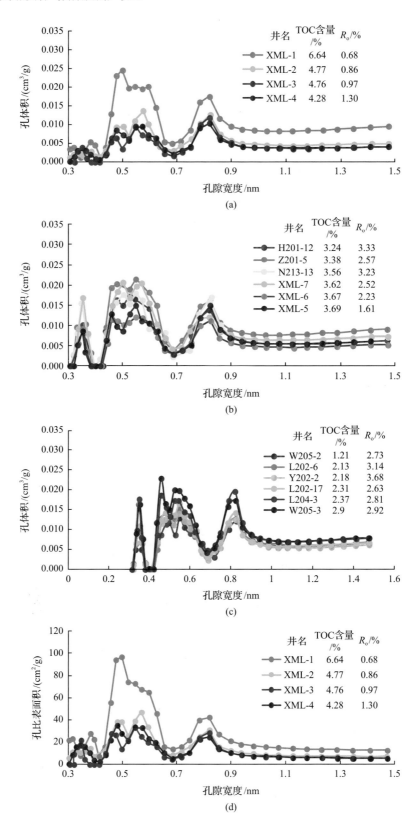

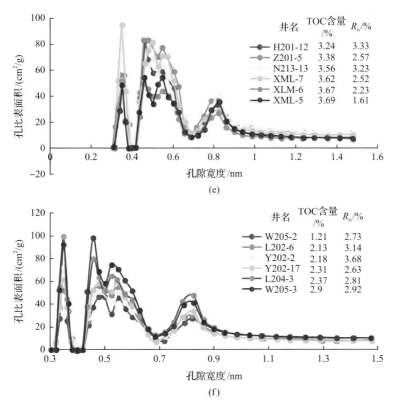

图 5.11　下马岭热模拟和龙马溪天然样品微孔孔径分布图

利用低压氮气吸附以表征中孔（2nm＜d＜50nm）和宏孔（d＞50nm）结构。氮气吸附-解吸等温线的磁滞回线介于 H3 和 H4 之间（Rouquerol et al.，1994；Sing，2009）。磁滞回线的出现表明，研究页岩存在中孔和宏孔，具有平行的板状或楔形孔隙、狭缝状孔隙及墨瓶孔隙。图 5.12（a）、（b）中直径小于 4nm 的孔在下马岭页岩中发育很少。当孔径大于 4nm 时，龙马溪页岩的孔体积分布曲线表现出单峰特征[图 5.12（b）、（c）]。当直径大于 6nm 时，孔体积随着孔径增加而降低，这表明具有较大直径的孔逐渐减小。下马岭页岩和龙马溪页岩的比表面积的孔径分布曲线均表现出单峰特征，龙马溪页岩峰的相应孔径通常较小[图 5.12（d）、（e）]。对于下马岭页岩和龙马溪页岩，直径分别在 4～20nm 和 2～20nm 范围内的孔隙对总比表面积的贡献最大。

2）下马岭热模拟样品孔隙演化过程

为了表征具有热演化程度的孔结构演变，将孔体积和比表面积归一化为 TOC 含量。随着热演化程度的提高，微孔孔径分布和比表面积先下降后上升（杨威等，2020）。中孔孔体积随 R_o 的增加显示出增加的趋势，但也存在有两个相对较低的值（R_o 值为 1.3%和 2.5%处）[图 5.13（a）]。中孔比表面积随着热演化程度的增加而增加[图 5.13（b）]。随着 R_o 的增加，宏孔比表面积没有明显变化，而宏孔体积具有两个相对较低的值点，R_o 值为 1.3%和 3.3%。总孔体积和中孔径分布具有相似的变化趋势，而总比表面积随微孔表面积具有相似的变化趋势（图 5.13）。在较低的成熟期（R_o＜1.3%）内，孔体积和总孔体积的增

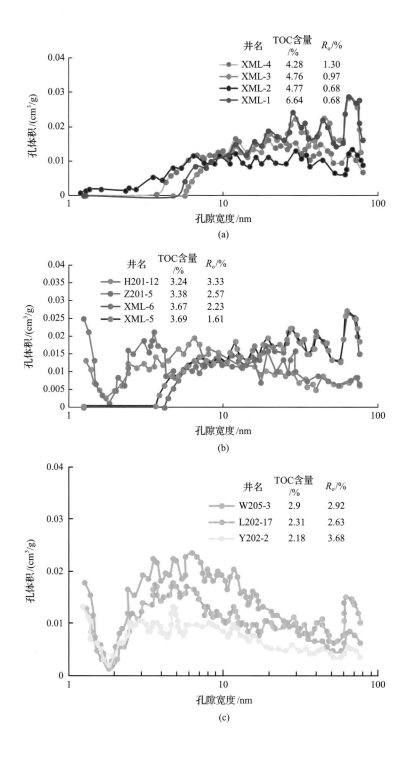

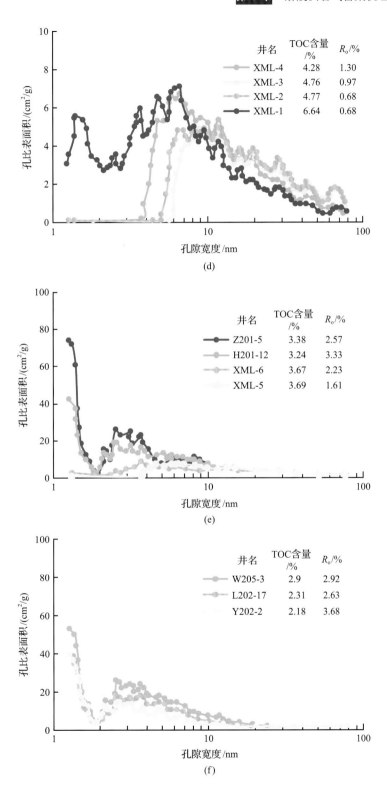

图 5.12 下马岭热模拟和龙马溪天然样品中孔孔径分布图

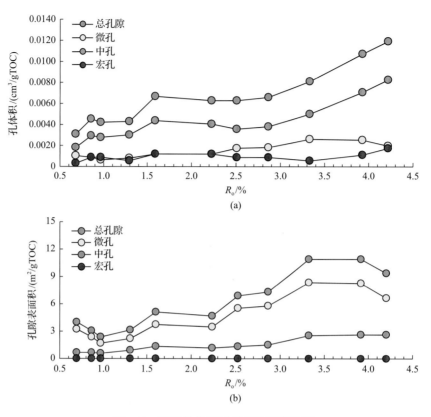

图 5.13　下马岭热模拟样品孔隙演化图

加可能与烃生成过程中有机酸的溶解和有机物孔隙的形成有关，而下降的原因可能是由于压实作用和油气充填导致的无机孔隙减少。微孔孔径分布和孔体积($R_o > 1.3\%$)的增加主要受干酪根和液态烃裂解成气体的控制，产生了大量的有机物孔隙。

3）龙马溪天然样品孔隙演化过程

将孔体积和比表面积归一化为 TOC 含量，以便更好地说明热演化程度对孔结构的影响（图 5.14）。随着热演化程度的增加，微孔、中孔、宏孔和总孔的体积先增加后减少。当 R_o 约为 2.73%时，它具有最大的孔径分布[图 5.14(a)]。宏孔的比表面积随 R_o 的增加变化很小。当 R_o 值约为 2.73%时，比表面积与 R_o 曲线具有一个峰值点[图 5.14(b)]。微孔、中孔比表面积和总比表面积首先随着 $R_o < 2.73\%$而增加，然后随着 $R_o > 2.73\%$而下降。

4）页岩生烃过程中孔隙演化模式

结合低演化阶段($R_o < 2.5\%$)热模拟样品（下马岭页岩）和高演化阶段($R_o > 2.5\%$)的自然地质样品（龙马溪页岩）来重建孔隙演化曲线。图 5.15 显示了孔隙结构从低热演化程度到高热演化程度的演化特征。孔体积和比表面积的演化曲线有两个峰，其 R_o 值分别在 1.5%～1.8%和 2.5%～3.2%的范围内，代表了孔隙发育的最佳时期。在这两个间隔中，孔径分布和比表面积较高。第一个峰（图 5.15 中的峰 1）对应于生油后期或干酪根裂解峰到天然气的末期。第二个峰（图 5.15 中的峰 2）对应于干燥气体的液态烃裂化峰期。与峰 1

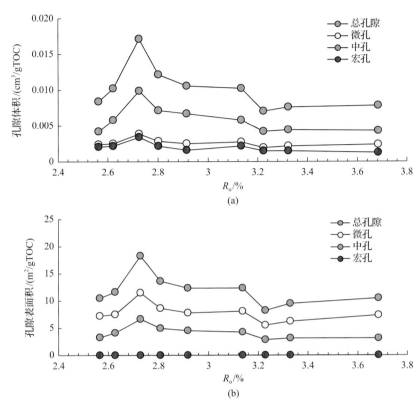

图 5.14　下马岭热模拟样品孔隙演化图

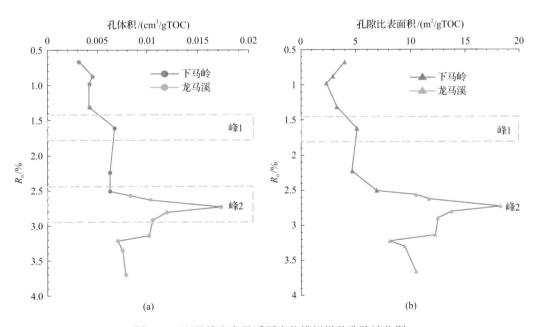

图 5.15　下马岭和龙马溪页岩热模拟样品孔隙演化图

相比，峰 2 具有更高的孔体积和比表面积，表明气体的液态烃裂化峰是页岩孔发展的最有利时期。这主要是由于油裂化形成了许多有机物孔隙，大大增加了孔隙体积和比表面积。在这项研究中，认为产油高峰不是孔隙发育的最佳时期，但天然气干酪根裂解峰的终点和干气迁移的有机质(液态烃或油、沥青)裂解峰是孔隙发育的最佳时期。

综合分析了碳氢化合物的生成和孔隙结构的演化，建立了整个碳氢化合物生成过程的孔隙体积(孔隙度)演化模式，如图 5.15 所示。在未成熟初期，$R_o<0.3\%$，产生的碳氢化合物主要是生物成因气体，孔径分布由于较早的压实和胶结作用而迅速减少。在生物化学生气阶段之后，有一个不成熟-低成熟油和早期天然气的形成阶段($0.3\%<R_o<0.7\%$)；在进一步的成岩作用下，孔隙体积继续减小，这主要受压实和胶结作用控制。在早期生油窗或大量生油的早期阶段($0.7\%<R_o<0.9\%$)，总孔径分布在较小范围内增加，中孔体积(meso)和宏孔体积(macro)的增长趋势相对显著，而微孔减少。孔隙率的增加主要是由干酪根初裂产生的碳氢化合物引起的。该阶段的产物主要是原油和伴生气。排出液态烃和气体后，干酪根内通常会形成一些有机质孔隙。此外，在烃生成过程中产生的有机酸将导致不稳定矿物的部分溶解，从而导致矿物孔隙的溶解。因此，在此期间孔隙率增加。在晚期生油窗($0.9\%<R_o<1.2\%$)中，孔隙体积呈下降趋势，这主要是由于在此期间产生的液态烃不能从烃源岩中完全排出并填充在矿物孔隙中，并且部分形成沥青，导致孔径分布减小。高成熟度的早期阶段($1.2\%<R_o<1.6\%$)是干酪根裂解为气体的高峰期(产生气体的峰值 1)，产物主要是甲烷及其同系物。在此阶段，微孔、中孔和宏孔的孔径分布显著增加，从而导致较高的孔径分布，这主要是由于干酪根裂解产生了相对较多的有机质孔的气体。在高成熟阶段的后期($1.6\%<R_o<2.0\%$)，这是干酪根裂解为天然气与闭塞烃裂解为天然气的过渡时期，孔隙度略微降低。由于成矿作用的影响，有机质孔的增加不足以弥补孔隙度的降低，导致孔隙度略有下降。在过成熟阶段，残留的碳氢化合物或沥青开始裂化并产生干燥气体，孔隙度开始逐渐增加。在第二个产气峰($2.5\%<R_o<3.2\%$)内，孔径分布也达到了最高峰期(峰 2)和宏孔孔体积也达到最大值，相应的 R_o 约为 2.73%，高于峰 1。在此阶段，液态烃或沥青裂解会产生大量干燥气体，并产生大量气泡状的有机质孔隙，从而大大增加了页岩孔隙度。随着热演化程度的进一步提高，特别是当 R_o 大于 3.2%时，液态烃或沥青的产气能力降低，孔隙度逐渐降低。

2. 生烃-成岩耦合控制有机质孔形成

为进一步研究生烃-成岩作用对有机质孔发育的控制机理，需选取从低熟到高熟的、具有热演化程度差异的同一页岩样品，开展对比表征研究。但是我国南方五峰组—龙马溪组页岩均处于过成熟状态，等效 R_o 普遍高于 2.3%，因此需要选择与五峰组—龙马溪组相似的美国 Woodford 页岩样品，补充完整热演化序列。本次选取了 6 个不同热演化程度($R_o=0.51\%\sim2.0\%$) Woodford 页岩样品的有机质孔图像与龙马溪组页岩有机质孔图像(图 5.16)。总体上，有机质面积随着热演化程度的增加而降低。通过在每个扫描电镜背散射模式(BSE)图像的灰度上设置阈值，得出有机物孔的百分比。热演化程度为 0.90%及以下的样品中未见有机质孔，只有 R_o 达到 1.23%的样品见到有机质孔。对比热演化程度为 1.67%和 1.23%的有机质孔隙图像可见，随着演化程度超过 1.5%，有机质孔大量产生。五峰组—龙马溪组页岩样品的热演化程度均超过 2.5%，表现出有机质孔隙无论直径和面孔率均为最高，表明五峰组—龙马溪组页岩有机质孔隙伴随着生烃成岩作用大量生成。但是对比发现，R_o 为 2.85%样品的有机质孔隙有缩小的趋势，与前文热模拟所得到的孔隙先增加后减小的认识相一致，也表明热模拟条件接近地质条件的情况下，模拟得到的生烃成岩过程具有可靠性。

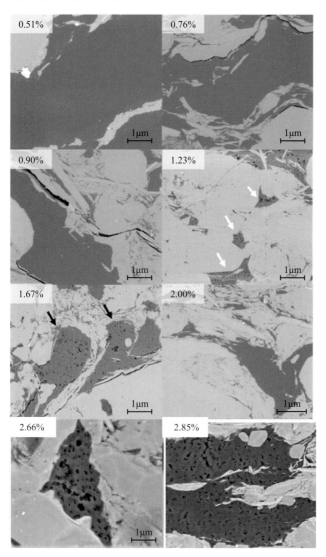

图 5.16 页岩有机质孔随成岩演化过程演化对比图

页岩的有机质孔隙度随着热演化程度增加开始大幅增加，在镜质体反射率约为 1.7% 时达到最大值，而后开始降低，五峰组—龙马溪组页岩由于过高的热演化程度其有机孔是最低的；页岩中的平均孔径随着热演化程度增高显示复杂的演化趋势，而有机质孔径的演化趋势与页岩平均孔径演化趋势基本吻合，显示页岩中孔隙演化主要是有机孔演化；

无机孔面孔率随着热演化程度不断减少，主要是压实作用响应，而无机孔孔径在过成熟的五峰组—龙马溪组页岩反而异常增大，很可能是伊利石化产生了比较大的无机孔有关；随着热演化程度增加，在过成熟五峰组—龙马溪组页岩中宏孔和微孔大幅减少，介孔有一定幅度增加；通过对不同 TOC 含量的页岩样品有机孔统计，显示随着 TOC 含量增高，页岩中比较高孔径的孔隙增加，这很可能是由于在过成熟页岩中有机质造孔能力减弱，而孔之间的合并变得频繁，因而在过成熟页岩中介孔的比例增加。

综合生烃作用和成岩作用，总结了页岩储层孔隙的形成演化过程，揭示了生烃-成岩共同作用对有机质孔隙发育的控制机理(图 5.17)。页岩沉积初期孔隙主要由机械堆积成因的粒间和粒内孔隙构成。在未成熟阶段($R_o<0.5\%$)，泥质沉积物固结成岩，地层中的流体快速排出，有机质开始生物降解。在上覆地层压力的作用下，粒间、粒内中孔和宏孔逐渐减少，并向微孔转化，塑性矿物变形充填到粒间孔隙中加剧了孔隙的损失，使得中孔和宏孔径分布快速降低，微孔径分布逐渐增加。在低-中成熟生油阶段，有机质生烃排出大量的有机酸、二氧化碳和水，造成不稳定矿物(方解石、长石)被溶蚀形成粒间孔、粒内孔和溶蚀缝。与此同时，黏土矿物中蒙脱石向伊利石(或绿泥石)转化，蒙脱石晶格间的几层单分子水层释放出来，变成粒间自由水，形成了大量的黏土矿物层间孔和成岩

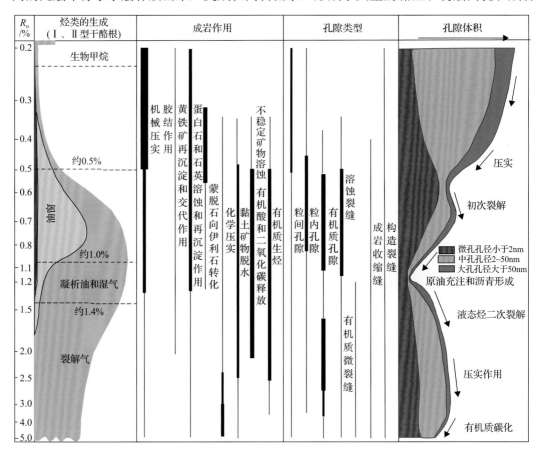

图 5.17　页岩储层孔隙形成演化模式图

收缩缝。但在这一过程中 Si、Ca 和其他元素从黏土矿物中释放出来，形成新的自生矿物或黏土矿物堵塞孔隙空间。在该热演化程度阶段，页岩孔隙体积表现出复杂的演化过程，页岩纳米孔隙体积随着热演化程度的增加呈现出先增加后降低的趋势。这是因为在 R_o 约为 1.1%时，干酪根初次裂解气体较少，原油裂解程度不到 1.1%，孔隙流体压力较小，页岩有机质孔隙被液态烃、大分子沥青和沥青质堵塞，限制干酪根初次裂解所生成的少量气体流通，使得该演化阶段有机质纳米孔隙不发育。当 $R_o > 1.1$%时，页岩中滞留石油开始裂解形成凝析油和湿气，孔隙流体压力增大，使页岩有机质孔隙增加，页岩微孔、中孔及宏孔径分布开始增大，在 R_o 达到 1.86%时，原油裂解达到 50%。在页岩处于过成熟阶段，页岩孔隙中未排出的大量液态烃和可溶沥青大部分已裂解，有机质生气引起的体积膨胀为 50%～100%，这些体积转化为有机质孔隙和微裂缝，使得页岩微孔和中孔径分布快速增加。当 R_o 值超过 2.6%时，页岩中干酪根和可溶沥青热裂解生气作用和甲烷化作用基本终止，微孔和中孔径分布增加缓慢。R_o 约为 3.2%时，页岩中有机质开始碳化，在压实作用下有机质孔隙塌陷并被充填而减少，使得页岩孔隙体积变小。

5.2.3　弱构造变形有利气体保存

涪陵页岩气田位于川东弧形褶皱带的东南部，紧邻齐岳山断层。川东高陡褶皱带是四川盆地川东南构造区最重要的二级构造单元，也是四川盆地的重要产气区，属于隔挡式、隔槽式褶皱带的过渡部位，属江南雪峰构造体系域，构造变形较为复杂。对页岩气保存有重要影响。本节从构造变形差异性的角度阐述不同变形程度对页岩气保存的影响。

1. 涪陵页岩气田差异变形特征

涪陵页岩气田从南至北，构造走向由北北西转向北北东，再转向北东，形成四川盆地最具特征的弧形褶皱带。该区燕山期受太平洋板块向北西的强烈挤压，形成一系列背斜高陡、向斜宽缓的典型侏罗山型构造；喜马拉雅期印度板块向欧亚板块俯冲，在来自北西方向的挤压应力作用下，构造得到进一步改造和重建，以正向构造为主，各背斜带之间以宽缓向斜带为界。涪陵页岩气田受江南-雪峰造山带由南东向北西的递进变形影响，焦石坝地区总体呈北东向隆凹相间的构造格局，局部受后期改造出现北西向构造，具有明显的南东强北西弱、南东早北西晚的递进变形特征(郭旭升，2014；胡东风等，2014；何治亮等，2017)。

1)构造分带性

焦石坝构造整体呈北东向，受北东向断层所控制，其中主控断层位于前寒武系，即控制焦石坝断滑背斜的滑脱断层消亡于背斜西翼，从而使得构造东西两侧地层高程发生较大的变化，即体现出东西分带性。在涪陵页岩气田北部大耳山断层两侧及南部石门-金坪断层两侧，均可见构造变形有明显差异。

在涪陵页岩气田北部，大耳山断层两侧构造变形有明显差异。东侧表现为冲断构造变形特征，发育大量的断层及相关褶皱，且单层的规模大；西侧以褶皱变形为主，发育次级断层(图 5.18)。

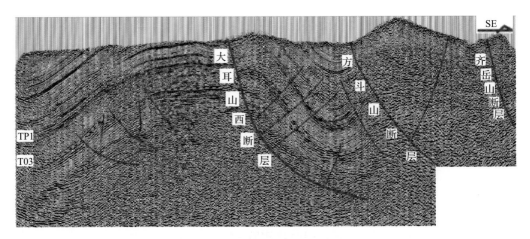

图 5.18 涪陵页岩气田北部三维 97-JS-3 测线拼接剖面图

南部石门-金坪断层两侧构造变形也有明显差异。石门-金坪断层以东，包括白马向斜带和石门-金坪背斜带两个次级构造带，紧邻齐岳山断层，构造变形较强烈，表现为冲断构造变形特征，发育大量北东向的逆断层及其相关褶皱，且断层的规模大、断距大，平面延伸较长，主控断层断至地表，以叠瓦状逆冲、反冲、挤出构造、三角带构造为主；石门-金坪断层以西，包括焦石坝背斜带、平桥背斜带、梓里场背斜带、乌江背斜带、江东向斜带、凤来向斜带、白涛向斜带、涪陵向斜带和双河口向斜带共 9 个次级构造带。这些次级构造带远离齐岳山大断裂，受山前冲断作用影响相对减弱，以褶皱变形为主，发育次级断层。断裂发育程度明显降低，断裂规模减小，向上多终止于中—下三叠统膏盐层，剥蚀量较东带小，背斜带仍保留有三叠系，具有良好的封盖条件，且构造变形程度适中，西带总体保存条件明显好于东带。西带有利区为背斜核部，东带相对有利区为埋深适中的斜坡至向斜(图 5.19)。西带内乌江断裂带影响气藏保存，两侧派生多条北西向小断裂，影响范围 6~9km(Zeng et al.，2016)。

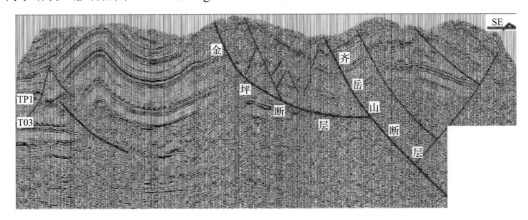

图 5.19 涪陵页岩气田南部三维 wlbm2013-nw54 测线拼接剖面图

2) 构造分段性

受控于江南-雪峰构造体系域南东向北西的挤压作用，中生代以来焦石坝地区整体发生走向为北东的断裂褶皱作用。在南东向北西斜向挤压作用下，大耳山断层、南川-遵义断层等发生南北向走滑作用，并联合北东向断层的走滑作用，在齐岳山断层西缘中段引起近东西和北东—南西向的挤压作用，形成北西向和近南北向的构造。因此，焦石坝地区的构造整体表现南东向北西的挤压逆冲特征。在这一动力学机制下，发育北西向乌江断层。受乌江断层的改造，焦石坝构造可分为南北段，且结构差异大，即具有南北分段的特征。

以乌江断裂为界，涪陵页岩气田构造具有明显的分段性，北段为北东走向的焦石坝背斜带，以宽缓的箱状背斜为特征，岩层平缓，倾角小于 5°，未发生明显断裂作用，构造变形较弱，两翼构造变形较强，地层较陡，断层前缘志留系明显增厚，岩层较破碎(图 5.20)；南段结构形态为一系列走向北东的平缓的圆弧状背斜和向斜，在乌江断层下降盘发育小型北西向断层，表现为压扭冲断—圆弧状褶皱—逆冲扭动—反冲的结构特征(图 5.21)。

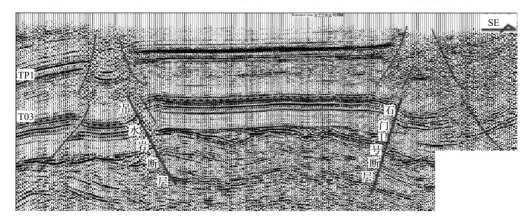

图 5.20　涪陵页岩气田过焦石坝背斜剖面图

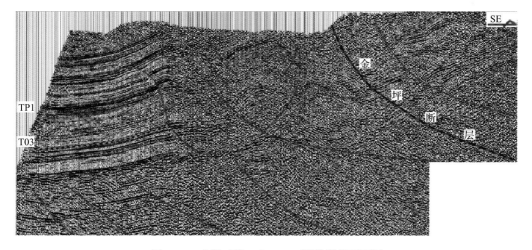

图 5.21　南部三维—fl06-224 测线拼接剖面图

乌江断层以南为平缓的单斜构造，在前寒武系滑脱变形控制下，发育平桥断背斜等断展褶皱，构造呈北东走向，形态完整，为同心褶皱，剖面上可见叠瓦构造。

涪陵页岩气田南北构造的分段特征在地表地质图及地下构造图上也有明显表现,在石门-金坪断层以南发育中生界地层,石门-金坪断层以北主要发育古生界地层。

2. 构造变形强度定量评价

长时期、多期次的构造运动强烈改造了涪陵地区断裂、断褶特征,涪陵地区具有不同程度的隆升剥蚀、挤压变形等特征,促使页岩层的流体压力场及温度场发生相应变动,致使不同地质单元(区块)页岩层系中页岩气的赋存状态、含气量与自身封闭特性等地质因素具有很大的差异性,提出了剥蚀指数、变形指数、破裂指数、倾角指数、海拔指数等5个定性-半定量判识指标。本次根据地层岩性、褶皱变形、出露情况、地层隆升剥蚀情况、埋深、裂缝及断裂发育情况、褶皱形态特征等资料,构建了页岩剥蚀指数、埋深指数、倾角指数,变形指数、破裂指数等参数来定量评价涪陵页岩气田构造变形强度。

1)地层剥蚀指数

强隆升、强剥蚀的改造对海相地层的页岩气保存具有强破坏性。以相对稳定速率抬升剥蚀的构造区,中浅层地层内最大垂层向的主应力和最小顺层向的主应力产生的变化相对明显,随着埋深变浅,前者与后者的比值逐渐增大,岩层会产生层间缝及垂向的剪切缝等破裂变形,造成页岩气渗流和扩散能力随着岩层的不同程度破裂而产生相对的变化。构造隆升剥蚀的改造不仅促使页岩层段上覆沉积盖层的厚度逐渐减小,还导致页岩层的地温场、压力场等都有相对改变。在地应力和流体压力的改变作用下,早期闭合或遭受填充的裂缝会再次开启,导致区域盖层完整性与有效性遭受破坏,页岩气漏失作用加剧。更为重要的是,游离状态的页岩气逸散、地层压力的相对减小,会促使吸附状态的页岩气解吸,进一步导致页岩含气量逐渐下降。剥蚀指数是反映地层剥蚀量的一个参数,并且剥蚀指数赋值定义为:将地层剥蚀量0~9000m赋值为0~9(即0代表0m,9代表9000m)。地层剥蚀量按区域沉积地层累计的总厚度减去现今残留地层的厚度进行估算。

JY-A井的埋藏史模拟表明,焦石坝地区最后一期抬升时间较晚(晚白垩世,约为85Ma)。因此,涪陵页岩气田从晚白垩世开始进入构造隆升剥蚀改造阶段,喜马拉雅运动期隆升剥蚀作用更为明显。根据五峰组—龙马溪组一段裂缝充填自生矿物流体包裹体的均一温度测定,涪陵页岩气田经历的最大古地温温度为210℃,根据该地区地温梯度2.7℃/100m计算,涪陵页岩气田最大古埋深约为6200m,因此晚燕山运动之后的地层剥蚀厚度普遍在1000~3800m,最大约为5000m。且由西往东(南)剥蚀厚度变大,齐岳山断裂带以东地区剥蚀厚度普遍超过5000m。

从现今地表地层的出露情况来看,石门-金坪断裂带以西为三叠系和侏罗系区域封盖,在东南部遭受构造剥蚀较为严重,中生代地层仅在向斜核部有残留,部分背斜地区出露二叠系,白马向斜东南侧甚至出露寒武、奥陶系。因此,涪陵地区页岩剥蚀指数普遍小于5。其中西带剥蚀指数较小,焦石坝区块、江东区块、平桥区块的剥蚀指数处于2~4之间,向斜区剥蚀指数更小(甚至小于1),这对页岩气的持续有效保存非常有利;东带的剥蚀指数相对较大,金坪断背斜一带的剥蚀指数超过4,局部构造高点区超过5,白马向斜区剥蚀指数小于3,这对页岩气的保存相对有利;齐岳山断裂带以东地区的剥蚀指数整体大于5,甚至超过6,属页岩气保存不利区。

2) 地层埋深指数

随着埋深的不断增加，地层环境逐步封闭，各种地质因素(如断层(裂缝)纵向漏失作用、地层出露侧向漏失作用和大气水下渗作用)对油气漏失的影响程度都会相应减弱；如果埋深越浅，地层环境越开放，各种破坏性地质因素的作用强度不但都有增大，还会有耦合放大响应。因此，埋深增加也是页岩气保存条件逐渐变好的综合条件之一。我国页岩气勘探开发实践亦证明，南方海相地层页岩气良好保存条件的埋深需要超过 1500m(王志刚，2019)。

埋深指数是反映目的页岩层埋藏深度和页岩气保存好坏，同时又影响开发难易的一个综合性参数。可以将埋深指数赋值定义为：将地层埋深每 1000m 进行一个整数单位赋值(即 0 代表 0m，4 代表 4000m，8 代表 8000m，以此类推)。埋深指数越大，地层环境的开启程度就越低，区域封存条件就越好，越有利于页岩气的整体封存。涪陵页岩气田现今埋深总体适宜，为 1500~4200m。由西往东(南)埋深逐渐变浅，到齐岳山断裂带东南地区奥陶系和志留系不同程度出露于地表，局部地区甚至寒武系出露。各区块构造高部位埋深基本在 2000m 以下，对页岩气区域成藏保存比较有利。石门-金坪大断裂以西地区地层逐渐平缓深埋。各区块埋深指数分布也具有类似特征，埋深指数范围为 0~6；焦石坝、江东、平桥区块埋深指数 2~4；金坪断背斜部分地区埋深指数小于 2；齐岳山断裂带以东地区的埋深指数整体小于 2，甚至出露于地表。

3) 地层倾角指数

构造运动致使地层产生褶皱变形，部分地层发生倒转，最终导致地层或陡或缓都有一定的角度倾斜。油气的运移方式主要有两种，即渗流作用和扩散作用，其发生在页岩生烃、排烃演化的全部过程。由于泥页岩本身的特征(自身为储层)，孔隙为微孔或纳米级孔，为低孔隙-特低渗透率的性质，并且其页理发育，这就导致页岩层的渗流方向具有差异性。通过对下龙马溪组(包含五峰组)页岩岩心样品的渗透率(纵向、横向)特征分析，横向(即顺层方向)渗透率远远比纵向(即垂直岩层的方向)渗透率大得多，一般横向的渗透率是纵向的渗透率的 2~8 倍，说明横向(顺层方向)渗流或扩散对页岩气更具破坏性(胡东风等，2014；郭旭升等，2016b)。

地层倾角的陡缓在某种程度上控制着油气横向渗流或扩散的强弱。地层倾斜较陡(即地层倾角大)，油气渗流或扩散作用越强，致使油气逸散，页岩气遭受破坏性强，保存条件差；相反，地层倾斜较缓(即地层倾角小)，某种程度上利于油气运移和聚集，形成连续页岩气藏，并且油气渗流或扩散作用相对较弱，油气散失量相对较小，利于页岩气聚集成藏，保存条件较好。倾角指数反映地层倾角的大小，地层倾角 0°~90°将其赋值为 0~9(即 0 代表 0°，9 代表 90°)。涪陵页岩气田为弱变形区，地层仅在高陡背斜处较陡，大部分地层倾斜较缓，倾角指数小于 2，属页岩气保存有利区；马武断裂带、乌江断裂带、大耳山-齐岳山断裂和石门-金坪断裂带地层倾角指数超过 5，局部大于 7。这些地区的页岩气保存条件相对较差。

4) 地层变形指数

地层在构造应力作用下发生褶皱变形，变形强度对页岩气保存具有特殊意义。褶皱作用导致的地层变形强度较弱时，地层有一定的倾角，促进油气的渗流和扩散，致使油气富集和聚集并形成连续性的页岩气藏；褶皱作用造成地层变形强度较强时，地层倾角相对较大，由于顺层的渗流和扩散作用较强，导致页岩气较多的逸散，并且变形强度较大时，地层变形后可按中心线分为压破裂区、拉破裂区、拉剪破裂区和压剪破裂区(图 5.22)，各个构造部位都会发育大量裂缝，加快了页岩气的逸散，页岩气保存条件相对就越差。

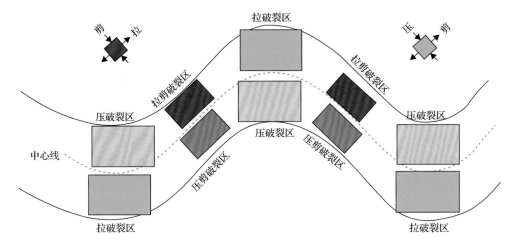

图 5.22 地层变形破裂机制模式图

变形指数是反映地层变形程度的一个指标，根据褶皱变形的两翼间的夹角大小分为 3 个变形强度等级：翼间角越大(大于 120°)，变形的强度就越弱，变形指数就越小；反之，翼间角越小(小于 60°)，说明变形的强度就越强，变形指数就越大。涪陵页岩气田主体为弱-较弱变形区，变形指数值为 0~2，保存条件相对较好。西带除了梓里场断背斜和马武断背斜以外，地层变形指数都小于 1，东南部受构造作用的影响较强，变形强度较大，变形指数值普遍大于 1，石门断背斜和金坪断背斜的轴部的变形指数在 2~3，页岩气保存的条件相对较差，白马向斜地层变形相对较弱。

5) 地层破裂指数

断裂作用和破碎作用是破坏页岩气藏的关键控制因素之一。断层是由于构造运动所积累的应力能量达到一定程度需要释放造成破裂的结果，断层与裂缝是相伴而生的，即在断层附近构造裂缝相对发育。一般情况下，区域性的大断裂因其活动时间长、期次多，微裂缝相对发育。封闭的断层及裂缝可以成为页岩气聚集和保存的有效空间，然而其他类型的断层和裂缝都对页岩气保存起到不同程度的破坏作用。裂缝发育致使页岩层渗透率增大，页岩气可以渗流形式向断层方向运移，若断层为开启状况，将导致页岩气散失。断层可表现为通天断裂直接断穿页岩层，造成页岩气直接逸散，也可表现为以隐伏小断裂为通道，连接页岩层与上下渗透层，导致页岩气上下运移而含气量逐渐减少，同样可使页岩气藏遭受破坏。

破裂指数是表征地层破裂程度的一个指标。可以根据野外观测的节理密度、裂缝、断裂、泉水和热液矿床的分布情况，按距离通天断裂带、泉水、热液矿床的距离，对破裂指数进行赋值：距离通天大断裂带 1.5km 的地区，破裂指数相对较大，赋值为 2~3；

距离通天大断裂带 1.5～3.0km 的地区，破裂指数次之，赋值为 1～2；距离通天大断裂带大于 3.0km 的地区，破裂指数相对较小，赋值为 0～1。距离通天大断层越近，破裂强度越大，破裂指数赋值越大，同时根据野外观测的节理特征、泉水和热液矿床的分布情况适当地调整破裂指数。

自中生代起，川东地区遭受多期次的构造强改造作用，且晚期构造作用较为强烈，页岩自身作为盖层常常被大的断裂带切穿或者页岩层发育大量的裂缝造成封盖性能失效，对页岩气藏的保存条件造成破坏。涪陵页岩气田处于四川盆地内缘，地层破碎程度明显比盆地外要低。涪陵地区石门-金坪断裂带以西地区，除了马武断裂和乌江断裂横向延伸很长、纵向断距较大，总体上断层相对不发育，破裂指数也较小，基本小于 1，页岩气具有整体封存、部分散失的特征；石门-金坪断裂带以东地区，由于遭受多期构造运动的叠加改造，断层密集发育，节理和裂缝也较多，破裂程度较强，破裂指数较大，普遍大于 1，石门-金坪断裂带和齐岳山断裂带的地层破裂指数超过 2，因此页岩气的保存条件普遍较差。

3. 涪陵页岩气保存过程

超压是焦石坝页岩气田最明显的特征，现今实测地层压力系数为 1.55，为高含气饱和度的超压气藏。超压演化过程只是页岩气保存过程，第一阶段(430～397Ma)的超压是欠压实所致，之后韩家店组地层遭受剥蚀，积累的压力逐渐释放，又恢复正常地层压力。第二阶段(275～110Ma)的超压是干酪根生烃和液态烃热裂解生气，其中液态烃热裂解生气是超压形成的主要原因。地层整体抬升遭受剥蚀会使压力逐渐释放，剩余压力降低。喜马拉雅期以来，剩余压力降至 13Ma，压力系数降低至 1.55。

利用 JY-A 井页岩储层构造抬升前后异常地层压力(图 5.23)，结合理想气体状态方

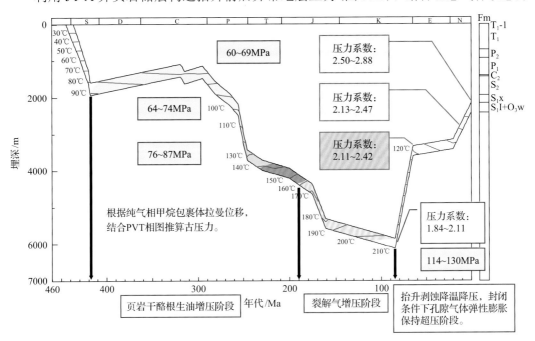

图 5.23 涪陵页岩气田 JY-A 井构造抬升剥蚀过程中的超压演化

程，可以估算页岩储层现今地层含气量、构造抬升前地层含气量，进而计算构造抬升剥蚀过程中的页岩气散失量。

（1）页岩现今埋深 2400m，地温 82℃，压力 37MPa，压力系数 1.55 的条件下：①假设页岩孔隙度为 3%时，根据理想气体状态方程，估算含气量为 3.2m³/t；②假设页岩孔隙度为 5%，根据理想气体状态方程，估算含气量为 5.3m³/t。

（2）页岩最大古埋深为 6200m，最高古地温 210℃，最大古埋深时的孔隙流体压力为 130MPa，压力系数 2.1 的条件下：①假设页岩孔隙度为 3%时，根据理想气体状态方程，估算含气量为 4.8m³/t，抬升剥蚀过程中的页岩气散失约 1.6m³/t；②假设页岩孔隙度为 5%，根据理想气体状态方程，估算含气量为 8m³/t，抬升剥蚀过程中的页岩气散失约 2.7m³/t。

涪陵页岩气田具有明显的"早期原位滞留成藏—后期动态差异保存"的两期特点，并且散失性的模式排烃作用贯穿整个页岩气的成藏保存过程（郭彤楼，2016a；郭旭升等，2016b）。后期的构造变形和抬升剥蚀是一把双刃剑，如果变形与抬升剥蚀作用太强，地层的封闭保存系统会破坏，导致不论是常规还是非常规的油气系统完全或者部分失效。因此，后期抬升的"度"很关键。强烈的构造抬升对页岩气的保存具有破坏作用，但是适度的抬升对页岩气藏维持超压、重新开启先期生烃增压形成的微裂缝和吸附气解析等具有建设性作用。在埋深比较大的情况下，晚期抬升不宜过小，太小则不能形成丰富的微裂缝，不利于储集性能的改善和地层超压的形成。埋深小的情况下，抬升幅度不宜过大，以不破坏页岩气藏内的压力系统，不造成天然气的散失为宜。研究认为，页岩抬升过程中在达到一定深度时会集中产生裂缝，主要与受到的侧向挤压力有关。因此，抬升产生微裂缝但没有出现大的穿层裂缝或断裂，即表现为一种"裂而不破"的状态才是最理想的。以川东南地区为例，抬升时间总体具有东西分带、递进变形的特点，自东南向西北抬升时间变晚。以齐岳山断裂为界，东部主体在 140~165Ma（晚侏罗世—早白垩世）开始隆升，西部最早在 85Ma（晚白垩世）开始隆升。在川东高陡背斜带还表现为南北向分块的特点，初始变形抬升时间由中间向两侧变早，川东南地区变形最晚，抬升时间相对较晚，变形强度较弱，构造形态为背斜、断背斜或宽缓向斜，地层相对平缓，对页岩气保存更为有利（图 5.24）。

5.2.4 生烃-成储-保存要素最佳匹配富集机理

基于生气、储气、保存各要素演化过程分析，揭示涪陵页岩气田"生-储-保"最佳匹配页岩气富集机理。

川东南焦石坝地区典型高产井 JY-A 井，奥陶纪至中晚志留世构造活动较稳定，整体为沉降背景，沉积了底板涧草沟组和宝塔组致密瘤状灰岩、龙马溪组富有机质页岩及其顶板下志留统小河坝组（石牛栏组）的泥页岩。随着龙马溪组页岩埋深不断增加，一方面有机质热演化程度不断增加，另一方面页岩无机孔隙快速减小。此时页岩的有机质处于未熟阶段，还没有油气生成。此阶段发育的顶底板及盆地沉降导致页岩持续深埋，为页岩气的生成和保存提供了有利条件。

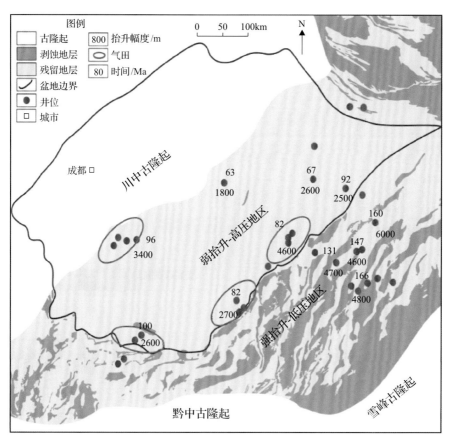

图 5.24 四川盆地东南缘构造抬升开始时间分布图

晚志留世—晚二叠世，盆地总体上普遍抬升，泥盆系和石炭系地层遭受剥蚀，地层抬升能够使页岩的无机孔保存较好，龙马溪组页岩仍处于未熟阶段，所以有机质孔还不发育（郭旭升等，2014b）。该期构造活动对龙马溪组页岩影响较小。晚二叠世以后，除印支期短暂抬升外，盆地总体是持续沉降的，龙马溪组页岩的热演化程度随埋深增加而不断增大。晚二叠世龙马溪组 R_o 达到 0.5%，开始进入大量生油期，印支期短暂抬升对应生油期，因此对页岩气藏影响不大。晚三叠世，页岩 R_o 达到 1%，进入干酪根热降解生气期。干酪根热降解生气形成的有机质孔隙使页岩孔隙小幅度增大。中侏罗世，页岩 R_o 达到 1.3%，页岩生油期基本结束，进入大量生气期。至晚白垩世末期，龙马溪组页岩达到最大埋深，R_o 为 2.59%，在页岩达到最大埋深之前为原油裂解生干气阶段，大量页岩气的生成导致页岩有机质孔发育，孔隙度增加。晚白垩世，页岩气大量形成之后，盆地末次抬升开始，抬升之后龙马溪组页岩停止生气，页岩孔隙基本不发生变化。末次抬升幅度不是很大，龙马溪组页岩没有被抬升至地表，页岩气藏未受到破坏。中生代侏罗纪至白垩纪是 JY-A 井龙马溪组页岩气生成的关键时期，而新生代以来的构造运动使页岩气藏调整，是页岩气藏形成的关键时期。在这两个关键时期生气、储气和保存条件均匹配较好，共同控制了 JY-A 井龙马溪组页岩气富集成藏。

总体上焦石坝地区为典型高产井，有机质含量高，经历早期干酪根生气、晚期原油裂解大量生气补充气源；有机质孔发育，孔隙度较高；底部临湘组瘤状灰岩、顶部粉砂质泥岩为良好顶底板条件，晚侏罗世—早中白垩世形成源岩内部物性封闭，地层抬升时间晚、幅度适中，保存三叠系盖层，保存结构破坏时间短、程度低；生储保匹配有效性高，页岩气富集成藏持续时间长，富集程度高(图 5.25)。

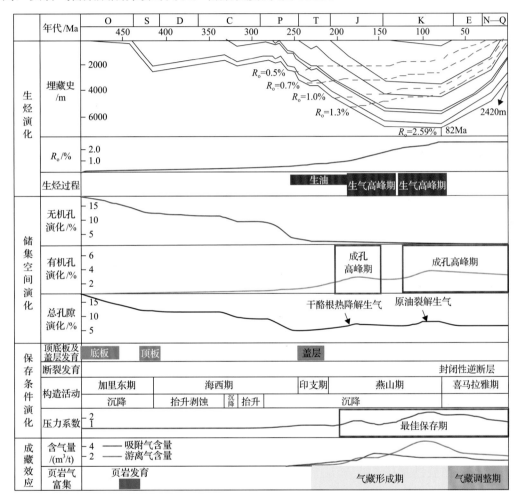

图 5.25　JY-A 井龙马溪组页岩气"生-储-保"控藏要素时空匹配图

作为对比，选取川东南地区盆外的 YC-6 井作对比分析。该井奥陶纪—志留纪沉积了五峰组—龙马溪组页岩及其顶、底板，整体为沉降背景。随着埋深的增加，有机质热演化程度不断增加，晚志留世，页岩开始生油。页岩无机孔隙随着埋深增加快速减小。此阶段发育的顶底板及盆地沉降导致页岩持续深埋，为页岩气的生成和保存提供了有利条件。

晚志留世—早二叠世，地层普遍抬升，泥盆系和石炭系地层遭受剥蚀，地层抬升能够使页岩的无机孔保存较好。此时龙马溪组页岩已经开始大量生油，地层抬升可能会使已生成的石油运移出源岩，导致页岩有机质含量减少，不利于后期天然气的生成。二叠纪—三叠纪，盆地经历多次抬升和沉降。此时为干酪根热降解生气阶段，抬升作用导致之前生成的原油和天然气排出页岩层系，沉降作用又使页岩孔隙进一步减小。三叠纪原油开始裂解生气，但由于有部分原油已从页岩内排出，所以生气量较少。三叠纪，沉积了区域性膏盐岩盖层，但是在盖层形成之前，龙马溪组页岩进入大量生气期，生气和保存匹配并不是很好。干酪根热降解生气形成的有机质孔隙使页岩孔隙小幅度增大。早白垩世，盆地开始末次抬升，抬升之后龙马溪组页岩停止生气，页岩孔隙基本不发生变化。YC-6 井末次抬升幅度很大，龙马溪组页岩甚至被抬升至地表，构造运动使裂缝大量发育，导致页岩气藏被破坏。中石炭世至早白垩世是 YC-6 井龙马溪组页岩气生成的时期，在页岩气生成过程中生气、储气和保存条件匹配情况较差。早白垩世以来的构造运动使页岩气藏被破坏。因此，YC-6 井龙马溪组页岩气不富集。总体上，渝东南地区低产井，有机质含量相对较低，生烃时间早，原油裂解生气时间短，孔隙度较低，发育底部临湘组瘤状灰岩，顶板条件较差，中侏罗世—早白垩世形成源岩内部物性封闭，地层抬升时间早、幅度大，盖层遭破坏，保存结构破坏时间长，生-储-保匹配有效性低，页岩气富集期结束早，含气性低(图 5.26)。

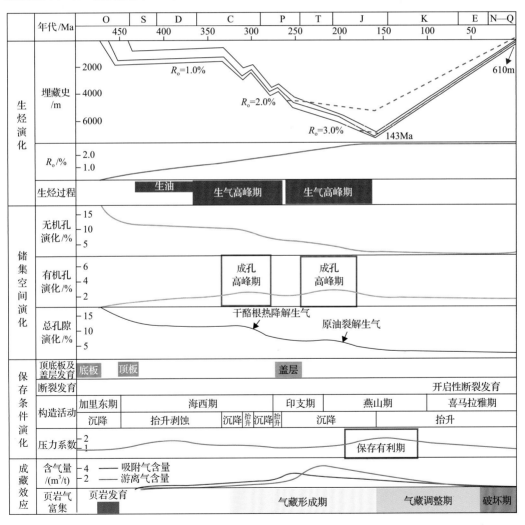

图 5.26　YC-6 井龙马溪组页岩气"生-储-保"控藏要素时空匹配图

页岩生烃高峰、储集空间演化、地层抬升时间和幅度的最佳匹配期是页岩气富集的关键时刻；富集关键时刻结束距今时间越短，越有利于页岩气富集(何治亮等，2017；姜振学等，2020)。焦石坝地区位于盆内，目的层抬升时间晚，抬升幅度小，页岩成藏条件匹配好，页岩气藏目前处于调整期(开始抬升至现今埋深大于 2000m)，页岩气主要以游离气为主，含气量高。富集关键时刻结束距今时间越长，越不利于页岩气富集。渝东南地区位于盆外，目的层抬升时间早，抬升幅度大，页岩成藏条件匹配差，页岩气藏目前处于破坏期(抬升至现今埋深小于 2000m)，吸附气和游离气含量均小(图 5.27)。

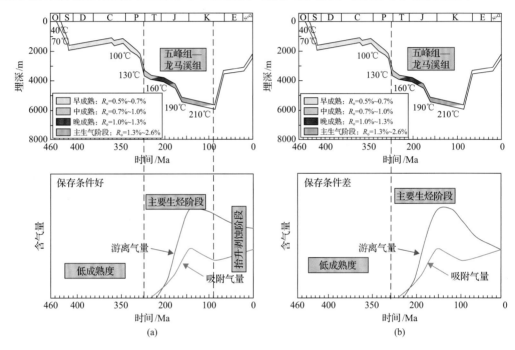

图 5.27　涪陵页岩气田页岩气演化模式图
(a)焦石坝；(b)渝东南

综上所述，保存条件好的类型有焦石坝主体区、江东地区和平桥地区，保存条件差的有梓里场地区、白马地区及白涛部分地区。不同类型页岩吸附气演化模式都比较相似，主要的差异在游离气含量变化方面。保存条件主要控制游离气含量的变化，晚期的构造抬升过程是影响页岩中游离气保存的关键。保存条件好的地区，晚期保留了较高的游离气含量，如焦石坝主体区、江东地区和平桥地区，从页岩含气性评价也可以得到证据。保存条件差的梓里场地区、白马地区及白涛部分地区游离气含量比较低，和吸附气具有相当的含量。

5.3　涪陵页岩气富集模式

依据构造形态及其完整性,建立了挤压背景下的3大类24种不同的页岩气富集模式，在涪陵识别出了 8 种典型页岩气富集模式。研究认为，区域构造背景相同的情况下页岩气富集宽缓型最好，窄陡型其次，破碎型最差。各构造形态单井钻探统计情况如表 5.3 所示，同处于石门-金坪断裂以西的断展褶皱区，正向构造富集程度宽缓型最好，窄陡型其次，破碎型较差；负向构造富集程度宽缓型较好，窄陡型其次；斜面构造富集程度宽缓型最好，窄陡型其次，破碎型较差。

表 5.3　焦石坝典型构造形态钻探效果表

类型	水平井全烃	含气饱和度/%	孔隙度/%	总含气量/(m³/t)	压力系数
宽缓断背斜	20～30	69	4.85	6.5	1.55
窄陡断背斜	16	64	3.68	4.77	1.57
多层破碎背斜	5	59	3.39	4.27	1.31
宽缓向斜型	7	64	3.66	4.37	1.32
窄陡双向冲断向斜	8.9	55.04	3.7	4.4	1.1～1.2
宽缓单斜	9.21	65	4.81	5.93	1.36
窄陡冲断斜坡	9.19	61	4.13	5.2	1.25
多层叠瓦	2.4	32	1.98	4.48	1.24

5.3.1　焦石坝区块（宽缓背斜型）

焦石坝区块位于四川盆地东部川东隔挡式褶皱带、盆地边界断裂齐岳山断裂以西，是万县复向斜内一个特殊的正向构造。其特殊性表现在：与其两侧的北东向或近南北向狭窄高陡背斜不同，焦石坝构造为一个受北东向和近南北向两组断裂控制的轴向北东的菱形断背斜，以断隆、断凹与齐岳山断裂相隔。焦石坝构造主体变形较弱，上、下构造层形态基本一致，表现出似箱状断背斜形态，即顶部宽缓、地层倾角小、断层不发育，两翼陡倾、断层发育。

以 JY-A 井为代表的焦石坝构造能够高产富集，得益于背斜构造、大面积保存的龙马溪组及构造挤压形成的超压条件。页岩气属连续型天然气聚集，不存在大范围的运移。但对于受多期构造作用强烈影响、以游离气为主的高演化程度页岩层系而言，必然有动态调整和平衡的过程。焦石坝构造天然气同样存在散失过程，天然气在高部位汇聚后存在孔缝的自然散失。相邻低部位孔缝中天然气置换式向上微距离运移，保证聚散平衡。一个个相邻孔缝的阶梯式运移，实现了大范围的页岩气向背斜(正向构造)的汇聚。对于复杂构造区、高演化程度、后期抬升剥蚀的页岩层系，高产富集的模式可概括为"阶梯运移、背斜汇聚、断-滑控缝、箱状成藏"。其含义为：①要有大范围的油气供给，保证充足的气源，由于不存在高孔渗条件、区域性的不整合面等输导体系，必须靠微裂缝沟通，实现阶梯式运移；②由于页岩气以游离气为主，经历多期构造改造，需要天然气聚散的动态平衡，以背斜为主的正向构造最为有利，即背斜(正向构造)有利于天然气汇聚；③对于泥页岩储集层，要形成高产、稳产，需要大范围发育相互连通的裂缝，两组(两期)断裂体系与龙马溪组底部滑脱层的共同作用有利于网状裂缝形成和超压的保持，是页岩气富集高产的关键，即断-滑控缝；④网状裂缝体系形成后，要保持气藏不散失，还必须具备良好的顶底板条件。龙马溪组中上部泥质粉砂岩或粉砂质泥岩和五峰组底部涧桥沟组致密灰岩，提供了很好的封隔作用，与侧向逆断层一起，构成了封闭的箱状体系。

前文已述，川东地区较湘鄂西一带构造改造强度弱，背斜形态以狭窄为主，而焦石坝背斜位于川东东部，是一个特殊的正向构造，其主体为似箱状背斜形态，即顶部宽缓，两翼陡倾，整体表现为弱变形形态，区内发育北东和近南北两组断层，且均表现为明显的逆断层，封堵性良好，区内断层多起始于下寒武统膏盐层，消失于中、上三叠统膏盐层。这些特征进一步加强了断层的封堵性。同时，焦石坝背斜与齐岳山断裂以断凹相接，逆断层和向斜的存在能有效地阻止页岩气向控盆大断裂逸散。

虽然焦石坝地区三叠系膏盐层遭受剥蚀，但五峰组—龙马溪组之上仍发育一套厚度较大、塑性较强、断层或裂缝不发育的砂泥岩组合地层，即小河坝组—韩家店组，同时其下伏地层同样为区域分布稳定、渗透性低的一套岩层，即临湘组和宝塔组深灰色含泥瘤状灰岩、灰岩。涪陵地区在经历了多期构造抬升和深埋之后，仍具备了超过 2000m 的埋深条件，这一条件促使了焦石坝页岩气层处于超压状态。在具备构造变形弱、断层封堵好、良好的顶底板条件、较高的气层压力的条件下，形成了现今焦石坝页岩气富集模式（图 5.28）。

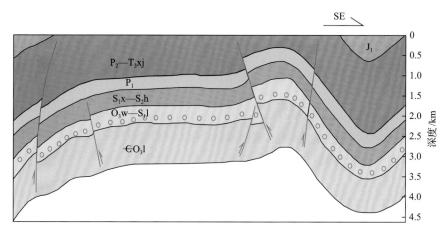

图 5.28　焦石坝区块页岩气富集模式图

5.3.2　平桥区块（窄陡背斜型）

背斜型页岩气藏主要分布在四川盆地内，埋深一般介于 2500～5000m，盆外背斜目的层多已剥蚀。背斜型改造作用较弱，内部大规模断裂相对不发育，保存条件较好，压力系数高，在局部张应力环境下，天然微裂缝发育，微裂缝改善了页岩储集空间，提供了良好的渗流通道，页岩气从页岩储层纳米孔中逸出，在天然裂隙空间内具有短距离运移聚集的特征，游离气含量占比高。背斜轴部受纵弯作用影响，应力较强，表现为张性应力场特征，发育向上开口 V 形劈理缝，物性较好。压裂时人造缝纵向延伸大，横向延伸范围小，体积改造难度大。背斜翼部发育伴生断裂，地应力得到释放，天然缝发育，压裂时人工缝与天然缝交割沟通，易形成复杂缝网，改造体积大，更易高产（张梦吟等，2018）。

平桥区块位于涪陵页岩气田南部，属背斜型页岩气藏(图 5.29)，具有较好的页岩气富集高产地质条件，地层压力系数为 1.3。钻井表明背斜轴部发育 V 形劈理缝，总含气量和游离气占比较高。而对于 JY-E 井，两口井同样位于石门-金坪断裂的西侧，平桥西背斜带的两个部位。但是 JY-E 井的页岩气产量可达 $32.68\times10^4m^3$，而 JY-O 井页岩气产量仅为 $9.65\times10^4m^3$，说明在同一构造变形区，由于次级断层密度等差异，含气性也有明显不同。对于 JY-E 井来说，其距离石门-金坪断裂的相对 JY-O 井更远，这说明远离主干断层的局部地区相对于接近主干断层的地区的页岩气产量更高。因此，对于同一构造变形区的断褶变形带来说，断褶变形带整体变形越强，断裂构造越为发育，保存条件就越差，页岩气产量也相对较低。

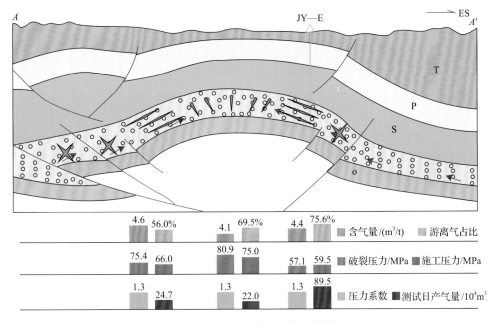

图 5.29 平桥窄陡背斜页岩气富集模式

5.3.3 江东区块(斜坡断裂型)

江东区块位于焦石坝区块西边，构造类型属斜坡型(图 5.30)。该构造类型分布区五峰组—龙一段页岩及其顶底板裂缝发育程度较低。JY-A 井区位于相对构造区内，通过该井岩心观察发现，除在五峰组发育少量低角度裂缝且多为方解石充填、裂缝开启程度较低外，五峰组—龙一段页岩及其顶底板构造缝均欠发育。成像测井资料也反映类似结论，只在下部五峰组发育 3 条高阻缝，底板裂缝不发育，加之该区含气页岩段顶板(龙二段底部)岩性以灰黑色泥质粉砂岩为主，夹灰黑色炭质泥岩，底板为涧草沟组灰色瘤状灰岩，顶底板岩性均较致密，裂缝欠发育，厚度大(大于 40m)，对页岩气隔挡性较好。总体来看，该类型构造区内的海相富有机质页岩在多期隆升剥蚀中未受到明显构造影响，未形成大规模的断-缝网络逸散通道。在隆升剥蚀背景下，由于构造缝不发育，页岩自封闭性良好，保存在页岩中的气体由于弹性膨胀，导致页岩保持相对超压状态，也抵消了部分上覆压力对孔隙的压实破坏,从而页岩中也保留了较多的孔隙。

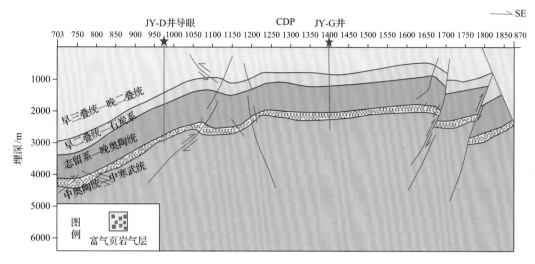

图 5.30　江东斜坡型页岩气富集模式

　　五峰组—龙一段页岩保持相对较好的物性,如 JY-D 井五峰组—龙一段页岩核磁测定的有效孔隙度平均值为 5.58%,中值孔隙直径介于 1.44~8.09nm(平均值为 2.61nm),其中下部优质页岩层段有效孔隙度平均值为 5.79%,中值孔隙直径 2.03~8.09nm(平均值为 3.26nm);另外,五峰组—龙一段页岩地层压力系数高,微注静压测试资料显示,JY-A 井气层中部深度为 3880.88m,气层中部压力为 65.77MPa,折算压力系数为 1.67,为超高压页岩气藏。江东斜坡应属于构造稳定型保存类型,变形强度小,断层及构造裂缝不发育,总含气量和游离气占比比背斜区的 JY-A 井略低,压裂施工难度较小,破裂压力和施工压力中等,地应力释放,水平层理发育,裂缝以顺层 E 形层间缝为主,压裂缝易横向延伸,缝高相对受限,产量中高。

5.3.4　白马区块(破碎向斜型)

　　白马区块位于涪陵气田南部、平桥区块以东,构造类型为破碎向斜型。该类型构造区内目的层及顶底板裂缝非常发育。对该区内的 JY-H 井岩心观察表明,五峰组发育多期裂缝,水平缝宽介于 3~5mm,垂直缝宽介于 1~5mm,方解石全充填;龙马溪组底部可见十余条缝宽介于 1~2mm 的高角度缝及数十条缝宽约 1mm 的派生缝,方解石全充填;目的层顶部见一条缝宽 1mm 的高角度缝及数条缝宽 0.1mm 的派生缝,方解石全充填。裂缝发育致使该类构造顶底板保存条件较差。成像测井资料揭示,破碎向斜中主力含气段及顶底板裂缝发育强度均显著高于宽缓背斜型构造和斜坡断裂型构造,且高导缝占比较高,断层封闭性较差,不利于页岩气保存。该区钻井漏失情况也反映出复杂型构造的断层发育且断层沟通性较强,其钻井液漏失量显著高于前两者,达 692.1m³,漏失速率达 3.85m³/h。复杂型构造区内断层及其伴生的构造缝十分发育,构造形态复杂,地层破碎,产状窄陡,在后期构造抬升剥蚀过程中,断层及与之伴生的裂缝成为页岩气逸散主要通道,对页岩气保存产生较大破坏作用,致使该区孔隙度、孔隙直径和地层压力系数等参数显著降低，反映出该类型页岩气保存条件较差。

构造复杂型保存类型主要分布于东南部的石门-金坪背斜和白马向斜。在石门-金坪背斜中，断裂发育，构造较破碎，主要形成狭窄断背斜、复杂断裂带；地层产状陡，地层增厚比例 2.0 左右；顶底板岩层裂缝发育，封闭条件差。如图 5.31 所示，构造复杂型分布区的页岩气井平均测试产量 $8.6 \times 10^4 \mathrm{m}^3/\mathrm{d}$，平均测试井口压力 7.9MPa，平均无阻流量为 $9.4 \times 10^4 \mathrm{m}^3/\mathrm{d}$。白马区块断裂发育，构造较破碎，主要形成狭窄断背斜、复杂断裂带；地层产状陡，地层增厚比例 2.0 左右；顶底板岩层裂缝发育，封闭条件差。

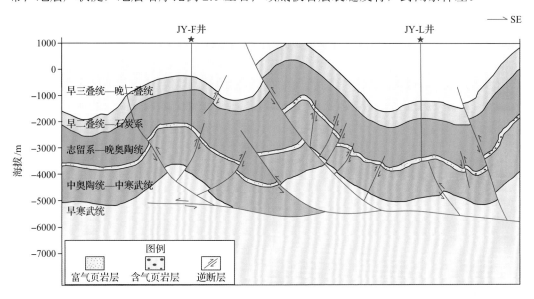

图 5.31 涪陵页岩气田白马区块页岩气富集模式

5.4 本章小结

本章揭示了涪陵页岩气富集机理，从页岩气生-储-保主控因素分析的角度，分析认为涪陵页岩气田五峰组—龙马溪组页岩干酪根和原油裂解联合供气、生烃成孔贡献赋存空间、弱构造变形有利页岩气保存是涪陵页岩气富集机理。

第6章

涪陵页岩气田高产机理

6.1　涪陵页岩气田高产特征

勘探开发实践证实，在含气性相似的区域，页岩气单井测试产量也可能存在较大差异，表明页岩气高产不仅受地质条件控制，还受到水平井钻井、分段压裂等工程工艺技术的影响，因此，页岩气高产主控因素复杂，亟待开展深入研究。本章通过系统研究涪陵页岩气田五峰组—龙马溪组高产井特征，阐明高产主控因素，揭示涪陵页岩气高产机理，为五峰组—龙马溪组海相页岩气开发提供技术支撑和理论依据。

6.1.1　涪陵页岩气田初期产能

涪陵页岩气田目前已建成 3 个产建区块，分别为一期产建区焦石坝区块及二期产建区江东区块和平桥区块，另外三个评价区块分别为白涛区块、白马区块和风来区块。焦石坝区块为断背斜构造样式，地震资料品质好，断裂不发育，页岩气保存条件好。江东、平桥区块构造条件复杂、断裂发育，地应力非均质性强，埋深相对增大，页岩工程品质及含气性都差于焦石坝区块。从初期测试产量特征分析来看，一期产建区焦石坝区块已试气井的测试产量为 $1.8 \times 10^4 \sim 59.1 \times 10^4 \mathrm{m}^3/\mathrm{d}$，平均 $25.5 \times 10^4 \mathrm{m}^3/\mathrm{d}$，页岩气井最高测试产量平面分布呈现"北高南低、中部高东西低"的特征；江东区块测试产量 $1.8 \times 10^4 \sim 62.9 \times 10^4 \mathrm{m}^3/\mathrm{d}$，平均为 $18.4 \times 10^4 \mathrm{m}^3/\mathrm{d}$，产能具有分区差异；平桥区块测试产量 $3.0 \times 10^4 \sim 64.6 \times 10^4 \mathrm{m}^3/\mathrm{d}$，平均为 $19.6 \times 10^4 \mathrm{m}^3/\mathrm{d}$。

涪陵页岩气田一期产建区焦石坝区块和二期产建区的江东区块和平桥区块页岩气相对富集，其他区块页岩含气量和产量均较低。如焦石坝区块 JY-J 井的页岩气日产量可高达 $30 \times 10^4 \sim 40 \times 10^4 \mathrm{m}^3$，而分别位于石门-金坪断裂东侧的白马向斜带和乌江断裂带的 JY-L 井页岩气产量为 $6.27 \times 10^4 \mathrm{m}^3$，JY-G 井页岩气产量为 $6.03 \times 10^4 \mathrm{m}^3$，页岩气产量相对较低。JY-E 井及 JY-O 井位于石门-金坪断裂的西侧、平桥区块的不同部位，其中 JY-E 井的页岩气产量可达 $32.68 \times 10^4 \mathrm{m}^3$，而 JY-O 井页岩气产量仅为 $9.65 \times 10^4 \mathrm{m}^3$（表 6.1）。

表 6.1　涪陵页岩气田典型区块单井产量统计表

井名	区块	产量/($10^4 \mathrm{m}^3/\mathrm{d}$)
JY-B	焦石坝	10.5
JY-D	江东	15.3
JY-G	乌江	6.03

续表

井名	区块	产量/(10⁴m³/d)
JY-E	平桥	32.68
JY-O	平桥	9.65
JY-L	白马	6.27

6.1.2 高产井产量分析

以涪陵页岩气田 JY-M 高产井为例开展产量分析。该井五峰组—龙马溪组页岩沉积于深水陆棚相，①～⑤小层优质页岩气层厚度较大，有机质丰度高(TOC 值为 1.87%～6.22%，平均为 2.36%)，热演化程度适中(R_o 值为 2.5%～2.64%，平均为 2.60%)，具有较好的页岩气富集物质基础，已实现了页岩气商业开发。JY-M 井于 2013 年 9 月 29 日正式投入生产，油压 29.97MPa，配产 $36 \times 10^4 m^3/d$。为探索气井不同生产方式、落实页岩气开发规律、提高单井可采储量，针对 JY-M 井高压高产特点，江汉油田涪陵页岩气公司对该井采取"初期放大压差生产、后期定压生产"的方式开展试采。该井自投产以来，一直保持着全国页岩气井单井累计产量最高记录(聂海宽等，2020)。2014 年 9 月 6 日，成为全国首口累计产量达 $1 \times 10^8 m^3$ 的高产页岩气井。2016 年 2 月 29 日，累计产量突破 $2 \times 10^8 m^3$。2018 年 9 月 30 日，油压 5.33MPa，日产气约 $6.5 \times 10^4 m^3$，累计产气 $2.68 \times 10^8 m^3$，该井生产压力与输气压力出现持平现象，日产量持续下降，开始实施增压开采措施。截至 2020 年 8 月 13 日，该井累计产量 $3.16 \times 10^8 m^3$，日产量仍保持在约 $6 \times 10^4 m^3$ (图 6.1)。

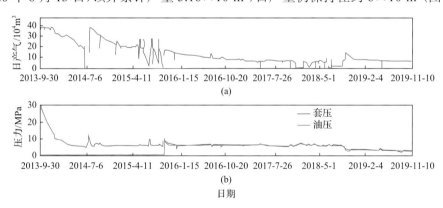

图 6.1 涪陵页岩气田 JY-M 井生产历史

6.2 涪陵页岩气田高产地质控制因素

富有机质页岩发育，页岩原地产量高，页岩气富集是高产的物质基础，页岩储层自身有机质丰度高、生气能力强，页岩中发育大量纳米级孔隙，页岩气聚集在孔隙中形成超压，指示页岩气富集(郭旭升，2014；邹才能等，2015，2017；金之钧等，2016；郭旭升等，2017)。同时，页岩气具有特低孔特低渗特征，要实现高产需通过大规模人工压裂改造,以提高储层流体渗流能力,因此,良好的压裂工程工艺改造效果对页岩气单井产能同样具有至关重要的影响(谢军等,2017)。本节在涪陵页岩气富集机理和页岩气井高产特征研究的基础上,结合目前气田开发实践,总结高产地质控制因素,主要从地层超压、优质层段钻遇长度和孔隙连通性等方面开展研究。

6.2.1　地层超压

四川盆地及周缘地区海相页岩气勘探实践表明,高产页岩气区通常超压发育,具有较高的压力系数,高产与超压有良好的匹配性,超压指示页岩储层中总含气量高,为页岩气高产奠定了基础(郭彤楼和张汉荣,2014;郭旭升,2014;金之钧等,2016;郭旭升等,2017;马永生等,2018;王志刚,2019;马新华等,2020)。涪陵页岩气田无阻流量与压力系数呈现明显的正相关关系,表明超压发育对页岩气井高产具有控制作用(图 6.2),其主要原因是一方面超压地层压力系数越高,气体压缩因子越大,游离气含量越高,经过体积改造后形成高产气流,另一方面超压对于页岩气藏储层中有机质孔隙保持、裂缝的发育与保存具有积极作用。超压发育可以有效保护页岩储层中塑性的有机质孔不被上覆岩层有效应力压实,有利于微裂缝的发育与保持,保护了储层的储集空间,增大了页岩储层中页岩气的渗流能力,有利于页岩气高产(郑爱维等,2020)。

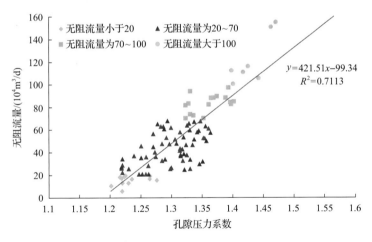

图 6.2　涪陵页岩气田无阻流量与孔隙压力系数关系图

四川盆地及周缘地区压力系数的分布指示了高产井的分布规律。以涪陵超压页岩气区和彭水常压页岩气区为例,涪陵页岩气田焦石坝区块地处四川盆地内部,五峰组—龙马溪组页岩储层保存条件总体较好,普遍发育超压,压力系数最高可达 2.25,页岩气高产井多;而向南部、东部盆缘方向,由于构造多期叠加,深大断裂发育,地层剥蚀量大,保存条件总体较差,彭水区块五峰组—龙马溪组页岩地层发育常压(压力系数≤1.0),目前无高产井分布。

涪陵页岩气田不同区块压力系数分布具有差异性,焦石坝区块五峰组—龙马溪组优质页岩气层(①~⑤小层)普遍发育超压,压力系数在 1.3~1.6,只在西南、东南靠近控带断裂发育带出现压力系数降低现象,西南部的 JY-K 井区甚至出现常压区。因此,涪陵页岩气田焦石坝区块页岩原生品质平面差异性小，但压力系数分布受到保存条件的影响具有一定的差异，进而控制了开发井产量存在较大差异，进一步表明超压对高产具有关键控制作用。

6.2.2 优质层段钻遇长度

随着水平井钻井导向技术的不断更新进步，井轨迹落实程度得到较确实的保证（谢军等，2017；马新华和谢军，2018；王志刚，2019）。四川盆地长宁、威远、焦石坝、黄金坝区块均位于四川盆地内，其开采层系为五峰组—龙马溪组页岩下部优质气层段①～⑤小层，各区块优质页岩储层分布特征及储层参数相似。钻井结果表明，当水平井靶体下沉至①、②小层内，水平井产量均高于靶体飘在上覆小层或下伏五峰组下部的井（谢军等，2018；聂海宽等，2020）。统计涪陵页岩气田焦石坝区块一期建产区水平段长度与试气产能关系可见，其水平段长度大于1500m后，产能增加不明显，小于1000m产能较低（图6.3），充分考虑地面平台大小及地下储量充分动用，部分井长度可以增大，目前1500m左右水平井钻井工程工艺比较成熟。

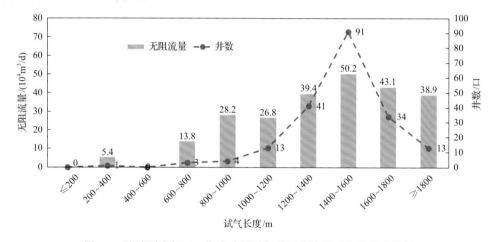

图 6.3 涪陵页岩气田一期产建区试气井无阻流量试气段长度统计

涪陵页岩气田水平井钻遇优质气层段①～④小层的长度是高产的主控因素，且当靶体中部位置距离优质页岩气层①小层底部 3～8m，同时①、②小层钻遇长度为 900～1000m 时，水平井测试更容易获得 $20×10^4m^3/d$ 以上的高产。JY-M 井开发实践表明，下部气层①～④小层页岩厚度和水平井轨迹在其穿行比例决定了页岩气的预计最终采收率（EUR），该井试采获得 $36.33×10^4m^3/d$ 高产工业气流，试气长度 1477m，水平井穿行①～④小层中部，其中穿行②、③小层的长度为 1148m，占水平段总长度的 78%，穿行①小层长度 329m，占水平段总长度的 22%。JY-M 井的持续高产和稳产验证了下部优质页岩气层（①～⑤小层）是页岩气富集高产层段的认识，该气层段形成与沉积速度慢、有机质类型好、TOC 含量高，同时具有良好的生烃和储集条件，为高产提供物质基础。而穿行④小层之上较多的井，产量也主要是②、③小层的产量贡献更大，如 JY-A 井试气长度 1007.9m，其中穿行③小层上部至④小层水平段为 250m，穿④小层上部至⑥小层水平段长度 750m，试采产量 $20×10^4m^3/d$，主要是①～④小层的贡献。因此，在地质条件相当的情况下，穿行下部气层②小层的页岩气井具有试采产量和 EUR 双高的特点，一般初始产量超过 $50\times10^4\text{m}^3/\text{d}$，EUR 一般超过 $2\times10^8\text{m}^3$，个别井超过 $3\times10^8\text{m}^3$。而穿行在其他小层的水平井，初始产量一般小于 $30\times10^4\text{m}^3/\text{d}$，EUR 一般小于 $2\times10^8\text{m}^3$。

6.2.3 孔隙连通性和润湿性

页岩气主要储存于页岩的微-纳米孔隙中，气体分子通过相互连通的孔隙网络运移到体积压裂裂缝网络中，进而通过渗流等方式运移到井筒被开采出来，可见页岩储层基质孔隙连通性优劣将直接影响油气分子在页岩储层内的运移方式，进而控制页岩油气的开采特征(王志刚，2015；郭旭升等，2016a；王超等，2017；谢军等，2017；马新华，2018；王鹏万等，2018；方栋梁和孟志勇，2020)。同时，页岩孔隙表面的润湿性较为复杂，存在亲水、亲油或混合润湿的孔隙。页岩润湿性控制页岩气赋存状态、相对渗透率及油气开采效率等(Chalmers et al.，2012a)。因此，开展页岩孔隙连通性和润湿性研究对阐明页岩气流动机理和产出机制、完善页岩气储层评价和有利区优选等具有重要的理论和现实意义。

1. 孔隙连通性

由于页岩储层发育多种类型的纳米至微米尺度的孔隙，具有低孔隙度、超低渗透率的物性特征，导致孔喉配位数和孔隙喉道比等参数已不能有效表征页岩孔隙连通性，使得常规表征孔隙连通性参数的适用性差(Chalmers et al.，2012a；Clarkson et al.，2013)。本书基于高压压汞和自发渗吸实验，优化有效孔喉迂曲度和自发渗吸斜率来评价页岩储层孔隙连通性。

1) 有效孔喉迂曲度

由于汞为非润湿相，不受页岩润湿性影响，因此，通过高压压汞计算得到的有效孔喉迂曲度 τ 能表征孔喉的复杂程度，该参数也是衡量孔隙连通性的重要参数，有效孔喉迂曲度可通过下式计算：

$$\tau=\sqrt{\frac{\rho}{24k(1+\rho V_{tot})}\int_{n=r_c,\min}^{n=r_c,\max}\eta^2 f_v(\eta)\mathrm{d}\eta}$$

式中，ρ 是样品的密度，g/cm^3；V_{tot} 是总孔隙体积，mL/g；$\int_{n=r_c,\min}^{n=r_c,\max}\eta^2 f_v(\eta)\mathrm{d}\eta$ 表示孔喉体积分布的概率密度函数。

结合在低压区和高压区的压汞数据计算结果，表 6.2 显示五峰组—龙马溪组的页岩孔隙迂曲度介于 2.35～4439，表明五峰组—龙马溪组页岩孔隙连通性较差。

2) 自发渗吸斜率

自发渗吸是岩石中一种润湿相流体在毛细管作用下自发驱替另外一种非润湿性流体的过程。基于渗滤理论，高孔隙连通性($p>0.28$，p 表示孔隙连通的可能性)有 1/2 的自吸斜率；当 $p=0.2488$(渗流阈值)时，自吸斜率约为 1/4，当 p 介于中间值时，自吸斜率在吸入界面的某处从 1/4 转换为 1/2，说明通过流体自吸曲线能反映多孔介质的孔隙连通性特征，因此根据自吸曲线的斜率能定性-半定量表征页岩储层的孔隙连通性。

表 6.2 利用压汞数据计算得到五峰组—龙马溪组页岩孔隙连通性

样品编号	层位	临界压力/MPa	特征长度/nm	迂曲度
JY-A-01	龙马溪组黏土质页岩	0.083	20583	2.35
		0.61	2776.3	13.45
		3.43	493.9	61.94
		55.08	29.5	689.2
		275.6	5.22	3045
		412.8	3.6	3473
JY-A-02	龙马溪组硅质页岩	0.15	8236	2.68
		0.61	2054	7.03
		1.92	650	24.66
		213.7	5.8	1245
		310.2	4.0	1701
JY-A-04	龙马溪组硅质页岩	0.05	25949	2.04
		4.13	302	21.02
		44.78	27.9	1120
		213.7	7.09	4173
		275.8	4.5	4439
JY-A-06	五峰组硅质页岩	206.8	27.7	1622
		296.5	4.2	1803

考虑到流体沿着垂直层理和平行层理方向流动的差异,可能对页岩自吸过程产生不一样的影响,对典型五峰组—龙马溪组页岩样品分别进行垂直层理和平行层理方向的流体(去离子水)自吸实验(图 6.4 和图 6.5)。对比实验结果发现,同一深度的两组样品中平行层理与垂直层理方向的流体自吸曲线形态基本相似,但平行层理的流体自吸曲线斜率明显大于垂直层理方向的斜率,即平行层理方向自吸速率更高,说明去离子水更容易在顺层方向运移,而在垂直层理方向运移受到了一定程度的限制。与垂直层理方向相比,涪陵地区五峰组—龙马溪组页岩水平层理方向的孔隙连通性明显更好,这与前人针对涪陵地区测定的水平渗透率大于垂直渗透率的结论一致(郭旭升等,2017)。

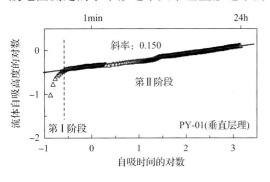
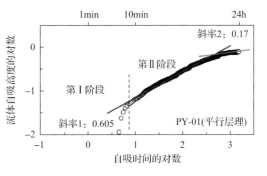

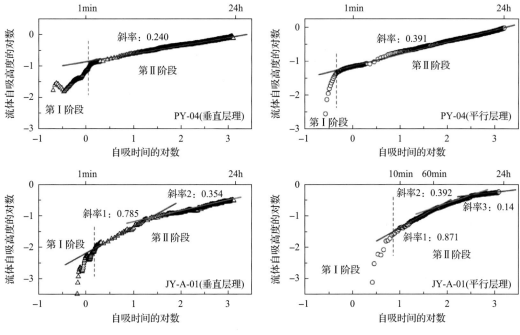

图 6.4 五峰组—龙马溪组典型页岩样品垂直层理和平行层理去离子水自吸曲线对比

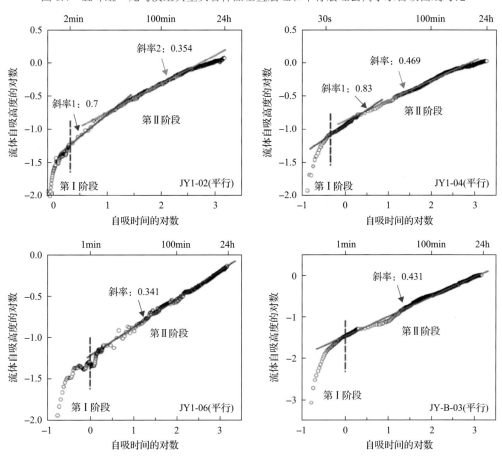

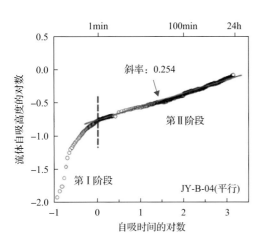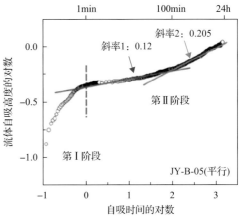

图 6.5 涪陵页岩气田典型钻井五峰组—龙马溪组页岩平行层理样品去离子水自吸曲线

通过涪陵页岩气田典型钻井五峰组—龙马溪组不同岩相页岩两种流体的自吸曲线对比结果发现，影响自吸斜率差异的主要包括页岩的矿物组分、孔隙结构、有机质含量等。根据页岩矿物组分测定可知，五峰组—龙马溪组主要的碎屑矿物组分为石英和黏土矿物，其中底部富有机质页岩中石英矿物主要为生物成因硅，上部黏土质页岩中可能发育少量陆源碎屑硅。通常黏土矿物遇水通常会发生一定程度的膨胀，导致页岩的孔隙结构更加复杂(导致阻塞孔隙和喉道等)，从而降低孔隙流体运移速率。前文已述氩离子抛光扫描电镜也观察到五峰组—龙马溪组页岩中发育丰富的有机质孔隙，而矿物基质孔隙相对较少，因此去离子水在页岩中流动的亲水孔隙空间相对较少，这也解释了去离子水的自吸曲线斜率整体上比正癸烷自吸速率小，即五峰组—龙马溪组页岩中亲水性孔隙网络的连通性相对较差，特别是黏土质硅质混合页岩。涪陵页岩气田五峰组—龙马溪组页岩中含有大量分散的有机质颗粒，这些纳米-微米级有机质颗粒离散分布在碎屑颗粒之间，其颗粒内发育大量纳米级次生有机质孔隙，为天然气在页岩储层中储集提供了有效空间。五峰组和龙马溪组富有机质页岩扫描电镜图片可见大孔径的有机质孔隙内部往往发育大量小孔径的次生有机质孔隙，因此有机质孔隙之间可以形成良好的孔隙网络，并具有较好的微观孔隙连通性。

2. 孔隙润湿性

润湿性是岩石物理特性的一个重要参数，能影响页岩气储层地质与开发的纵多方面，包括气体相对渗透率、毛细管压力和最终采收率等，因此开展页岩润湿性研究具有重要的理论与实践意义。页岩储层因其含有一定量的有机质，造成其润湿性较为复杂。为确定涪陵地区五峰组—龙马溪组不同深度页岩的润湿性特征，本书分别开展了接触角测定和不同极性流体自吸，综合判断涪陵地区五峰组—龙马溪组页岩润湿性特征。

1) 接触角

接触角测定方法为圆形拟合，测定结果精度为 ±1°。为了尽量避免页岩组成非均质性和表面粗糙程度对测定结果的影响，同一深度样品随机选取 2～3 块进行测定，测定结果为多次测定的平均值，因此能反映页岩样品的平均润湿特性。根据接触角的大小，对流体-岩石系统润湿性程度进行了划分：强润湿(0～10°)、中等强度润湿(10°～70°)、混合润湿(70°～110°)、弱润湿(110°～150°)和不润湿(150°～180°)。

按照前文所述的实验流程进行实验样品接触角的测定，不同流体的接触角测定结果见表6.3。常温下，五峰组—龙马溪组页岩去离子水在页岩表面从最开始的半球形缓慢铺展，测定的去离子水接触角介于2.8°～24.7°，均值为12.7°。参照润湿性划分方案，五峰组—龙马溪组页岩中粉砂质泥页岩的去离子水接触角介于2.8°～16.8°，均值为9.7°；硅质页岩的去离子水接触角介于9.7°～24.7°，均值为14°；泥质粉砂岩的去离子水接触角为15.7°；黏土质页岩的去离子水接触角为13.3°。不同岩相页岩的接触角对比可知，粉砂质页岩的亲水性最强，而硅质页岩、泥质粉砂岩和黏土质页岩具有中等强度的亲水性。另外，值得注意的是同样岩相的页岩接触角测定发现，卤水的接触角明显大于去离子水，总体介于10.7°～46.3°，均值为19.7°，其中，五峰组—龙马溪组页岩中粉砂质泥页岩的卤水接触角介于15.3°～23.1°，均值为16.2°；硅质页岩的卤水接触角介于10.7°～46.3°，

表 6.3　涪陵页岩气田五峰组—龙马溪组页岩接触角测定结果

井位	深度/m	层位	岩相	实测接触角/(°)		
				去离子水	卤水	正葵烷
JY-A 井	2349.95	龙马溪组	黏土质页岩	13.3	12.4	～0
	2371.0		粉砂质泥页岩	2.8	23.1	～0
	2378.84		粉砂质泥页岩	3.4	16.3	～0
	2382.56		硅质页岩	20.7	41.2	～0
	2388.3		硅质页岩	12.9	11.2	～0
	2401.76		硅质页岩	10.4	25.8	～0
JY-B 井	2585.5	龙马溪组	粉砂质泥页岩	16.8	21.1	～0
	2590.00		粉砂质泥页岩	9.4	16.8	～0
	2601.40		硅质页岩	12.3	31.1	～0
	2615.71	五峰组	硅质页岩	16.5	46.3	～0
JY-C 井	2288.1	龙马溪组	泥质粉砂岩	15.7	18.1	～0
	2303.64		粉砂质泥页岩	7.1	15.8	～0
	2329.62		硅质页岩	16.5	23.7	～0
	2344.69		硅质页岩	17.5	15.0	～0
	2347.78		硅质页岩	9.7	46.1	～0
	2349.15		硅质页岩	24.7	13.5	～0
	2352.82		硅质页岩	20.8	10.7	～0
	2360.02	五峰组	硅质页岩	15.3	11.9	～0

均值为 21.7°；泥质粉砂岩的卤水接触角为 18.1°；黏土质页岩的卤水接触角为 12.4°，反映了五峰组—龙马溪组页岩具有中等强度的水润湿性，这也说明页岩接触角与流体的组成同样存在一定关系。

与卤水和去离子水相对比，正葵烷在页岩样品表面均会迅速铺展，不同岩相的页岩接触角均为零度左右，说明涪陵页岩气田五峰组—龙马溪组页岩具有强烈的亲油特性。不同极性流体在页岩表面的接触角研究并对比分析表明，五峰组—龙马溪组页岩具有较明显的混杂润湿性特征。在实际地质条件下，推测涪陵地区五峰组—龙马溪组页岩表面的两亲性可能会更加明显。涪陵页岩气田五峰组—龙马溪组页岩中发育有大量的纳米孔隙，水分子的直径仅为 0.4nm，因此水分子能进入五峰组—龙马溪组页岩大部分孔隙中，不过受到巨大毛细管压力作用，页岩水锁现象可能会造成孔隙堵塞，使得页岩气流动能力的下降，这也可能解释了页岩气藏实际开采过程中的采收率和压裂液返排效率较低的原因。

2) 自发渗吸

流体自吸评价润湿性的基本原理是，若岩石亲水性越强，则毛细管力越大，自吸驱油时的渗吸速率越高，否则自吸速率越低。页岩润湿性的差异会导致明显不同的流体自吸行为，对应的流体自吸量存在差异，因此基于自吸曲线的斜率能有效评价岩石的亲水性强弱。同一样品吸入不同流体量的差异主要与页岩的润湿性有关。通过对比岩石不同流体自吸行为的差异(自吸量的大小和速率)能分析岩石的润湿特性。

涪陵页岩气田 JY-A 井五峰组—龙马溪组页岩去离子水和正葵烷的自吸实验结果如图 6.6 所示。从 JY-A 井可以看出，去离子水和正葵烷在与样品接触初期，流体自吸量增量较大，自吸量出现一定幅度跳跃式增加。一段时间后，流体与页岩稳定自吸曲线斜率介于 0.65～1.11，其中硅质页岩样品的去离子水的自吸斜率小于粉砂质页岩和黏土质页岩；正葵烷的自吸斜率介于 0.95～1.65，而硅质页岩样品正葵烷的自吸斜率大于粉砂质页岩和黏土质页岩。除了粉砂质页岩 JY-A-03 样品的去离子水自吸斜率略微大于对应的正葵烷自吸曲线斜率，JY-A 井其余典型页岩样品的去离子水自吸斜率均小于正葵烷自吸曲线斜率，表明 JY-A 井五峰组—龙马溪组页岩表面更加亲油，同时也具有较明显的亲水性。JY-A 井硅质页岩的正葵烷自吸实验结果显示，在样品与流体接触的早期，自吸量增加并不明显，但当自吸到某一时刻，流体自吸量快速增加，可能反映随着正葵烷进入到岩石孔隙中，岩石的润湿性发生部分改变，因此造成正葵烷自吸量的快速增加，说明五峰组和龙马溪组页岩表面均具有强亲油性，同时也表现中等程度的亲水性，这与滴水实验和接触角测定的结论一致。涪陵地区其他页岩样品中也能观察到类似的自吸特征，即不同岩相页岩的去离子水自吸斜率相对平缓，而正葵烷自吸斜率更大，表明孔隙的亲水性相对较差，具有更强烈的亲油性，不同岩相页岩之间的润湿性存在差异与矿物组成和有机碳含量不同有关。

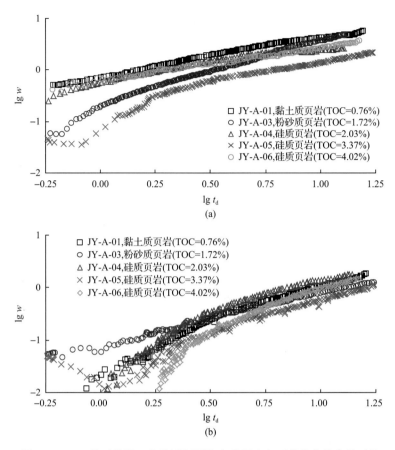

图 6.6 JY-A 井五峰组—龙马溪组页岩去离子水和正葵烷自吸实验对比

(a)去离子水；(b)正葵烷。w 为流体自吸高度；t_d 为自吸时间

6.3 涪陵页岩气田高产机理

页岩气富集与储层改造效果共同作用控制了页岩气高产。钻井和压裂改造工程技术的进步，是页岩气产量大幅度提高的重要原因之一。然而，在相同的工程技术条件下出现了气井产能差异较大，一些气井低产低效的情况，因而寻找页岩气高产主控因素一直是页岩气开发研究的重点。本节在前文研究的基础上，阐明了页岩气高产主控因素，明确了高游离气量(富集)是页岩气高产的物质基础，体积压裂是页岩气高产的关键途径，完井品质是页岩气高产的有力保障，揭示了涪陵页岩气田"含气-改造-完井"高产机理。

6.3.1 含气——高游离气量是高产的物质基础

富有机质页岩的发育、高气层压力系数指示涪陵页岩气田五峰组—龙马溪组下部优质页岩气层高产的物质基础。页岩气主要存在游离和吸附两种赋存方式，不同地质条件决定了不同地区的含气性差异。页岩气采出过程中，游离气在气井生产过程中优先产出，而吸附气需先从吸附态解吸为游离态才可由基质内运移至高渗缝网通道，因此游离气含量越高气井初期产量也就越高，游离气含量决定气井初产(解习农等，2017；姜振学等，2020)。

涪陵页岩气田区块五峰组—龙马溪组一段游离气、吸附气展现了明显的差异性(表6.4)。焦石坝地区高产井游离气含量较大，多在 $3.5m^3/t$ 以上，测试产能也均超过 $100×10^4m^3/d$，而南区游离气量却明显偏小，由北向南游离气量逐渐减小，而吸附气量逐渐增大，游离气量对总含气量影响较大。从吸附气和游离气百分比看，随着深度的增加，吸附气的比例会逐渐增加，游离气的比例会有所减少。从图 6.7 可以看出，总体而言焦石坝地区大部分井的页岩气都是以游离气为主，吸附气为辅，JY-C 井和 JY-B 井的游离气占总含气量的 52.57%~70.81%，吸附气占 29.19%~47.43%；JY-E 与 JY-D 游离气远大于吸附气，JY-E 井游离气占 56.58%~72.77%，吸附气占 27.49%~43.42%，由此可见，高的游离气含量是页岩气高产的主要原因。从游离态和吸附态两类气体的赋存分布来看，焦石坝地区富游离气浅埋区已实现初期高产，通过加密井网部署来进行储层体积改造，可充分开采赋存的游离气，并有助于吸附气的解吸，进而获得高效稳产。

表 6.4   涪陵页岩气田部分探井五峰组—龙马溪组页岩含气量统计表

井名	层位	深度/m	实际地层吸附气量/(mL/g)	游离气量/(mL/g)	总含气量/(mL/g)	游离气百分比/%	吸附气百分比/%
JY-E	龙马溪组	3402.5	1.00	2.46	3.46	71.13	28.87
	龙马溪组	3419.5	0.94	2.51	3.45	72.77	27.23
	龙马溪组	3436.5	0.95	2.21	3.17	69.94	30.06
	龙马溪组	3448.5	0.87	2.24	3.11	72.04	27.96
	龙马溪组	3461.27	0.75	1.97	2.71	72.51	27.49
	龙马溪组	3474.3	1.08	2.33	3.41	68.32	31.68
	龙马溪组	3488.36	1.41	2.09	3.50	59.61	40.39
	龙马溪组	3490.9	1.29	2.66	3.95	67.25	32.75
	五峰组	3503.02	1.65	3.56	5.21	68.35	31.65
	五峰组	3506.27	1.36	1.77	3.14	56.58	43.42
JY-D	龙马溪组	3565.04	1.12	2.92	4.04	72.22	27.78
	龙马溪组	3579.18	1.20	2.93	4.13	71.01	28.99
	龙马溪组	3592.94	1.02	3.47	4.49	77.33	22.67
	龙马溪组	3606.73	1.05	2.67	3.71	71.83	28.17
	龙马溪组	3619.84	1.54	3.46	5.00	69.20	30.80
	龙马溪组	3628.95	1.53	3.11	4.64	67.06	32.94
	龙马溪组	3637.27	1.93	3.77	5.70	66.12	33.88
	龙马溪组	3642.88	2.27	4.83	7.10	67.99	32.01
	五峰组组	3647.11	1.69	2.62	4.31	60.85	39.15

井名	层位	深度/m	实际地层吸附气量/(mL/g)	游离气量/(mL/g)	总含气量/(mL/g)	游离气百分比/%	吸附气百分比/%
JY-C	龙马溪组	2319.86	1.10	2.03	3.14	64.81	35.19
	龙马溪组	2325.13	1.32	2.16	3.48	61.99	38.01
	龙马溪组	2334.95	1.44	2.57	4.00	64.05	35.95
	龙马溪组	2338.55	1.23	1.37	2.60	52.68	47.32
	龙马溪组	2340.41	1.46	2.74	4.20	65.34	34.66
	龙马溪组	2344.69	0.64	1.20	1.84	65.08	34.92
	龙马溪组	2349.17	1.23	2.99	4.22	70.81	29.19
	龙马溪组	2352.82	1.57	1.82	3.39	53.63	46.37
JY-B	龙马溪组	2579.27	1.19	1.49	2.68	55.61	44.39
	龙马溪组	2595.74	1.60	1.78	3.38	52.57	47.43
	龙马溪组	2598.44	1.43	2.22	3.66	60.82	39.18

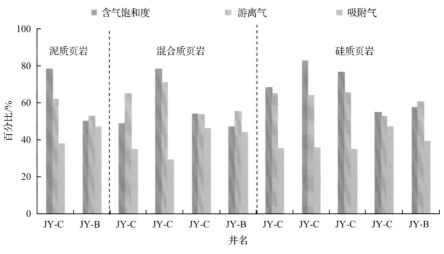

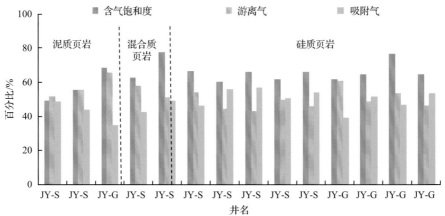

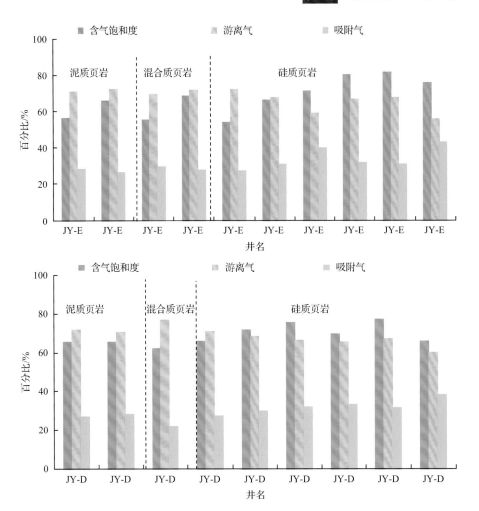

图 6.7　涪陵页岩气田五峰组—龙马溪组页岩吸附气与游离气比例

6.3.2　改造——高效体积改造是高产的关键途径

页岩岩性致密(超低渗透率),在保证高含气量的基础上,必须通过大规模压裂改造才能获得商业气流。页岩气勘探开发中强调地质工程一体化,核心就是地质研究认识与钻井、压裂工程设计相结合,以期获得最佳的工程实施效果(马新华,2018)。实现最佳的体积缝网改造效果对页岩气高产至关重要。因此,可压裂性评价是页岩气综合评价十分重要的内容之一(胡德高和刘超,2018)。涪陵页岩气田开发实践表明,构造形态、应力场分布、地层埋深等均对页岩压裂效果产生明显影响。

页岩气水平井压裂改造的目的就是为了制造复杂缝网,复杂缝网越多,表明压裂效果越好,单井产量越高。页岩层段体积改造后形成大量高渗缝网通道体系,大幅增加了页岩基质与高渗缝网通道的接触面积。若通过体积改造形成的是复杂的网状裂缝系统,则压裂改造效果好,容易形成高产工业气流(王志刚,2014)。因此,体积改造是高产的关键途径,压裂改造效果受控于自身脆性、外部地层埋深、构造形态、早期裂缝分布特征及现今地应力等。

1. 脆性

在相同地质条件下，页岩脆性矿物含量与单井产能之间呈现明显的正相关关系（图 6.8），表明页岩自身脆性矿物含量越高，可压性越好，压裂改造效果越好，单井初期产能越高。页岩的脆性向塑性转化主要受温度、围压等因素影响。当温度大于 100℃时，解理面开始粗糙化，出现刻痕等现象，局部呈现河流状、波浪状等不规则的形状，表明泥页岩发生了塑性变形。涪陵页岩气田已试气井实测资料表明，气层中部温度随埋深增大逐渐增加，当埋深大于 3000m，地层温度大于 100℃，表明涪陵页岩气田目的层页岩可能出现塑性变形，导致脆性指数降低，影响压裂改造效果。

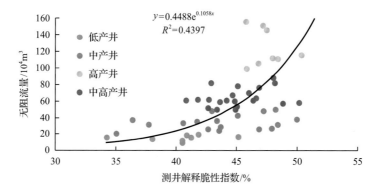

图 6.8　四川盆地焦石坝区块 1500m 水平段无阻流量与测井解释脆性指数拟合

五峰组—龙马溪组一段的不同井同小层脆性矿物含量差异较小 [图 6.9(a)]，其中①～⑦小层脆性矿物含量较高，均大于 50%，表明涪陵地区页岩储层具备较好的压裂改造条件。弹性模量和泊松比是表征页岩脆性的主要岩石力学参数，页岩弹性模量高、泊松比低，表示储层脆性高 (胡德高和刘超，2018)。根据杨氏模量、泊松比计算出各直井各小层脆性指数 [图 6.9(b)]，可以看到与脆性矿物含量类似，各直井同小层的脆性指数差异较小，其中①～⑦小层的脆性指数较高，基本大于 50%，⑧、⑨小层则略低 (40%～50%)。依据脆性指数判断涪陵页岩气田页岩储层具备形成复杂裂缝系统的条件。

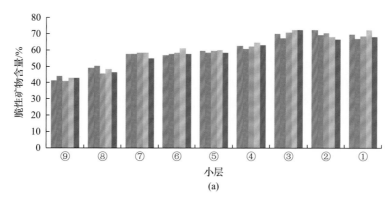

(a)

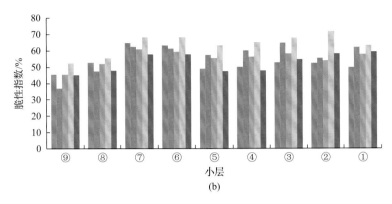

图 6.9 涪陵页岩气田①~⑨小层脆性特征对比图

(a)脆性矿物含量；(b)脆性指数

2. 天然裂缝

天然裂缝的发育程度直接影响页岩气藏的开采效益，裂缝发育有助于页岩层中游离态天然气体积的增加、吸附态天然气的解吸与总含气量的增加。

涪陵页岩气田储层裂缝主要类型为微裂缝、水平裂缝和高角度缝，焦石坝地区天然微裂缝和水平页理缝发育，考虑到泄压，推测原位裂缝规模小，岩心裂缝更发育。在远离主干断裂较远的区域，裂缝对页岩气富集和产出具有积极的意义，可增大孔隙度和游离气量，且易于与后期人工体积压裂改造形成的裂缝形成裂缝网络，促使页岩气获得工业产能(王超等，2017)。但在距离主干断裂较近的区域，天然微裂缝和水平裂缝与大型断裂连通，对页岩气的保存不利，页岩气井含气性、压力系数明显较低(孙健和罗兵，2016；罗兵等，2018)。涪陵页岩气田产能相对高的井主要分布于焦石坝构造主体部位，而产能相对低的井则紧靠周边断裂带。同时，产能相对较低井具有钻井漏失量大、实测压力略有偏低等特征。以上现象均与断裂附近发育的开启性高角度宏观裂缝的发育程度密切相关(武加鹤等，2016)。高角度裂缝的发育明显受断裂的性质和规模等的控制，在断裂带附近开启裂缝的规模较大，对页岩气的保存不利，造成页岩气散失而含气性差。开启性高角度裂缝对页岩压裂改造造成不利的影响。一方面开启的裂缝可能会大量吸收压裂液及其能量，阻碍新裂缝的形成，仅仅形成单一的裂缝，而不会形成缝网；另一方面压裂液及其能量因开启裂缝发生漏层，减弱了压裂液的能量，影响了裂缝的延展性，降低了压裂处理的效果。

根据涪陵焦石坝区块岩心的观察与描述，发现裂缝的发育特征总体相似，五峰组—龙马溪组一段裂缝纵向分布不均匀(图 6.10)，具体表现为低角度缝比高角度缝更为发育，低角度缝主要发育在③小层和①号层。

从成像测井上来看，龙马溪组底部—五峰组①~⑨小层内高导缝整体欠发育，高阻缝较为发育，且多被方解石充填，共解释裂缝 257 条，其中高导缝 47 条，占 18%，高阻缝 210 条，占 82%。涪陵页岩气田裂缝更为发育，JY-H 井裂缝最为发育，共发育 68 条裂缝(图 6.11、表 6.5)；JY-G 井发育小断层，且在相同层段发育高导缝，其次，高导缝发育在硅质含量较高的①~③小层，说明构造活动及较高的脆性矿物含量有利于高导缝

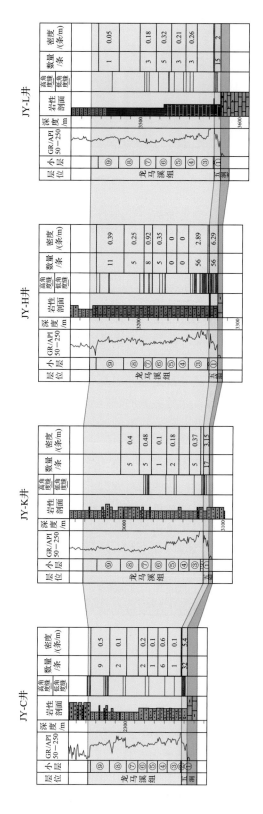

图6.10　JY-C井—JY-K井—JY-H井—JY-L井取心段裂缝描述对比图

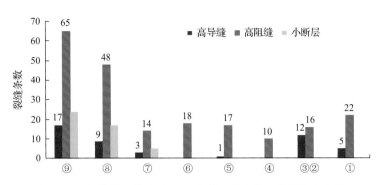

图 6.11 各井①～⑨小层 FMI 成像测井裂缝解释统计直方图

的发育；从水平井井底流压的统计结果来看，其值的高低与高导缝条数，特别是⑦～⑨小层高导缝的条数呈负相关，说明靠近气层顶板处高导缝的发育对气藏的保存条件起着一定的破坏作用。

表 6.5 各小层 FMI 成像测井裂缝解释统计表

井名	总裂缝条数	高导缝条数	⑦～⑨高导缝	①～③高导缝	对应水平井井底流压/MPa
JY-A 井	1	1	1	0	42.93
JY-H 井	68	17	5	12	30.33
JY-F 井	20	1	0	1	31.43
JY-C 井	1	0	0	0	38.07

3. 埋藏深度

储层埋藏深度增加，会导致地应力、闭合应力等增加，且地层的塑性会出现增大的趋势，因此，使得压裂过程中储层有效改造体积受限，导致压裂改造难度增加，影响压后效果。选择涪陵页岩气田不同区块、不同埋深的 8 口已试气井进行统计(表 6.6)，表明随着埋深的增大，单井上覆岩层压力存在逐渐增大的趋势，压实作用增强，导致停泵压力升高，压裂施工难度增加，且压裂造缝后的闭合压力也较大，导致人造缝网闭合过快，影响压后效果(胡德高和刘超，2018)。

表 6.6 涪陵页岩气田典型井埋深与停泵压力统计表

垂深/m	平均停泵压力/MPa	上覆岩层压力/MPa
2412.50	36.4	62.4
2649.06	25.3	66.6
2947.61	43.7	70.7
3415.23	56.2	91.0
3524.02	45.3	90.1
3555.22	39.6	87.7
3612.47	50.4	89.2
3768.13	55.9	94.3

在涪陵页岩气田已试气井中优选水平段①～③小层穿行率大于 70%，且含气性较好的区块(焦石坝区块主体区、西区及江东区块)开展统计分析(图 6.12)，当水平段埋深小于 2800m 时，埋深的大小与一点法无阻流量呈散点状，无明显相关关系，表明在埋深小于 2800m 时，压裂工程工艺能有效改造地层；当埋深大于 2800m 后，试气产量与埋深呈较为负相关关系。

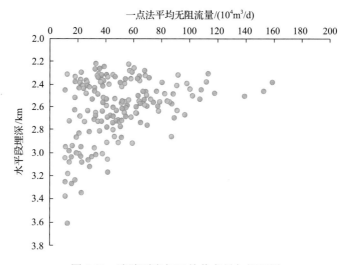

图 6.12   涪陵页岩气田单井产量与埋深图

对比焦石坝目前已完钻井相关参数(图 6.13)，可以看到 JY-A 井最大垂深为 2415m，埋深小于 3000m，计算其上覆岩层压力为 62.4MPa，停泵压力为 36.4MPa；而当埋深大于 3800m，JY-L 井上覆岩层压力均大于 90MPa，平均停泵压力偏高，均大于 45MPa。以上表明，随埋深的增大，上覆岩层压力增大，压实作用增强，导致停泵压力升高，压裂施工难度增加，且压裂造缝后的闭合压力也就越大。

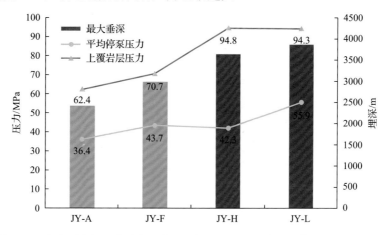

图 6.13   涪陵页岩气田典型水平井埋深与上覆岩层压力、平均停泵压力关系图

在焦石坝北部已试气井中优选①～③小层穿行率大于 70%且含气性较好的一期主体

区、西区和江东区块开展分析，从统计分布图上看(图 6.14)，当水平段埋深小于 2800m 时，埋深的大小与试气产量(归一化 1500m)无明显相关，表明在埋深小于 2800m 时，压裂工程工艺有能力改造地层。当埋深大于 2800m 后，试气产量与埋深呈较为明显的负相关关系，当埋深越大，测试产量越低，表明随埋深增大，压裂改造能力在降低，影响了单井产量。

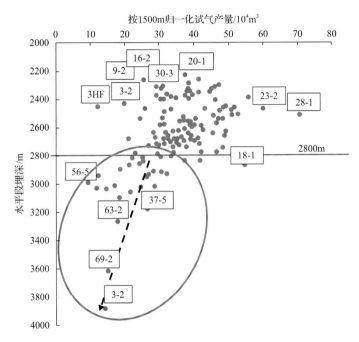

图 6.14　涪陵页岩气田一期产建区江东区块已试气井测试产量与埋深关系图
①～③小层穿行＞70%(去掉东部断裂带、西南地区复杂构造带井)

4. 构造形态

构造形态方面，背斜构造以张应力为主，向斜往往为挤压应力，在向斜区压裂施工难度明显要高于背斜构造。在背斜构造的核部、转折端、翼部，由于承受地应力不同，压裂实施效果及单井测试产量也有差异。

体积改造与压裂施工强度等因素有关，也与区域构造应力、构造背景有关，有利的构造背景条件更利于有效加砂压裂，形成复杂缝网。埋深增加不仅增大压裂施工难度，还引起高应力差使压裂液和支撑剂沿着同一方向运移，不利于形成复杂缝网。深层且水平应力差较夫的地区改造效果明显较差。

构造形态的差异也会对压裂工程造成影响。正向构造主要表现为张应力，地应力相对较小，负向构造以压应力为主，叠加上构造应力后，地应力往往较大，压裂施工难度会明显高于正向构造。

通过对涪陵页岩气田不同构造形态下试气井压裂效果分析证实：在埋深大于 2800m 区域，构造形态会对压裂产生较为明显的影响。以一期产建区的 JY-Q 井和平桥区块的 JY-R 为例，两口水平井埋深均在 3200～3300m，埋深基本相当。JY-Q 位于石门向斜，属负向构造区，JY-R 井位于平桥断背斜东翼斜坡，属正向构造区。对比压裂参数可以看到（表 6.7），JY-Q 井平均破裂压力为 84MPa，而 JY-R 井平均破裂压力为 77MPa，JY-Q 井偏低。从施工压力看(图 6.15)，JY-R 井最大施工压力基本小于 85MPa，最小施工压力基本小于 50MPa；而 JY-Q 最大施工压力则基本高于 85MPa，最小施工压力系数高于 60MPa，明显高于 JY-R 井。

表 6.7　不同构造的施工压力参数表

压裂段	施工压力/MPa			
	JY-Q 井		JY-R 井	
	最大	最小	最大	最小
第 1 段	80	44	81	43
第 2 段	85	66	84	42
第 3 段	91	67	80	47
第 4 段	90	68	83	41
第 5 段	89	69	84	49
第 6 段	86	46	81	60
第 7 段	84	80	81	54
第 8 段	84	69	81	48
第 9 段	84	68	72	50

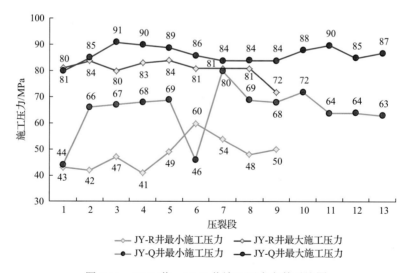

图 6.15　JY-Q 井、JY-R 井施工压力参数对比图

综上所述，构造形态会对压裂施工产生影响，导致单井测试产量出现差异。

5. 构造应力场

在较大的地应力作用下，改造缝易发生闭合，导致压裂过程中造缝的困难程度增加；同时断裂和裂缝易形成快速泄压通道，从而导致页岩储层无法形成复杂的缝网改造体系和高效的页岩气渗流通道,最终影响页岩气井的单井产能。

在伸展或走滑应力体制下的垂直井眼中,钻井诱导张裂缝通常平行于最大水平主应力方位,井眼崩塌痕迹的优势方位则平行于最小水平主应力。因此,钻井诱导张裂缝与井眼崩塌痕迹间的夹角约为90°。涪陵页岩气田现有的17口导眼井电阻率成像测井资料显示:平面上距离齐岳山断裂带越近,现今最大水平主应力方位与断裂带走向间的夹角越小;但在断裂夹持区,最大水平主应力与断裂带走向间的夹角近于 90°(图 6.16)。焦石坝背斜西北部的最大水平主应力方位近于东西向,与断裂带走向(N40°～E50°)间的夹角约 40°;焦石坝背斜东南部及白马地区的最大水平主应力方位近于北东—南西向,与断裂带走向(N40°～E50°)间的夹角减小至约20°;平桥地区、石门-金坪地区的最大水平主应力方位转变为北西—南东向,与断裂带走向(N40°～E50°)间的夹角为70°～90°。与此同时,平桥地区的最大水平主应力方位存在垂向分层特征。例如,JY-O 井在下部宝塔组—湄潭组灰岩、泥岩段最大水平主应力方位仍为北东—南西向,上部五峰组—龙马溪组碎屑岩段最大水平主应力方位为北西—南东向。

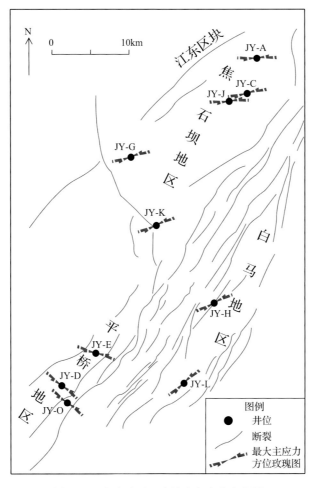

图 6.16 涪陵地区现今最大主应力方位图

断裂带周缘最大水平主应力方位普遍会发生旋转，主要有两种方式：①临近相对刚性的断裂带，旋转后的最大水平主应力方位趋近于垂直断裂走向；②临近相对塑性的断裂带中，旋转后的最大水平主应力方位趋近于平行断裂走向。基于偶极声波测井资料显示，临近断裂带，五峰组—龙马溪组页岩的杨氏模量、泊松比均逐渐增高(图 6.17)。可见，涪陵页岩气田内断裂带相对于围岩偏塑性。因此，临近断裂带，最大水平主应力方位逐渐左旋，趋向平行于断裂带走向。

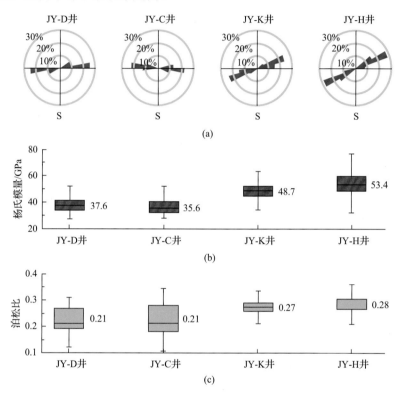

图 6.17　断裂带(JY-K 井、JY-H 井)与围岩(JY-D 井、JY-C 井)的最大水平主应力方位(a)、杨氏模量(b)及泊松比(c)对比

最大、最小水平主应力在临近断裂带的钻井中增高，增大了断裂带周缘地区的人工压裂难度。一方面，最小水平主应力制约着水力破裂的启动压力，最小水平主应力增高则加大了开启人工压裂缝难度；另一方面，最大、最小水平主应力差值在断裂带周缘有所增高，高差值下的水力压裂缝主要平行于最大水平主应力延展，低水平应力差下的水力压裂缝更容易相互交切成网状裂缝系统。

最小水平主应力在临近断裂带的页岩层中阶梯式降低，限制了人工压裂缝的垂向延展(郭旭升等，2016a)。如图 6.18 所示，自 JY-D 井向 JY-F 井逐步靠近断裂带，钻井诱导张裂缝在 JY-D 井的高伽马泥岩段较少出现，在 JY-K 井的高伽马泥岩段密度显著增大，临近断裂带的页岩层相对于顶、底板具有更小的最小水平主应力量级，因此水力破裂多局限于页岩层内，较少延伸进入顶、底板。

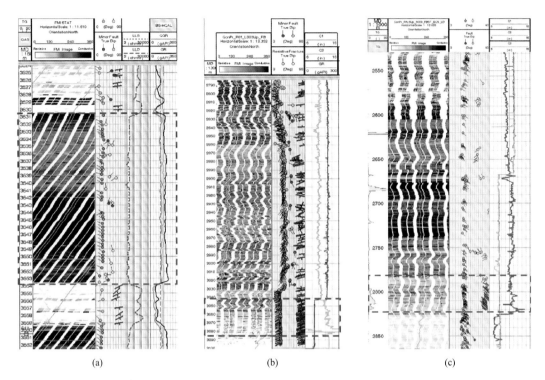

图 6.18 JY-D、JY-K 和 JY-F 井钻井诱导张裂缝发育层段对比

蓝色虚线框中高伽马泥岩段内的钻井诱导张裂缝(紫色条带)发育程度在不同井中存在差异。

(a)JY-D 井；(b)JY-K 井；(c)JY-F 井

6.3.3 完井——高品质完井是高产的有力保障

完井品质评价包括水平井穿行层位、井轨迹光滑程度和体积压裂规模三个方面。

1. 穿行层位

综合对涪陵区块已试气井地质特征和单井产能分析，不同区块穿行有利层段存在差异。如在一期产建区内穿行①小层最为有利，从图 6.19 可以看到，穿行层位越靠近五峰组，单井归一化无阻流量越高。平桥区块已试气井产剖数据分析结果表明，该区块穿行③小层高产段占比为 24%，明显高于①小层的 8%(图 6.20)。通过上述两个区块分析证明了穿行层位对压裂改造有一定影响，导致单井产能有差异。

2. 井轨迹光滑程度

通过对涪陵区块难压段统计结果分析表明，处于岩性变化较大的界面(包括①~③、③-④)的难压段比例占到 45%，明显高于其他穿行层位(图 6.21)。因此，水平段井轨迹光滑程度越高，穿行界面的概率越低，压裂难度相对越低，有利于获得相对较高的单井产量。例如，平桥区块 JY-F 井和其右侧的 JY-P 井，两口井单井测试产量相同，均为 $21 \times 10^4 \mathrm{m}^3/\mathrm{d}$；试气段长分别为 1561m 和 1505m，基本相当。这两口井在两个方面差异较

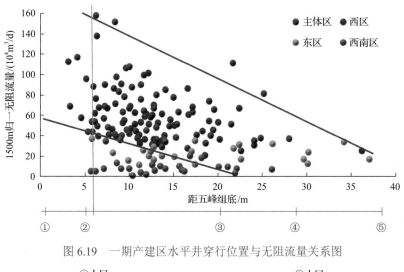

图 6.19 一期产建区水平井穿行位置与无阻流量关系图

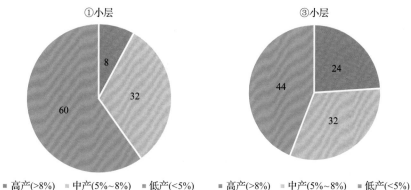

图 6.20 平桥区块不同小层产气贡献率饼状图

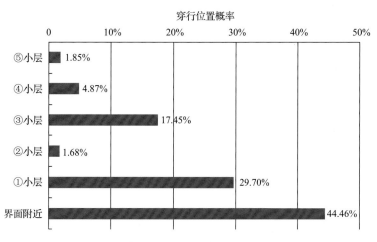

图 6.21 涪陵区块难压段与穿行位置频率统计图

大，一是曲率非均质性差异较大，JY-F 井东侧曲率强，西侧弱，而 JY-P 井非均质性弱，水平段两侧曲率均不发育(图 6.22)；二是井轨迹穿行的光滑程度存在差异，JY-F 井均穿行于③小层，明显好于 JY-P 井。综合上述两点差异，JY-F 井由于井轨迹光滑程度高，导致在一定程度上弥补了曲率非均质性强的弱势，使其单井测试产量与 JY-P 井相同。

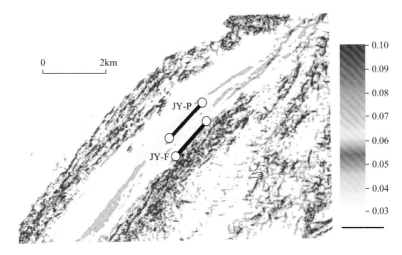

图 6.22　平桥区块 JY-F 井和 JY-P 井主力气层段曲率图

3. 体积压裂规模

页岩气是一种通过压裂改造才能获得产能的气藏。页岩气在实际开发过程中，需要后期的压裂增产措施来改善裂缝的导流能力，压裂施工规模对压后产能影响显著(马新华，2018)。压裂增产效果如何主要取决于压裂施工规模，即页岩气储层压裂施工液量越大，改造体积(SRV)越大，压后增产效果越好(马新华，2018)。涪陵焦石坝页岩气井无阻流量与单井压裂总液量相关性较好(图 6.23)，表明改造体积越大，页岩气量增长越快，改造体积的大小是影响页岩气产量的必要因素。

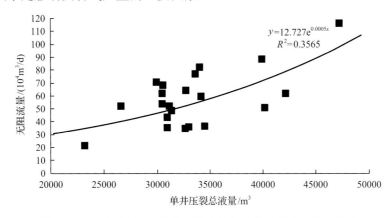

图 6.23　涪陵页岩气田单井无阻流量与单井压裂总液量相关图

通过涪陵页岩气田多口试采水平井的统计，认为水平井水平段长度 1300~1700m、分段数 16~22 段、单段长度 70~80m、总簇数 50~60 簇、单段加液量 1700~1900m^3、单段加砂量 55~60m^3 有利于获得高产并且单井稳产能力较强。而水平井压裂规模明显偏小的井，测试、试采产量和压力明显偏低。

页岩气藏的有效开发必须实施大规模体积压裂改造，从涪陵焦石坝一期压裂施工来看，压裂液的返排率大部分都小于 10%，平均为 4.5%。当页岩实施大模型体积压裂时，改造体积越大，吸液面积就越大，压裂液自吸后滞留于地下，返排率低，只有主裂缝、微裂缝中液体在试采和生产初期被排出来。因此，可以用返排率大小评价压裂改造效果。

页岩气储层为双重介质，孔隙主要由纳米孔隙和微裂隙组成，页岩基质孔隙的主要孔隙半径分布 1~10nm，而与此对应水的毛细管压力可达 10~100MPa，强大毛细管力作用是页岩气藏自吸水的主要原因(Ross and Bustin，2009)。室内页岩自吸实验表明，焦石坝页岩具有极强的自吸液能力，亲油亲水流体都可以自吸到页岩孔隙里，自吸流体主要赋存于基质纳米孔隙中，而微裂缝中少量流体在页岩气采出时很容易被携带走，大量滞留液不影响气体流动。页岩储层存在着返排率越低、产能越高的现象，可能原因为：①页岩初始含水饱和度低，压裂液被吸收成为束缚水，严重影响气体产出的主要通道。②复杂的缝网提供发生同向渗吸的流动通道，使渗吸成为排驱作用。逆向渗吸往往造成"水锁"，同向渗吸往往形成"驱替"作用，缝网越复杂，流体的流动通道越丰富，储层发生同向渗吸的可能性大，此时吸入的水对气体具有排驱作用。③大规模压裂液的进入可以提高地层的能量。页岩气水力压裂前后改造范围内的地层压力发生了显著的提高，反映出压裂液的吸收大幅度地提高页岩储层能量，为气体产出提供了驱动力。

目前，焦石坝一期主体区压裂改造效果好，返排率 5%左右，产气量高，基本不产水；而南部区块返排率高达 30%，产水量大，产气量也低。页岩储层对压裂液的滞留与吸收是造成页岩气返排率低的主要原因，建立压裂液在页岩储层中滞留与吸收模型、探索低返排率对气体产出的影响对提高页岩储层压裂改造效果和页岩气井产能具有重要的意义。

6.4 本章小结

本章阐明了涪陵页岩气高产机理，通过页岩含气性、工程条件及页岩气井测试、试采多因素综合分析认为，五峰组—龙马溪组页岩高游离气量、气井穿行层位、体积改造规模等是影响页岩气井高产的主要控制因素，揭示了高游离气量是高产的物质基础、优质储层钻遇率是高产的保证、高效体积改造是高产的关键途径。

参 考 文 献

包汉勇, 张柏桥, 曾联波, 等. 2019. 华南地区海相页岩气差异富集构造模式. 地球科学, 44(3): 993-1000.

陈国辉, 卢双舫, 刘可禹, 等. 2020. 页岩气在孔隙表面的赋存状态及其微观作用机理. 地球科学, 45(5): 1782-1790.

董大忠, 王玉满, 李新景, 等. 2016. 中国页岩气勘探开发新突破及发展前景思考. 天然气工业, 36(1): 19-32.

董大忠, 邹才能, 杨桦, 等. 2012. 中国页岩气勘探开发进展与发展前景. 石油学报, 33(S1): 107-114.

方栋梁, 孟志勇. 2020. 页岩气富集高产主控因素分析——以四川盆地涪陵地区五峰组—龙马溪组一段页岩为例. 石油实验
地质, 42(1): 37-41.

甘玉青, 王超, 方栋梁. 2018. 四川盆地焦石坝地区五峰—龙马溪组页岩元素地球化学特征及对页岩气开发的意义. 石油实
验地质, 40(1): 78-89.

郭彤楼. 2016a. 涪陵页岩气田发现的启示与思考. 地学前缘, 23(1): 29-43.

郭彤楼. 2016b. 中国式页岩气关键地质问题与成藏富集主控因素. 石油勘探与开发, 43(3): 317-326.

郭彤楼, 张汉荣. 2014. 四川盆地焦石坝页岩气田形成与富集高产模式. 石油勘探与开发, 41(1): 28-36.

郭旭升. 2014. 南方海相页岩气"二元富集"规律——四川盆地及周缘龙马溪组页岩气勘探实践认识. 地质学报, 88(7):
1209-1218.

郭旭升. 2017. 上扬子地区五峰组—龙马溪组页岩层序地层及演化模式. 地球科学, 42(7): 1069-1082.

郭旭升. 2019. 四川盆地涪陵平桥页岩气田五峰组—龙马溪组页岩富集主控因素. 天然气地球科学, 30(1): 1-10.

郭旭升, 胡东风, 文治东, 等. 2014a. 四川盆地及周缘下古生界海相页岩富集高产主控因素——以焦石坝地区五峰组—龙
马溪组为例. 中国地质, 41(3): 893-901.

郭旭升, 李宇平, 刘若冰. 2014b. 四川盆地焦石坝地区龙马溪组页岩微观孔隙结构特征及其控制因素. 天然气工业, 34(6):
9-16.

郭旭升, 胡东风, 魏祥峰, 等. 2016a. 四川盆地焦石坝地区页岩裂缝发育主控因素及对产能的影响. 石油与天然气地质,
37(6): 799-808.

郭旭升, 胡东风, 魏志红, 等. 2016b. 涪陵页岩气田的发现与勘探认识. 中国石油勘探, 21(3): 24-37.

郭旭升, 胡东风, 李宇平, 等. 2017. 涪陵页岩气田富集高产主控地质因素. 石油勘探与开发, 44(4): 481-491.

郭旭升, 李宇平, 腾格尔, 等. 2020. 四川盆地五峰组—龙马溪组深水陆棚相页岩生储机理探讨. 石油勘探与开发, 47(1):
193-201.

何治亮, 胡宗全, 聂海宽, 等. 2017. 四川盆地五峰组—龙马溪组页岩气富集特征与"建造-改造"评价思路. 天然气地球科学,
28(5): 724-733.

胡德高, 刘超. 2018. 川盆地涪陵页岩气田单井可压性地质因素研究. 石油实验地质, 40(1): 20-24.

胡东风. 2019. 四川盆地东南缘向斜构造五峰组—龙马溪组常压页岩气富集主控因素. 天然气地球科学, 30(5): 605-615.

胡东风, 张汉荣, 倪楷, 等. 2014. 四川盆地东南缘海相页岩气保存条件及其主控因素. 天然气工业, 34(6): 17-23.

姜振学, 宋岩, 唐相路, 等. 2020. 中国南方海相页岩气差异富集的控制因素. 石油勘探与开发, 47(3): 617-628.

焦方正, 冯建辉, 易积正. 2015. 中扬子地区海相天然气勘探方向、关键问题与勘探对策. 中国石油勘探, 20(2): 1-8.

金之钧, 胡宗全, 高波, 等. 2016. 川东南地区五峰组—龙马溪组页岩气富集与高产控制因素. 地学前缘, 23(1): 1-10.

李凯, 孟志勇, 吉婧, 等. 2018. 四川盆地涪陵地区五峰—龙马溪组解吸气特征及影响因素分析. 石油实验地质, 40(1): 90-96.

刘超. 2017. 焦石坝地区五峰组—龙马溪组一段黑色页岩有机质富集机理研究. 江汉石油职工大学学报, 30(3): 4-7.

刘莉, 包汉勇, 李凯, 等. 2018. 页岩储层含气性评价及影响因素分析——以涪陵页岩气田为例. 石油实验地质, 40(1):
58-63+70.

刘猛, 刘超, 舒志恒, 等. 2018. 四川盆地涪陵焦石坝地区黑色页岩非均质性特征及控制因素. 石油实验地质, 40(1): 118-125.

刘尧文, 王进, 张梦吟, 等. 2018. 四川盆地涪陵地区五峰—龙马溪组页岩气层孔隙特征及对开发的启示. 石油实验地质,
40(1): 44-50.

罗兵, 郁飞, 陈亚琳, 等. 2018. 四川盆地涪陵地区页岩气层构造特征与保存评价. 石油实验地质, 40(1): 103-109+117.

马新华. 2018. 四川盆地南部页岩气富集规律与规模有效开发探索. 天然气工业, 38(10): 1-10.

马新华, 谢军. 2018. 川南地区页岩气勘探开发进展及发展前景. 石油勘探与开发, 45(1): 161-169.

马新华, 谢军, 雍锐, 等. 2020. 四川盆地南部龙马溪组页岩气地质特征及高产控制因素. 石油勘探与开发, (5): 1-15.

马永生, 蔡勋育, 赵培荣. 2018. 中国页岩气勘探开发理论认识与实践. 石油勘探与开发, 45(4): 561-574.

孟志勇. 2016. 四川盆地涪陵地区五峰组—龙马溪组含气页岩段纵向非均质性及其发育主控因素. 石油与天然气地质, 37(6): 838-846.

聂海宽, 金之钧, 边瑞康, 等. 2016. 四川盆地及其周缘上奥陶统五峰组—下志留统龙马溪组页岩气"源-盖控藏"富集. 石油学报, 37(5): 557-571.

聂海宽, 张柏桥, 刘光祥, 等. 2020. 四川盆地五峰组—龙马溪组页岩气高产地质原因及启示——以涪陵页岩气田 JY6-2HF 为例. 石油与天然气地质, 41(3): 463-473.

邱振, 邹才能, 李熙喆, 等. 2018. 论笔石对页岩气源储的贡献——以华南地区五峰组—龙马溪组笔石页岩为例. 天然气地球科学, 29(5): 606-615.

邱振, 卢斌, 陈振宏, 等. 2019. 火山灰沉积与页岩有机质富集关系探讨——以五峰组—龙马溪组含气页岩为例. 沉积学报, 37(6): 1296-1308.

舒逸, 陆永潮, 刘占红, 等. 2017. 海相页岩中斑脱岩发育特征及对页岩储层品质的影响——以涪陵地区五峰组—龙马溪组一段为例. 石油学报, 38(12): 1371-1380.

舒逸, 陆永潮, 包汉勇, 等. 2018. 四川盆地涪陵页岩气田 3 种典型页岩气保存类型. 天然气工业, 38(3): 31-40.

舒志国, 关红梅, 等. 2018. 四川盆地焦石坝地区页岩气储层孔隙参数测井评价方法. 石油实验地质, 40(1): 38-43.

孙健, 罗兵. 2016. 四川盆地涪陵页岩气田构造变形特征及对含气性的影响. 石油与天然气地质, 37(6): 809-818.

孙健, 包汉勇. 2018. 页岩气储层综合表征技术研究进展. 石油实验地质, 40(1): 1-12.

腾格尔, 申宝剑, 俞凌杰, 等. 2017. 四川盆地五峰组—龙马溪组页岩气形成与聚集机理. 石油勘探与开发, 44(1): 69-78.

王超, 石万忠, 张晓明, 等. 2017. 页岩储层裂缝系统综合评价及其对页岩气渗流和聚集的影响. 油气地质与采收率, 24(1): 50-56.

王超, 张柏桥, 陆永潮, 等. 2018a. 焦石坝地区五峰组—龙马溪组一段页岩岩相展布特征及发育主控因素. 石油学报, 39(6): 631-644.

王超, 张柏桥, 舒志国, 等. 2018b. 四川盆地涪陵地区五峰组—龙马溪组海相页岩岩相类型及储层特征. 石油与天然气地质, 39(3): 485-497.

王超, 张柏桥, 舒志国, 等. 2019. 焦石坝地区五峰组—龙马溪组页岩纹层发育特征及其储集意义. 地球科学, 44(3): 972-982.

王进. 2018. 涪陵地区五峰—龙马溪组页岩有机质成熟度研究. 中外能源, 23(6): 33-38.

王进, 包汉勇, 陆亚秋, 等. 2019. 涪陵焦石坝地区页岩气赋存特征定量表征及其主控因素. 地球科学, 44(3): 1001-1011.

王鹏万, 邹辰, 李娴静, 等. 2018. 昭通示范区页岩气富集高产的地质主控因素. 石油学报, 39(7): 744-753.

王志刚. 2014. 涪陵焦石坝地区页岩气水平井压裂改造实践与认识. 石油与天然气地质, 35(3): 425-430.

王志刚. 2015. 涪陵页岩气勘探开发重大突破与启示. 石油与天然气地质, 36(1): 1-6.

王志刚. 2019. 涪陵大型海相页岩气田成藏条件及高效勘探开发关键技术. 石油学报, 40(3): 370-382.

魏祥峰, 李宇平, 魏志红, 等. 2016. 保存条件对四川盆地及周缘海相页岩气富集高产的影响机制. 石油实验地质, 39(2): 147-153.

武加鹤, 陆亚秋, 刘颉, 等. 2018. 四川盆地涪陵焦石坝地区五峰—龙马溪组低序级断层识别技术及应用效果. 石油实验地质, 40(1): 51-57.

谢军, 赵圣贤, 石学文, 等. 2017. 四川盆地页岩气水平井高产的地质主控因素. 天然气工业, 37(7): 1-12.

解习农, 郝芳, 陆永潮, 等. 2017. 南方复杂地区页岩气差异富集机理及其关键技术. 地球科学, 42(7): 1045-1056.

杨威, 蔡剑锋, 王乾右, 等. 2020. 五峰组—龙马溪组海相页岩生—储耦合演化及对页岩气富集的控制效应. 石油科学通报, 5(2): 148-160.

易积正, 王超. 2018. 四川盆地焦石坝地区龙马溪组海相页岩储层非均质性特征. 石油实验地质, 40(1): 13-19.

翟刚毅, 王玉芳, 包书景, 等. 2017. 我国南方海相页岩气富集高产主控因素及前景预测. 地球科学, 42(7): 1057-1068.

张柏桥, 孟志勇, 刘莉, 等. 2018. 四川盆地涪陵地区五峰组观音桥段成因分析及其对页岩气开发的意义. 石油实验地质, 40(1): 30-37.

张梦吟, 李争, 王进, 等. 2018. 四川盆地涪陵页岩气田五峰—龙马溪组岩矿纵向差异性研究——以 JYA 井为例. 石油实验地质, 40(1): 64-70.

张士万, 孟志勇, 郭战峰, 等. 2014. 涪陵地区龙马溪组页岩储层特征及其发育主控因素. 天然气工业, 34(12): 16-24.

张晓明, 石万忠, 舒志国, 等. 2017. 涪陵地区页岩含气量计算模型及应用. 地球科学, 42(7): 1157-1168.

郑爱维, 梁榜, 舒志国, 等. 2020. 基于大数据 PLS 法的页岩气产能影响因素分析——以四川盆地涪陵气田焦石坝区块为例. 天然气地球科学, 31(4): 542-551.

邹才能, 董大忠, 杨桦, 等. 2011. 中国页岩气形成条件及勘探实践. 天然气工业, 31(12): 26-39+125.

邹才能, 董大忠, 王玉满, 等. 2015. 中国页岩气特征、挑战及前景(一). 石油勘探与开发, 42(6): 689-701.

邹才能, 董大忠, 王玉满, 等. 2016. 中国页岩气特征、挑战及前景(二). 石油勘探与开发, 43(2): 166-178.

邹才能, 赵群, 董大忠, 等. 2017. 页岩气基本特征、主要挑战与未来前景. 天然气地球科学, 28(12): 1781-1796.

Algeo T J, Schwark L, Hower J C. 2004. High-resolution geochemistry and sequence stratigraphy of the Hushpuckney Shale (Swope Formation, eastern Kansas): Implications for climato-environmental dynamics of the Late Pennsylvanian Midcontinent Seaway. Chemical Geology, 206: 259-288.

Busch A, Gensterblum Y, Krooss B M, et al. 2006. Investigation of high-pressure selective adsorption/desorption behaviour of CO_2 and CH_4 on coals: An experimental study. International Journal of Coal Geology, 66(1): 53-68.

Chalmers G R L, Bustin R M. 2007. The organic matter distribution and methane capacity of the lower cretaceous strata of Northeastern British Columbia, Canada. International Journal of Coal Geology, 70(1): 223-239.

Chalmers G R L, Ross D J K, Bustin R M. 2012a. Geological controls on matrix permeability of Devonian Gas Shales in the Horn River and Liard basins, northeastern British Columbia, Canada. International Journal of Coal Geology, 103(23): 120-131.

Chalmers G R, Bustin R M, Power I M. 2012b. Characterization of gas shale pore systems by porosimetry, pycnometry, surface area, and field emission scanning electron microscopy/transmission electron microscopy image analyses: Examples from the Barnett, Woodford, Haynesville, Marcellus, and Doig unit. AAPG Bulletin, 96(6): 1099-1119.

Clarkson C R. 2013. Production data analysis of unconventional gas wells: Review of theory and best practices. International Journal of Coal Geology, 109-110(2): 101-146.

Clarkson C R, Solano N, Bustin R M, et al. 2013. Pore structure characterization of North American shale gas reservoirs using USANS/SANS, gas adsorption, and mercury intrusion. Fuel, 103(1): 606-616.

Curtis J B. 2002. Fractured shale gas systems. AAPG Bulletin, 86(11): 1921-1938.

Curtis M E, Cardott B J, Sondergeld C H, et al. 2012. Development of organic porosity in the Woodford shale with increasing thermal maturity. International Journal of Coal Geology, 103(23): 26-31.

Cygan R T, Liang J, Kalinichev A G. 2004. Molecular models of hydroxide, oxyhydroxide, and clay phases and the development of a general force field. The Journal of Physical Chemistry B, 108(4): 1255-1266.

Frenkel D, Smit B. 2002. Understanding molecular simulation: From algorithms to applications. Understanding Molecular Simulation: From Algorithms to Applications, 50(7): 66.

Hammes U, Frébourg G. 2012. Haynesville and Bossier mudrocks: A facies and sequence stratigraphic investigation, east Texas and Louisiana, USA. Marine and Petroleum Geology, 31: 8-26.

Hao F, Zou H Y. 2013. Cause of shale gas geochemical anomalies and mechanisms for gas enrichment and depletion in high-maturity shales. Marine and Petroleum Geology, 44(3): 1-12.

Jarvie D M, Hill R J, Ruble T E, et al. 2007. Unconventional shale-gas systems: The Mississppian Barnett shale of North-central Texas as one model for thermogenic shale-gas assessment. AAPG Bulletin, 91(4): 475-499.

Krooss B M, Bergen F V, Gensterblum Y, et al. 2002. High-pressure methane and carbon dioxide adsorption on dry and moisture-equilibrated Pennsylvanian coals. International Journal of Coal Geology, 51(2): 69-92.

Kuila U, Mccarty D K, Derkowski A, et al. 2014. Nano-scale texture and porosity of organic matter and clay minerals in organic-rich mudrocks. Fuel, 135(6): 359-373.

Liu Y, Wilcox J. 2012. Molecular simulation of CO_2 adsorption in micro- and mesoporous carbons with surface heterogeneity. International Journal of Coal Geology, 104(1): 83-95.

Liu Y, Zhu Y, Li W, et al. 2016. Molecular simulation of methane adsorption in shale based on grand canonical Monte Carlo method and pore size distribution. Journal of Natural Gas Science & Engineering, 30: 119-126.

Liu Z, Algeo T J, Guo X, et al. 2017. Paleo-environmental cyclicity in the Early Silurian Yangtze Sea(South China): Tectonic or glacio-eustatic control. Palaeogeography Palaeoclimatology Palaeoecology, 466(1): 59-76.

Loucks R G, Reed R M, Ruppel S C, et al. 2012. Spectrum of pore types and Networks in mudrocks and a descriptive classification for matrix-related mudrock pores. AAPG Bulletin, 96(6): 1071-1098.

Ma Y, Fan M, Lu Y, et al. 2016. Geochemistry and sedimentology of the Lower Silurian Longmaxi mudstone in southwestern China: Implications for depositional controls on organic matter accumulation. Marine & Petroleum Geology, 75(8): 291-309.

Milliken K L, Rudnicki M, Awwiller D N, et al. 2013. Organic matter-hosted pore system, Marcellus Formation(Devonian), Pennsylvania. AAPG Bulletin, 97(2): 177-200.

Montgomery S L, Jarvie D M, Bowker K A, et al. 2005. Mississippian Barnett Shale, Fort Worth basin, north-central Texas: Gas-shale play with multi-trillion cubic foot potential. AAPG Bulletin, 89(2): 155-175.

Mosher K, He J, Liu Y, et al. 2013. Molecular simulation of methane adsorption in micro- and mesoporous carbons with applications to coal and gas shale systems. International Journal of Coal Geology, 109-110(2): 36-44.

Romero-Sarmiento M F, Rouzaud J N, Bernard S, et al. 2014. Evolution of Barnett Shale organic carbon structure and nanostructure with increasing maturation. Organic Geochemistry, 71(6): 7-16.

Ross D J K, Bustin R M. 2007. Impact of mass balance calculations on adsorption capacities in microporous shale gas reservoirs. Fuel, 86(17): 2696-2706.

Ross D J K, Bustin R M. 2009. The importance of shale composition and pore structure upon gas storage potential of shale gas reservoirs. Marine and Petroleum Geology, 26(9): 916-927.

Rouquerol J, Avnir D, Fairbridge C W, et al. 1994. Recommendations for the characterization of porous solids(Technical Report). Pure and Applied Chemistry, 66(8): 1739-1758.

Schieber J. 2009.Discovery of agglutinated benthic foraminifera in Devonian black shales and their relevance for the redox state of ancient seas. Palaeogeography Palaeoclimatology Palaeoecology, 271(4): 292-300.

Sing K S W. 2009. Reporting physisorption data for gas/solid systems with special reference to the determination of surface area and porosity(recommendations 1984). Pure & Applied Chemistry, 57(4): 603-619.

Slatt R M, Rodriguez N D. 2012. Comparative sequence stratigraphy and organic geochemistry of gas shales: Commonality or coincidence. Journal of Natural Gas Science and Engineering, 8: 68-84.

Tang X, Jiang Z, Li Z, et al. 2015. The effect of the variation in material composition on the heterogeneous pore structure of high-maturity shale of the Silurian Longmaxi formation in the southeastern Sichuan Basin, China. Journal of Natural Gas Science & Engineering, 23(3): 464-473.

ver Straeten C A, Brett C E, Sageman B B. 2011. Mudrock sequence stratigraphy: A multi-proxy(sedimentological, paleobiological and geochemical)approach, Devonian Appalachian Basin. Palaeogeography Palaeoclimatology Palaeoecology, 304: 54-73.

Yan D, Chen D, Wang Q, et al. 2012. Predominance of stratified anoxic Yangtze Sea interrupted by short-term oxygenation during the Ordo-Silurian transition. Chemical Geology, 291(1): 69-78.

Zeng L, Lyu W, Li J, et al. 2016. Natural fractures and their influence on shale gas enrichment in Sichuan Basin, China. Journal of Natural Gas Science and Engineering, 30: 1-9.

Zhang J, Clennell M B, Dewhurst D N, et al. 2014. Combined Monte Carlo and molecular dynamics simulation of methane adsorption on dry and moist coal. Fuel, 122(15): 186-197.

Zhang J, Liu K, Clennell M B, et al. 2015. Molecular simulation of CO_2-CH_4 competitive adsorption and induced coal swelling. Fuel, 160: 309-317.

Zhang J, Clennell M B, Liu K, et al. 2016a. Molecular dynamics study of CO_2 sorption and transport properties in coal. Fuel, 177: 53-62.

Zhang J, Fan T, Algeo T J, et al. 2016b. Paleo-marine environments of the Early Cambrian Yangtze Platform. Palaeogeography Palaeoclimatology Palaeoecology, 443(2): 66-79.

Zhang T, Ellis G S, Ruppel S C, et al. 2012. Effect of organic-matter type and thermal maturity on methane adsorption in shale-gas systems. Organic Geochemistry, 47: 120-131.